U0172522

生物工程实验指南
——综合实验原理与实践

胡 兴 曾军英 李洪波 付 明 主编

科学出版社

北京

内 容 简 介

本书是按照专业设置的生物工程实验教学新体系教学用书之一。全书分为实验和实训两部分。实验部分包括生物活性分子的分离、提取、鉴定及活性检测，微生物的分离纯化、鉴定及影响其生长的因素，基因的克隆、分子标记，产酶微生物筛选、产酶条件优化，酶的提取、固定与活性功能基团的化学修饰以及酶特性分析，重组蛋白的制备，抗体的纯化与检测，外源基因的转染表达，细胞水平的药物筛选，淀粉质原料制备乙醇，抗生素、多糖、有机酸的发酵生产，植物组织培养。实训部分包括机械搅拌式发酵罐、物料的粗粉碎与超微细粉碎、产物分离精制。书后附有常用单位换算表、常用 AFLP 选择性扩增引物、几种植物外植体培养的培养基配方、过滤除菌法、生物工程常用试剂的配制、常用培养基的配制。

本书可作为高等院校生物工程、生物科学、生物技术、生物制药专业本科生的教材，也可供相关专业技术人员参考。

图书在版编目 (CIP) 数据

生物工程实验指南：综合实验原理与实践/胡兴等主编. —北京：科学出版社，2021.3
ISBN 978-7-03-067704-4

I. ①生… II. ①胡… III. ①生物工程–实验–指南 IV. ①Q81-33

中国版本图书馆 CIP 数据核字(2020)第 271868 号

责任编辑：王海光 高璐佳 / 责任校对：严 娜
责任印制：赵 博 / 封面设计：刘新新

科 学 出 版 社 出版
北京东黄城根北街 16 号
邮政编码：100717
http://www.sciencep.com
北京天宇星印刷厂印刷
科学出版社发行 各地新华书店经销
*
2021 年 3 月第 一 版 开本：B5 (720×1000)
2024 年 9 月第三次印刷 印张：17 3/4
字数：354 000
定价：108.00 元
(如有印装质量问题，我社负责调换)

《生物工程实验指南——综合实验原理与实践》
编委会

前　言

应用型人才培养和创新创业教育已经成为我国高等教育理论与实践的双热点，培养适应社会需求的应用型人才是当前与今后地方本科院校生物工程专业的必然选择。我国生物工程专业人才培养发展迅速，现有300多所本科院校设置了生物工程专业。近年来，每年生物工程专业毕业生人数多，但毕业生的专业技能不突出，应用能力及创新创业能力不强，造成毕业生就业困难。与此同时，生物医药、生物农业、生物制造等一批新兴生物产业发展迅速，已被列入国家战略性新兴产业、重点发展产业、高技术领域的支柱产业和国民经济的主导产业，相关企业又迫切需要一大批适应现代生物产业发展需要的人才。高等院校培养的生物工程专业人才与社会需求存在矛盾，根源是目前地方本科院校生物工程专业普遍存在以下问题：专业培养目标不明确；课程设置偏重学科知识体系，教学内容陈旧，实验教学辅助理论教学，实验环节缺乏连贯性、完整性和系统性；开设的实验课程中以基础验证性实验居多，综合性、设计创新实验少，教学方法和考核方式单一。多数学校只注重专业教育，忽视创新创业教育，极大地遏制了学生实践及创新创业能力的培养，不利于培养出符合社会需求的应用型人才。解决这一矛盾的关键是培养与社会需求相适应的应用型人才。而实践教学是落实生物工程专业应用型高素质人才培养的关键，是培养学生实践及创新创业能力的有效途径。

为此，我们围绕生物工程专业的内涵与要求，以社会需求为导向，以实验项目为载体，采用递进式的设计模式，建立了全新的按专业整体性设置生物工程实验教学的体系，即将整个生物工程专业实验课程设置为"生物工程实验指南——基本技术实验原理与实践"、"生物工程实验指南——综合实验原理与实践"和"生物工程实验指南——设计创新实验原理与实践"3门实验课程。编者在着重培养生物工程专业学生熟练掌握本专业实验基本技术能力的"生物工程实验指南——基本技术实验原理与实践"基础上，突出培养学生综合运用实验实践技术的能力，同时结合编者多年来教学和研究工作，在广泛收集国内外文献的基础上编写了本书。

全书分为实验和实训两部分，书后附有常用单位换算表、常用AFLP选择性扩增引物、几种植物外植体培养的培养基配方、过滤除菌法、生物工程常用试剂的配制、常用培养基的配制。实验部分的实验一和实验十一由付明执笔，实验二至实验六由瞿朝霞、李胜华、李江林执笔，实验七和实验八由邹娟和刘胜贵执笔，实验九和实验十由李俊和魏麟执笔，实验十二至实验十四由曾军英执笔，实验十五和实验十六由李洪波执笔，实验十七和实验十八由向小亮执笔，实验十九至实验二十三由李昌灵执笔，实验二十四由曾汉元执笔；实训部分由吴镝执笔；附录部分由胡兴、曾军英、付明、李俊、曾汉元、邹娟整理。全书由胡兴、曾军英、李洪波和付明负责统稿。

本书在编写过程中得到了怀化学院民族药用植物资源研究与利用湖南省重点实验室、湘西药用植物与民族植物学湖南省高校重点实验室、湖南省"双一流"应用特色学科建设项目（生物工程）、湖南省一流本科专业（生物工程）和怀化学院教材出版基金的资助，在此一并表示衷心的感谢。

由于编者水平有限，书中不足之处在所难免，敬请读者批评指正。

编　者

2020 年 1 月于怀化学院

目　录

第一篇　实验部分

第二篇　实训部分

第一篇 实验部分

实验一　磷脂的分离纯化

　　磷脂是组成生物膜的重要成分，能促进神经传导、提高大脑活力，是一种天然的表面活性剂，具有分散、润湿、消泡、稀释、保水、降低黏度等作用，可清除胆固醇在血管壁的沉积，防止动脉硬化等心血管病的发生，已在食品、医药和化妆品等工业上得到广泛应用。卵磷脂即磷脂酰胆碱（phosphatidylcholine，PC），广泛存在于自然界，在动物脑组织、肾上腺及卵黄中含量丰富（可达卵黄干重的8%～10%）。

　　20 世纪 70 年代以来，欧美等国家和地区将磷脂用于保健食品，年消费量据估计在 13 万 t 以上，并有多种产品投放市场。美国的磷脂及其保健食品总销量仅次于复合维生素和维生素 E。

　　由于提取、分离磷脂的技术落后，因此市场上磷脂类高端产品的供应还存在较大缺口，在此背景下，开发具有知识产权的高纯度磷脂生产技术具有重要的经济意义。

实验 1-1　卵磷脂的提取

一、实验目的

　　了解脂类的分类、作用，掌握提取卵磷脂的原理、方法，提取鸡蛋中的卵磷脂。

二、实验原理

　　卵磷脂是从动植物中分离的一种含磷混合物，狭义的卵磷脂是指 PC，广义的卵磷脂除了 PC，还包括磷脂酰乙醇胺（phosphatidylethanolamine，PE）、磷脂酰肌醇（phosphatidylinositol，PI）、磷脂酰丝氨酸（phosphatidylserine，PS）等磷脂类。PC 是构成人体生物膜和神经递质的重要物质，对生物膜和大脑的生理活动有重要的调节功能。卵磷脂还是一种优良的天然表面活性剂，已广泛应用在医药、食品、化妆品等诸多行业。目前市场上主要有大豆卵磷脂（占市场上卵磷脂总量的 2%～3%，其中 PC 约占 30%）和蛋黄卵磷脂（约占市场上卵磷脂总量的 10%，其中 PC 约占 70%）两类产品，蛋黄卵磷脂中 PC 纯度高，具有胚胎性，更易被人体吸收，尤其在医药和食品方面的应用中，蛋黄卵磷脂的优势更加显著。

　　磷脂易溶于乙醚、氯仿、乙醇，不溶于丙酮。提取卵磷脂的方法主要包括有机溶剂提取法、柱层析法和超临界 CO_2 萃取法等，后两者由于设备和资金投入大，不易形成工业化生产规模。有机溶剂提取法作为卵磷脂传统的提取方法，具有生产周期短、生产能力大、易于实现自动化生产等优点。本实验利用卵磷脂易溶于乙醇、不溶于丙酮的性质，对蛋黄卵磷脂的提取方法进行探讨，以期获得一种简单、经济、高效，适合规模化生产的提取方法。

三、仪器、试剂与材料

1. 仪器

　　冷冻干燥机、旋转蒸发仪、磁力搅拌器、离心机、圆底烧瓶、500 mL 具塞锥形瓶、量筒等。

2. 试剂

　　95%乙醇、丙酮等。

3. 材料

　　新鲜鸡蛋。

四、实验内容及步骤

1. 乙醇浸提

　　称取 40～50 g 新鲜鸡蛋黄于具塞锥形瓶中，按料液比（m/V）1∶5 加入 95%的乙醇，常温磁力搅拌 1 h，4000 r/min 离心 15 min，保留上清液；在沉淀中加入 5 倍体积的 95%乙醇，同样磁力搅拌 1 h，4000 r/min 离心 15 min。合并 2 次上清液，置旋转蒸发仪中减压浓缩至近干，取出浓缩物。

2. 丙酮脱油

　　用丙酮浸洗减压浓缩后的浓缩物 2 次，得卵磷脂粗提物，冷冻干燥后得白色蜡状的卵磷脂。称重，计算提取率：

$$提取率 = （卵磷脂质量/蛋黄质量）\times 100\%$$

五、实验结果及分析

　　从新鲜鸡蛋中提取卵磷脂，计算卵磷脂的提取率，并与文献中的数据进行比较。

六、注意事项

丙酮极易燃、易挥发，对眼、鼻、喉有刺激性，皮肤接触可引起皮炎；乙醇极易燃。实验中要保持通风，避免明火。

七、思考题

卵磷脂有什么作用？

实验 1-2　薄层层析法检测卵磷脂

一、实验目的

掌握薄层层析法测定卵磷脂含量的原理和方法，检测提取的卵磷脂成分和纯度。

二、实验原理

薄层层析是将吸附剂或者支持剂均匀地铺在一块玻璃上，形成薄层，将待分离样品点在薄层上，然后用适宜的溶剂展开，从而使混合物得以分离的方法。薄层层析是一种操作简便的层析法。硅胶是薄层层析中应用最广的吸附剂，但由于硅胶薄层的机械性能差，一般要加入 10%～15% 的煅石膏作为黏合剂，因此称为硅胶 G。硅胶 G 板具有的特点：①塔板数高，分离效果好；②快速，分离时间短；③灵敏度高，斑点清晰，不扩散。

因为被分离物质的性质有差异，所以其与吸附剂和展层剂的结合力有差别；当展层剂在薄层中移动时，点在薄层上的样品随着展层剂的移动而进行不同程度的移动，吸附力越大的物质移动越慢。物质迁移距离与流动相迁移距离之比称为比移值（R_f），即原点到层析斑点中心的距离与原点到溶剂前沿的距离的比值。被分离物质的 R_f 值差别越大，分离效果越好；可选择适当的展层剂来扩大被分离物质的 R_f 值的差别，以达到比较理想的分离效果。在温度和溶剂系统一定时，某种物质的 R_f 值是其特征常数，可作为定性鉴定的依据。

薄层层析后，用显色剂显色，不同的物质呈现不同的颜色。与已知标准品的颜色和 R_f 值进行比较，可定性鉴别样品中所含物质的种类；再通过薄层扫描进行定量，即可测定其含量。

三、仪器、试剂与材料

1. 仪器

薄层扫描仪、离心机、电子天平、干燥箱、干燥器、吹风机、硅胶 G 板（预制板）或固定厚度涂布器和玻璃板、方形层析缸、移液器、玻璃棒、量筒、容量瓶等。

2. 试剂

磷脂酰胆碱标准品和磷脂酰乙醇胺标准品；氯仿、甲醇等，均为分析纯。

1）A. 磷脂酰胆碱（PC）标准品。准确称取 30 mg PC 标准品，溶于氯仿中，10 mL 容量瓶定容得到 3.0 mg/mL 的 PC 标准品溶液，−4℃冰箱保存。

B. 磷脂酰乙醇胺（PE）标准品。准确称取 20 mg PE 标准品，溶于氯仿中，10 mL 容量瓶定容得到 2.0 mg/mL 的 PE 标准品溶液，−4℃冰箱保存。

2）样品溶液。准确称取 90 mg 经实验制得的鸡蛋黄卵磷脂样品，溶于氯仿中，10 mL 容量瓶定容得到 9.0 mg/mL 的样品溶液，−4℃冰箱保存。

3）展层剂。氯仿：甲醇：水=65：25：4（体积比），剧烈振荡混匀。

4）0.01 mol/L NaOH。

5）0.05%溴百里酚蓝染色液。称取 0.15 g 溴百里酚蓝，用 300 mL 新鲜配制的 0.01 mol/L NaOH 溶解、混匀。

3. 材料

自制的鸡蛋黄卵磷脂提取物、滤纸、铅笔。

四、实验内容及步骤

1. 硅胶 G 板的制备或活化

准备 CMC-Na 溶液：将 4 g 羧甲基纤维素钠（CMC-Na）用 500 mL 沸水溶解，置于 60～70℃恒温水浴中 2～3 h，并不断搅拌至 CMC-Na 全部溶解，最后补加热水至 500 mL。然后 4000 r/min 离心 15 min，取上清液即可。

溶解硅胶：称取 135 g 薄层层析硅胶 G，加入 400～405 mL 的 CMC-Na，边加边搅拌，混合均匀。最后用超声波处理一段时间，至溶液中无气泡为止。

涂布玻璃板：用涂布器把气泡排尽的硅胶溶液涂布到玻璃板上。

晾干与烘干：将玻璃板放在干净位置晾干过夜。

活化：把晾干后的硅胶板置于 105～110℃的干燥箱中活化 30～60 min（从 105℃开始计时）。烘干后放入干燥器中存放、冷却。活化的目的是除去硅胶中吸附的水分子，增加硅胶板的吸附能力；如果买的是成品硅胶 G 板则直接活化。

2. 薄层层析

1）取适量展层剂倒入层析缸中饱和 30 min。

2）用铅笔在薄层硅胶板上距下端 2 cm 处画一条点样线，直线上间隔 1.5～2 cm 作一记号，作为点样处。精确吸取标准品溶液 1 μL、2 μL、3 μL、4 μL、5 μL 分别点在点样处，同时吸取 3 μL 样品溶液点在同一块板上，做两个平行样；如果样点的颜色较浅，可用吹风机在原点处吹风，使其刚吹干为止，然后重复点样，但样点直径不能超过 2 mm。

3）点样、晾干后将薄层硅胶板点有样品的一端放在展层剂中，切勿使样品原点浸入溶剂！盖好层析缸盖，上行展层。待层析液前沿距离硅胶板上端 0.5～1 cm 处时停止层析，取出硅胶板用吹风机吹干。

4）将吹干的硅胶板放入溴百里酚蓝染色液中浸泡染色 15 s，取出后用滤纸吸干残留的染液，放入 105℃干燥箱中干燥；取出硅胶板，用薄层扫描仪对斑点进行双波长反射法锯齿扫描，得到标准品和样品的峰面积。

5）分别以峰面积对磷脂酰胆碱或磷脂酰乙醇胺的点样量（μg）作图，得标准曲线方程。再根据样品中相应层析斑点的峰面积通过标准曲线求出蛋黄卵磷脂中磷脂酰胆碱、磷脂酰乙醇胺的含量（μg）。

3. 计算提取物中 PC 和 PE 的纯度

$$PC纯度 = \frac{x_{PC} \times 10}{3 \times 90} \times 100\%$$

$$PE纯度 = \frac{x_{PE} \times 10}{3 \times 90} \times 100\%$$

式中，x 为由样品峰面积通过标准曲线计算出来的卵磷脂含量（μg）；3 为点样处所取样品溶液的体积（μL）；10 为配制的样品溶液总体积（mL）；90 为称取的卵磷脂粗提物质量（mg）。

五、实验结果及分析

1）测量原点至各色斑中心点和溶剂前沿的距离，计算出它们的 R_f 值。根据 R_f 值鉴定出样品提取物中磷脂的种类，并绘出层析图谱。

2）计算提取物的纯度和样品中卵磷脂的含量。

六、注意事项

1）自制硅胶板时需要一次性涂布，不能重复涂布；硅胶板的厚度通常为 0.25 mm 左右。

2）画点样线时要轻而清楚；在点样线上再画一"×"，以确定点样位置。

3）用镊子把硅胶板放入展层剂中，展层剂的液面要比点样线低。

七、思考题

试述薄层层析法分离物质的原理。

实验二　红霉素的提取分离及效价测定

　　红霉素是一种传统的大环内酯类抗生素，白色或类白色结晶性粉末，具有吸湿性，无臭，味苦，易溶于醇类、丙酮、氯仿、酯类等，微溶于乙醚。低温条件下，红霉素在一定 pH 范围内的介质中稳定，但在强酸和强碱中会发生降解，产生无活性的降解产物。红霉素能和有机酸或无机酸类结合成盐，其盐类易溶于水，还能和酸酐结合成酯（如丙酸酐和红霉素合成红霉素丙酸酯）。同时，红霉素因具有抗菌作用强、效率高、毒性作用少等优点而受到广泛关注。

　　近年来，随着红霉素衍生物及新剂型的不断开发，红霉素在临床上的应用日益广泛，市场需求量也不断加大。由于红霉素分子立体构型十分复杂，工业生产中，红霉素原料主要是通过微生物发酵的方法制得，但该方法得到的产品杂质较多、目标产物浓度低（0.4%～0.8%），从发酵液中提取红霉素产品一直是红霉素生产过程中的重难点。因此，研究红霉素的提取分离直接关系到红霉素产品的质量和效益，具有重要意义。

实验 2-1　有机溶剂萃取法制备硫氰酸红霉素

一、实验目的

　　了解有机溶剂萃取法的基本原理和提取抗生素的工艺过程，理解 pH 在萃取工艺中的重要性，掌握制备硫氰酸红霉素成品的方法。

二、实验原理

　　红霉素为大环内酯类抗生素，利用不同 pH 条件下红霉素在水溶液和有机溶剂中溶解度不同，使其达到不同程度的分配，然后与硫氰酸钠反应，制成硫氰酸红霉素，在此过程中进一步与杂质分离并由于溶解度降低而结晶，得到符合要求的固体成品。

三、仪器、试剂与材料

1. 仪器

　　小型板框压滤机、1000 mL 和 125 mL 分液漏斗、恒温水浴锅、pH 计、离心机、真空干燥箱、烧杯、量筒、5 mL 刻度离心管等。

2. 试剂

碱式氯化铝、氢氧化钠（NaOH）、乙酸丁酯、硫氰酸钠（NaSCN）、乙酸（HAc）、氯化钠（NaCl）等。

1）8 mol/L NaOH 溶液。称取 32 g 固体 NaOH，加少量水溶解后，于量筒中用去离子水稀释至 100 mL。

2）20% NaSCN 溶液。称取 20 g 固体 NaSCN，加少量水溶解后，于量筒中用去离子水稀释至 100 mL。

3）15% HAc 溶液。量取乙酸 15 mL，加去离子水稀释至 100 mL。

4）饱和 NaCl 溶液。将固体 NaCl 放入烧杯中并加入适量去离子水，搅拌并放入 50℃水浴保温，溶液中应存在少量固体。

3. 材料

红霉素发酵液、pH0.5～5.0 精密试纸等。

四、实验内容及步骤

1. 发酵液的预处理和过滤

取发酵液 5～8 L，不断搅拌下，慢速加入质量浓度为 40 g/L 的碱式氯化铝（预先加少量水，将其配成悬浮液），用 8 mol/L NaOH 调至 pH8.0～8.5，用板框压滤机进行过滤，收集滤液，再用水洗涤滤饼，将洗液与滤液合并，分析滤洗液效价。

2. 萃取

取滤洗液 5 份，每份 500 mL，分别用 8 mol/L NaOH 调 pH11.5、pH10.8、pH10.0、pH9.2、pH8.5，热水浴升温至 35℃，然后置于 1000 mL 分液漏斗中，加入 50 mL 乙酸丁酯（为滤洗液体积的 1/10），振摇 15 min，静置 20 min 分层。将下相液放出，用 pH 计测定下相液的平衡 pH。上相萃取液及中间乳化层离心分离（4000 r/min，8 min），收集上层清液，即萃取液。

3. 萃取液洗涤

将萃取液放入 125 mL 分液漏斗中，加入 50℃水浴预热过的饱和 NaCl 溶液，加入量为乙酸丁酯体积的 1/5。轻轻摇晃，静置分层后弃下层水相，得到澄清的洗后萃取液，测量体积并取样分析效价，用下式计算萃取收率：

$$萃取收率 = \frac{U_1 \times V_1}{U \times V} \times 100\%$$

式中，U_1 为洗后萃取液效价（U/mL）；V_1 为洗后萃取液体积（mL）；U 为滤洗液效价（U/mL）；V 为滤洗液体积（mL）。

4. 成盐——制备硫氰酸红霉素成品

将洗后萃取液倒入 50 mL 小烧杯中，放入 35℃ 左右水浴，不断搅拌下，加入 20% NaSCN 溶液，加入量按 NaSCN 与红霉素物质的体积比为 2.5∶1。

慢速滴加 15% HAc 溶液，调节 pH3.5～4.0。测 pH 方法：吸取上层液 0.5 mL 于 5 mL 刻度离心试管中，加等体积水，充分混合，离心（3000 r/min，2 min），用小滴管吸出少量下相液，在 pH0.5～5.0 的精密试纸上测 pH。

pH 调好后，再慢速搅拌 5 min，保温静置 20 min，然后真空抽滤，用 20 mL 相同温度保温的去离子水洗涤滤饼。

5. 干燥

湿成品倒入培养皿，50℃ 真空干燥。干成品称重，并测定毫克效价（U/mg），用下式计算总收率：

$$总收率 = \frac{U_1 \times m}{U \times V} \times 100\%$$

式中，U_1 为毫克效价（U/mg）；m 为干成品质量（mg）；U 为滤洗液效价（U/mL）；V 为滤洗液体积（mL）。

五、实验结果及分析

记录滤洗液、洗后萃取液的效价和体积以及成品的干重和效价，计算萃取收率和总收率。

六、注意事项

1）进行发酵液的预处理时，加入碱式氯化铝时一定要缓慢，且不断搅拌。

2）加入乙酸丁酯后一定要充分振摇，否则萃取收率会降低。

3）注意控制水浴的温度和时间。

七、思考题

1）预处理时，加入碱式氯化铝的作用是什么？

2）以萃取收率为纵坐标，下相液的平衡 pH 为横坐标，作 pH 对萃取收率的曲线图，分析结果。

3）分析操作中成功或失误之处。

实验 2-2　大网格树脂吸附法提取红霉素

一、实验目的

了解大网格树脂吸附法的基本原理，掌握用大网格吸附树脂提取抗生素的操作过程。

二、实验原理

大网格树脂吸附法的分离机制主要是利用分子间的范德瓦耳斯力进行吸附。本实验采用大网格吸附树脂，它容易从极性溶剂（水）中吸附弱电解质，选择合适的溶剂将吸附的电解质从树脂上洗脱下来，以达到浓缩和提纯的目的。

大网格吸附树脂的吸附容量计算公式如下：

$$吸附容量（U/mL）= \frac{U \times V - U_1 \times V_1}{V_3}$$

式中，U 和 V 分别为滤洗液的效价（U/mL）和体积（mL）；U_1 和 V_1 分别为洗涤流出液与吸附流出液合并液的效价（U/mL）和体积（mL）；V_3 为树脂体积（mL）。

洗脱收率计算公式如下：

$$洗脱收率 = \frac{U_2 \times V_2}{树脂吸附容量 \times V_3} \times 100\%$$

式中，U_2 为洗脱液效价（U/mL）；V_2 为洗脱液体积（mL）；V_3 为树脂体积（mL）。

三、仪器、试剂与材料

1. 仪器

小型板框压滤机、层析柱、125 mL 分液漏斗、恒温水浴锅、pH 计、离心机、真空干燥箱、烧杯和量筒等。

2. 试剂

大网格吸附树脂 HZ803、碱式氯化铝、NaOH、乙酸丁酯、NaSCN、HAc、NaCl、氨水和酸性丙酮溶液等。

1）8 mol/L NaOH 溶液。称取 32 g 固体 NaOH，加少量水溶解后，于量筒中用去离子水稀释至 100 mL。

2）20% NaSCN 溶液。称取 20 g 固体 NaSCN，加少量水溶解后，于量筒中用去离子水稀释至 100 mL。

3）15% HAc 溶液。量取冰醋酸 15 mL，加去离子水稀释至 100 mL。

4）0.1%氨水。吸取 0.4 mL 浓氨水（按 28%计算）于量筒中，用去离子水稀释至 100 mL。

5）饱和 NaCl 溶液。将固体 NaCl 放入烧杯中并加入适量去离子水，搅拌并放入 50℃水浴保温，溶液中应存在少量固体。

6）50% 1 mol/L HCl 酸性丙酮溶液。量取 100 mL 丙酮，加入 1 mol/L HCl 100 mL，混匀。

3. 材料

红霉素发酵液、5 mL 刻度离心试管、pH0.5～5.0 精密试纸等。

四、实验内容及步骤

1. 发酵液的预处理和过滤

取发酵液 5～8 L，不断搅拌下，慢速加入 40 g/L 碱式氯化铝（预先将其溶于水中），用 8 mol/L NaOH 调 pH8.0～8.5。用板框压滤机进行过滤，收集滤液，再用水洗涤滤饼，将洗液与滤液合并，分析滤洗液效价。

2. 吸附树脂预处理和装柱

HZ803 新树脂先用丙酮浸泡，倾去上浮的杂质。在柱内加入约柱体积 1/4 的丙酮，将树脂沿管壁装入柱中。再通入丙酮，控制流速为每分钟约树脂床层体积的 1/25，洗至流出液无色澄清为止。再用纯净水洗至流出液无丙酮，最后用水浸泡备用。

在 25 mL 量筒中量取已预处理过的吸附树脂 20 mL，然后装柱，层析柱中加入约 1/4 柱体积的去离子水，然后将所有的树脂小心沿壁装入柱中，装柱时应注意不要使树脂层中有气泡，控制柱底出水速度，不能让柱中水流干或溢出来。装完柱后，将水位控制至树脂面以上，加入少量待吸附（已调好 pH）的发酵滤洗液，使其保持一段液柱，盖好盖顶。

3. 吸附

取发酵滤洗液 500 mL，用 8 mol/L NaOH 调 pH9.2，然后上柱吸附，控制流速为 0.8～1.0 mL/min，收集吸附流出液，直至滤洗液全部流完。

4. 洗涤树脂

将柱中液面控制到树脂面上，然后加入少量 0.1%氨水保持一段液柱，盖好顶盖，再通入 0.1%氨水 50 mL，洗去树脂表面及间隙中的滤液。控制流速为 1.0～1.5 mL/min，收集洗涤流出液并与吸附流出液合并。量取合并液的体积并取样测效价，再由发酵滤洗液效价和体积计算树脂的吸附容量（U/mL）。

5. 洗脱（解吸）

1）将柱中液面控制到树脂面上，然后加入少量乙酸丁酯液，保持一段液柱，盖好盖顶，再将乙酸丁酯通入柱中，控制流速为 0.2～0.3 mL/min，用量筒收集乙酸丁酯流出液 50 mL。

2）将乙酸丁酯流出液倒入 125 mL 分液漏斗，除去下相水，再用 50℃预热过的饱和 NaCl 溶液 10 mL 洗涤乙酸丁酯液，除去下相。

3）量取体积并测效价，根据树脂吸附容量计算洗脱收率。

6. 成盐——制备硫氰酸红霉素成品

1）将洗脱液倒入 50 mL 小烧杯中，放入 35℃左右水浴，不断搅拌下，加入 20% NaSCN 溶液，加量为洗脱液总体积的 1.5 倍。

2）慢速滴加 15% HAc 溶液，调节 pH3.5～4.0。测 pH 方法：吸取上层液 0.5 mL 于 5 mL 刻度离心试管中，加等体积水，充分混合，离心（3000 r/min，3 min），用小滴管吸下相液，在 pH0.5～5.0 的精密试纸上测 pH。

3）pH 调好后，再慢速搅拌 5 min，保温静置 20 min，然后真空抽滤，用 20 mL 相同温度保温的去离子水洗涤滤饼。

7. 干燥

湿成品倒入培养皿，50℃真空干燥。干成品称重，计算成品收率。

8. 树脂的再生处理

1）通入酸性丙酮 20 mL，停止通液 30 min 后，浸泡树脂。再继续通入酸性丙酮 40 mL 左右，将树脂上的色素洗掉，控制流速为 0.8～1.0 mL/min。

2）通入去离子水洗去酸性丙酮。

五、实验结果及分析

记录滤洗液、吸附流出合并液与洗脱液的效价和体积以及成品的干重和效价，计算树脂吸附容量、洗脱收率和成品收率。

六、注意事项

1）注意树脂先用丙酮浸泡，以便倾去上浮的杂质。

2）装柱时应注意不要使树脂层中有气泡，控制柱底出水速度，不能让柱中水流干或溢出来。

七、思考题

1）为什么选择乙酸丁酯作为洗脱剂？

2）为什么要加入 0.1%的氨水？

实验 2-3　无机盐对再生型双水相体系萃取红霉素分配系数的影响

一、实验目的

掌握再生型双水相体系分配的主要原理，理解无机盐对红霉素分配系数的影响。

二、实验原理

本实验采用的两种可回收的成相高聚物，分别是对 pH 敏感的聚合物 P_{ADB}（聚丙烯酸-甲基丙烯酸二甲氨基乙酯-甲基丙烯酸丁酯）和对温度敏感的聚合物 P_{NB}（聚 N-异丙基丙烯酰胺-丙烯酸丁酯）。将它们按一定比例混合组成 pH-温度敏感型再生型双水相体系，其中 P_{NB} 主要在上相，P_{ADB} 主要在下相。在对红霉素进行萃取后，通过改变温度和 pH 分别将它们回收。在两相系统中，影响分配系数的因素很多，其中无机盐是一个重要的因素。加入不同种类和不同量的无机盐对红霉素分配系数影响很大，本实验分别研究 NaSCN 和硫酸铵[$(NH_4)_2SO_4$]两种无机盐的影响。

三、仪器、试剂与材料

1. 仪器

低速离心机、分光光度计、循环水式真空泵及抽滤装置、电子天平、pH 计、磁力搅拌器、移液吸管、旋涡混合器、恒温水浴锅、烧杯、量筒、试管等。

2. 试剂

磷酸氢二钠（$Na_2HPO_4·12H_2O$）、磷酸二氢钠（$NaH_2PO_4·2H_2O$）、NaSCN、$(NH_4)_2SO_4$、硫酸（H_2SO_4）、pH 敏感聚合物 P_{ADB}、温度敏感聚合物 P_{NB} 等。

1）0.2 mol/L pH7.0 的磷酸氢二钠和磷酸二氢钠的缓冲液。称量 43.7 g 磷酸氢二钠（$Na_2HPO_4·12H_2O$），溶于 800 mL 去离子水中，再称量 6.08 g 磷酸二氢钠（$NaH_2PO_4·2H_2O$），将其溶解到溶液中，待完全溶解后，在 1000 mL 的容量瓶中定容。

2）5% pH 敏感聚合物 P_{ADB} 溶液。称量 1.00 g pH 敏感聚合物 P_{ADB}，加入 20 mL pH7.0 的磷酸氢二钠和磷酸二氢钠的缓冲液，磁力搅拌溶解后即为 5% pH 敏感聚合物 P_{ADB} 溶液。

3）含有 1 mg/mL 红霉素的 P_{ADB} 溶液。称量 0.02 g 红霉素成品，溶解于配制的 20 mL 5% pH 敏感聚合物 P_{ADB} 溶液中，即为含有 1 mg/mL 红霉素的 P_{ADB} 溶液。

4）5%温度敏感聚合物 P_{NB} 溶液。称量 1.00 g 温度敏感聚合物 P_{NB}，加入 20 mL pH7.0 的磷酸氢二钠和磷酸二氢钠的缓冲液，磁力搅拌溶解后，放入 4℃冰箱保存，即为 5%温度敏感聚合物 P_{NB} 溶液。

5）含有 1 mg/mL 红霉素的 P_{NB} 溶液。称 0.02 g 红霉素成品，溶解于配制的 20 mL 5%温度敏感聚合物 P_{NB} 溶液中，即为含有 1 mg/mL 红霉素的 P_{NB} 溶液。

6）2 mol/L NaSCN 溶液。称量 1.62 g NaSCN 溶于 10 mL 去离子水中，即为 2 mol/L 的 NaSCN 溶液。

7）2 mol/L $(NH_4)_2SO_4$ 溶液。称量 2.64 g $(NH_4)_2SO_4$，溶于 10 mL 去离子水中，即为 2 mol/L 的$(NH_4)_2SO_4$ 溶液。

8）8 mol/L H_2SO_4 溶液。将浓 H_2SO_4 1332 mL 缓缓加入 1668 mL 水中，冷水浴冷却。

3. 材料

红霉素成品和标准品、5 mL 离心管等。

四、实验内容及步骤

1. 分析方法的建立

（1）红霉素标准曲线的绘制

精确称取红霉素标准品，加入 1 mL 乙醇溶解，配成 1000 U/mL 的标准溶液。分别吸取上述标准溶液 0.05 mL、0.1 mL、0.2 mL、0.3 mL、0.4 mL、0.5 mL 于试管中，用去离子水将其稀释至 2.0 mL，然后各加 4 mL 8 mol/L H_2SO_4 溶液，50℃恒温水浴 30 min，冷却至室温后，在 483 nm 处测量溶液的吸光度，以吸光度为纵坐标，吸取的样品效价（U）为横坐标作标准曲线图。

（2）两水相萃取中红霉素样品的测定

聚合物的存在对红霉素的测定有干扰，但由于红霉素溶解于乙醇，而聚合物不溶解于乙醇，因此，可先用无水乙醇将聚合物沉淀出来，再进行比色测定。

用取样器分别吸出 0.2 mL 上、下相溶液。加 3 mL 的无水乙醇，聚合物沉淀后，低速离心（2000 r/min，10 min）。取 2.0 mL 上清液，然后加 4 mL 8 mol/L H_2SO_4 溶液，50℃恒温水浴 30 min，冷却至室温后，在 483 nm 处测量上、下相溶液的吸光度，上相吸光度即为上相红霉素的吸光度，下相吸光度即为下相红霉素的吸光度。根据标准曲线图求出红霉素的浓度，计算出红霉素在两水相中的分配系数 K。空白对照管：磷酸缓冲液 0.2 mL+3 mL 无水乙醇→混匀→低速离心（2000 r/min，10 min）→取其上清液 2.0 mL→加 4 mL 8 mol/L H_2SO_4 溶液→50℃恒温水浴反应 30 min→冷却至室温→483 nm 处测定吸光度。

2. 体系中无机盐对红霉素分配系数的影响

无机盐对红霉素的分配系数有较大影响，本实验分别研究 NaSCN 和$(NH_4)_2SO_4$ 的影响，并与不加无机盐进行比较。

准备 20 支 5 mL 离心管，10 支为一组，每支中都分别加入 1 mL 含有 1 mg/mL 红霉素的 P_{ADB} 溶液和 1 mL 含有 1 mg/mL 红霉素的 5% P_{NB} 溶液，旋涡混合器上混匀后，再分别加入上述两种配制好的无机盐溶液，加入量各为 10 μL、20 μL、30 μL、40 μL、50 μL、60 μL、70 μL、80 μL、90 μL 和 100 μL，分别考察盐浓度为 10 mmol/L、20 mmol/L、30 mmol/L、40 mmol/L、50 mmol/L、60 mmol/L、70 mmol/L、80 mmol/L、90 mmol/L 和 100 mmol/L 时对红霉素分配系数的影响。

另外，再取一支试管作为对照，即不加无机盐的两水相萃取实验，操作同上。将每支离心试管迅速摇匀，静置分成两相，也可以通过低速离心加速分相。待两水相体系形成后，分别取上、下相适当稀释后，各取 0.2 mL 于试管中，按上法进行分析。

注意：静置至两相形成期间，由于聚合物 P_{NB} 是温度敏感型聚合物，因此室温较高时，最好将两水相放于冰箱中（10～15℃），这样形成的相体系才会稳定。

五、实验结果及分析

根据上、下相中红霉素的浓度，计算出红霉素在两水相中的分配系数 K。绘制红霉素分配系数倒数 $1/K$ 对无机盐浓度的曲线图。

六、注意事项

1）注意控制加样量和反应时间。

2）先用无水乙醇将聚合物沉淀出来，再进行比色测定。

七、思考题

1）红霉素浓度的分析实验中用无水乙醇处理的作用是什么？

2）以无机盐浓度为横坐标，分配系数的倒数为纵坐标，在相同坐标图中分别做无机盐 NaSCN 和 $(NH_4)_2SO_4$ 浓度对红霉素分配系数倒数 $1/K$ 的曲线图，与不加无机盐的结果进行比较，找出各自最适无机盐添加量。

3）进行实验结果误差分析。

实验 2-4 比色法测定红霉素效价

一、实验目的

掌握比色法测定红霉素效价的原理和方法。

二、实验原理

红霉素经硫酸水解后呈紫红色，在波长 483 nm 处有最大吸光度，紫红色强度与浓度成正比，在一定范围内符合朗伯-比尔定律，利用此性质可测定红霉素的效价。

三、仪器、试剂与材料

1. 仪器

精密天平、分光光度计、60 mL 分液漏斗、恒温水浴锅、小试管、烧杯、量筒和移液管等。

2. 试剂

乙醇、碳酸钾（K_2CO_3）、盐酸（HCl）、H_2SO_4、乙酸丁酯和无水硫酸钠（Na_2SO_4）等。

1）0.35% K_2CO_3。取 3.5 g K_2CO_3，加去离子水溶解并稀释至 1000 mL。

2）6 mol/L HCl。取 50 mL 浓 HCl，加去离子水 50 mL，混匀。

3）0.1 mol/L HCl。取 16.7 mL 6 mol/L HCl，加去离子水稀释至 1000 mL，混匀。

4）8 mol/L H_2SO_4。将浓 H_2SO_4 1332 mL 缓缓加入 1668 mL 水中，冷水浴冷却。

3. 材料

红霉素标准品等。

四、实验内容及步骤

1. 标准曲线制作

精确称取红霉素标准品 0.0113 g，加 1 mL 乙醇溶解，加去离子水稀释至 10 mL（容量瓶）配成 1000 U/mL 左右的标准溶液。

分别吸取上述标准溶液 0.05 mL、0.10 mL、0.15 mL、0.20 mL、0.25 mL、0.30 mL、0.35 mL，用 5 mL 刻度吸管吸取去离子水，将其稀释至 2.5 mL，再分别加 8 mol/L H_2SO_4 2.5 mL，50℃水浴保温 30 min，冷却，483 nm 波长处比色，以去离子水为空白对照。以吸光度 A 为纵坐标，吸取的样品效价 U 为横坐标作标准曲线图，作线性回归，求直线的斜率和截距。

2. 样品液分析

1）吸取一定量样品液于 60 mL 分液漏斗中，加入 0.35% K_2CO_3 溶液稀释至 10 mL，加 10 mL 乙酸丁酯，摇 1 min，静置，弃下相。

2）上相中加入 0.5 g 无水 Na_2SO_4 固体吸水，摇 30 s。

3）吸取脱过水的乙酸丁酯液 5.0 mL 于另一 30 mL 分液漏斗中，加入 0.1 mol/L HCl 5.0 mL，摇 30 s，静置，放出下相于试管中。

4）吸取下相液 2.5 mL 于另一试管中，加入 8 mol/L H_2SO_4 2.5 mL，摇匀，放入 50℃水浴保温 30 min，冷却，483 nm 波长处比色，以去离子水为空白对照。由吸光度 A 按下式求效价。

$$效价（U/mL）=\frac{A-b}{k}\times\frac{1}{2.5}\times 稀释倍数$$

式中，b 为标准曲线的截距；k 为标准曲线的斜率；2.5 为所取下相液的体积（mL）。

3. 样品液稀释

（1）发酵液、滤洗液

吸取样品 0.2 mL 于 60 mL 分液漏斗中，加入 0.35% K_2CO_3 溶液稀释至 10 mL，再加 10 mL 乙酸丁酯，摇 1 min，静置，弃下相，其余同"样品液分析"中的步骤 4）。

（2）乙酸丁酯萃取液

吸取萃取液 1.0 mL 于 10 mL 容量瓶中，用乙酸丁酯稀释至刻度，吸取 0.2 mL 于 60 mL 分液漏斗中，加 9.8 mL 乙酸丁酯，再加入 0.35% K_2CO_3 溶液 10 mL，摇 1 min，静置，弃下相，其余同"样品液分析"中的步骤 4）。

（3）大网格树脂吸附法的吸附流出合并液

吸取样品 0.4 mL 于 60 mL 分液漏斗中，加入 0.35% K_2CO_3 溶液稀释至 10 mL，加 10 mL 乙酸丁酯，摇 1 min，静置，弃下相，其余同"样品液分析"中的步骤 4）。

（4）大网格树脂吸附法的洗脱液

吸取洗脱液 1.0 mL 于 10 mL 容量瓶中，用乙酸丁酯稀释至刻度，吸取 0.2 mL 于 60 mL 分液漏斗中，加 9.8 mL 乙酸丁酯，再加 0.35% K_2CO_3 溶液 10 mL，摇 1 min，静置，弃下相，其余同"样品液分析"中的步骤 4）。

4. 成品分析

精确称取红霉素成品 0.0113 g，加 1 mL 乙醇溶解，加去离子水稀释至 10 mL（容量瓶）。吸取上述溶液 0.2 mL，加去离子水稀释至 2.5 mL，再加入 8 mol/L H_2SO_4 2.5 mL，50℃ 水浴保温 30 min，冷却，483 nm 波长处比色，以去离子水为空白对照。由吸光度 A 根据标准曲线求成品的效价（U/mL）。

五、实验结果及分析

1）将标准曲线的实验结果填入已列好的表格中，以吸光度 A 为纵坐标，吸取的样品效价 U 为横坐标作标准曲线图，作线性回归，并求斜率 k 和截距 b。

2）根据不同样品的吸光度 A，计算其效价（U/mL）。

六、注意事项

1）精确控制振荡时间，以提高萃取率。

2）注意控制反应时间和温度。

七、思考题

1）分析实验误差。

2）简述比色法测定红霉素效价的原理。

实验三 木姜叶柯黄酮的提取及测定

木姜叶柯为壳斗科柯属植物，常绿乔木，主要分布在我国长江以南地区低山密林中，尤以广西、湖南及江西三地区资源丰富，别名甜茶（通称）、甜叶子树（云南）、胖稠（广东）、甜味菜、多穗柯等。木姜叶柯是一种药食两用的植物，其黄酮类成分主要是根皮苷与三叶苷，属于二氢查耳酮类，它们具有降血糖、降血压、降脂及抗过敏、抗炎等作用。大量的研究表明，根皮苷在治疗糖尿病、肥胖及抗衰老等方面具有较好的作用，特别是对其在糖尿病中作用的研究广泛而深入。

近年来，随着人类生活水平的不断提高，健康问题越来越受到重视，但环境的恶化和生活节奏的加快及饮食的不科学，使人们面临恶性肿瘤、慢性炎症、糖尿病等多种疾病威胁，因此寻求有效的预防方法来避免此类疾病的侵袭是人们追求的目标。从天然产物中提取高效低毒、作用机制明确的活性组分来预防和抵抗疾病发生，已成为世界公认的防治疾病的方法。因此，木姜叶柯黄酮的提取具有十分重要的意义。

实验 3-1 超声波辅助法提取木姜叶柯黄酮

一、实验目的

了解植物活性成分提取方法，掌握超声波辅助法提取木姜叶柯黄酮的原理及操作方法。

二、实验原理

超声波提取是利用超声波具有的机械效应、空化效应，通过增大介质分子的运动速度、增大介质的穿透力来提取生物有效成分。超声波在介质中的传播可以使介质质点在其传播空间内产生振动，从而强化介质的扩散、传播，这就是超声波的机械效应。超声波在传播过程中产生一种辐射压强，沿声波方向传播，对物料有很强的破坏作用，可使细胞组织变形，植物蛋白质变性；同时，它还可以给予介质和悬浮体以不同的加速度，且介质分子的运动速度远大于悬浮体分子的运动速度，从而在两者间产生摩擦，这种摩擦力可使生物分子解聚，使细胞壁上的有效成分更快地溶解于溶剂之中。通常情况下，介质内部或多或少地溶解了一些微气泡，这些气泡在超声波的作用下产生振动，当声压达到一定值时，气泡由于定向扩散而增大，形成共振腔，然后突然闭合，这就是超声波的空化效应。这种气泡在闭合时会在其周围产生几千个大气压的压力，形成微激波，可造成植物细胞壁及整个生物体破裂，而且整个破裂过程在瞬间完成，有利于有效成分的溶出。

三、仪器、试剂与材料

1. 仪器

天平、超声波辅助提取仪、量筒、1000 mL 烧杯、分光光度计、旋转蒸发仪等。

2. 试剂

NaOH 溶液、乙醇、硝酸铝、亚硝酸钠等。

1）1 mol/L NaOH 溶液。称取 4 g 固体 NaOH，加少量去离子水溶解后，用去离子水定容至 100 mL。

2）70%的乙醇溶液。取 350 mL 无水乙醇加水定容至 500 mL。

3）10%的硝酸铝溶液。称取 10 g 硝酸铝，加水溶解，定容至 100 mL。

4）5%亚硝酸钠溶液。称取 5 g 亚硝酸钠，加水溶解，定容至 100 mL。

3. 材料

木姜叶柯粉末等。

四、实验内容及步骤

1. 原料的处理

准确称取木姜叶柯粉末 20 g 放入烧杯中,按照料液比 1∶20 加入 70%的乙醇,浸泡 24 h。

2. 超声波提取

超声波提取的条件:功率为 540 W,超声波频率为 40 kHz,超声时间为 45 min。

3. 提取液浓缩

提取液利用旋转蒸发仪进行减压浓缩回收乙醇后过滤,用蒸馏水定容至 100 mL。

4. 黄酮含量的测定

在碱性条件下黄酮化合物与亚硝酸钠、铝盐形成络合物，该络合物在

510 nm 处有最大吸收峰。在一定浓度范围内，A_{510} 与黄酮浓度成正比。以芦丁为标准品，绘制标准曲线；根据样品的 A_{510} 即可计算出黄酮浓度。

精确量取提取液 1 mL 分别加至 3 个 25 mL 的具塞试管中，加 1 mL 的 5% 的亚硝酸钠溶液，6 min 后加 1 mL 的 10% 的硝酸铝溶液，放置 6 min 后，再加入 10 mL 的 1 mol/L NaOH 溶液 10 mL，用 70% 的乙醇溶液定容至刻度。静置 15 min 后测定。

5. 分光光度法测定吸光度

在波长 510 nm 处，以没有加提取液的试管溶液为空白对照，测其余各管的吸光度。

五、实验结果及分析

计算黄酮提取率。

六、注意事项

1）料液比要适宜。
2）注意控制超声波提取时间。

七、思考题

1）超声波辅助提取木姜叶柯黄酮的原理是什么？
2）超声波辅助提取黄酮的方法有哪几种？
3）操作过程中应注意哪些问题？

实验 3-2　乙醇回流法提取木姜叶柯黄酮

一、实验目的

掌握乙醇回流法提取木姜叶柯黄酮的原理和操作方法。

二、实验原理

回流提取法是用乙醇等易挥发的有机溶剂提取原料成分，将浸出液加热蒸馏，其中挥发性溶剂馏出后又被冷却，重复流回浸出容器中浸提原料，这样周而复始，直至有效成分回流提取完全的方法。回流法提取液在蒸发锅中受热时间较长，故不适用于受热易遭破坏的原料成分的浸出。乙醇提取法是指利用乙醇的溶解性，将其作为溶剂对物质进行分离提纯的方法，而木姜叶柯的根皮苷与三叶苷等黄酮易溶于乙醇。因此，本实验用乙醇回流法提取木姜叶柯黄酮。

三、仪器、试剂与材料

1. 仪器

索氏提取器、烧杯、圆底烧瓶、试管架、减压蒸馏器、漏斗、玻璃杯、干燥机、旋转蒸发仪、回流冷凝管、电炉、橡皮管、铁架台等。

2. 试剂

乙醇、蒸馏水、石油醚等。

3. 材料

木姜叶柯粉末等。

四、实验内容及步骤

1. 称量

称取木姜叶柯粉末 2.0 g。

2. 连接装置

将索氏提取器的下端与盛有浸出溶剂乙醇的圆底烧瓶相连，上面接回流冷凝管。

3. 脱脂

加入 2 mL 石油醚进行回流脱脂 1 h，过滤，收集过滤后的木姜叶柯粉末。

4. 回流提取

将收集的木姜叶柯粉末用滤纸包好放入索氏提取器中，并按料液比 1∶30 加入 70%的乙醇。将圆底烧瓶放入 80℃水浴锅中进行回流提取，提取 2 次，每次 2 h。

5. 减压浓缩

将两次回流液合并，进行减压蒸馏，浓缩至原有体积的 1/10。按如下步骤操作：①打开低温冷却液循环泵。注意按电源键后再按下制冷键，降到所需温度后开循环。②打开水泵循环水。③装上蒸馏烧瓶并用夹子固定好。打开真空泵，待有一定真空后开始旋转。④调节蒸馏烧瓶高度、旋转速度，设定适当水浴温度。⑤蒸完先停止旋转，再通大气，然后停水泵，最后再取下蒸馏烧瓶。⑥停低温冷却液循环泵，停水浴加热，关闭水泵循环水，倒出接收瓶内溶剂，洗干净接收瓶。

6. 结晶

加入约 6 倍蒸馏水煮沸，冷却结晶，过滤。

7. 再结晶

用等量蒸馏水再结晶一次，过滤，干燥得到木姜叶柯黄酮产品。

五、实验结果及分析

计算黄酮提取率。

六、注意事项

1）注意装置的气密性。

2）石油醚对皮肤有刺激性，使用时请做好防护。

3）待蒸发完毕后，先停止旋转，再通大气（防止倒吸），然后停水泵，最后再取下蒸馏烧瓶。

七、思考题

黄酮提取率可能与哪些因素有关？

实验 3-3 微波辅助法提取木姜叶柯黄酮

一、实验目的

掌握微波辅助法提取木姜叶柯黄酮的原理及工艺流程。

二、实验原理

微波提取法是指在频率为 300 MHz 至 300 GHz 的电磁波下，利用电磁场的作用使固体或半固体物质中的某些有机物基体成分有效分离，并保持其原本化合物状态的一种分离方法。在微波萃取过程中，高频电磁波穿透萃取介质，到达物料内部，由于微波的频率与分子转动的频率相关联，微波能是一种由离子迁移和偶极子转动而引起分子运动的非离子化辐射能，当它作用于分子时，可促进分子运动。黄酮化合物具有一定极性，即可在微波场的作用下产生瞬时极化，并以 24.5 亿次/s 的速度做极性变换运动，从而产生键的振动、撕裂和粒子间的摩擦及碰撞，并迅速生成大量热能，促使细胞破裂，使有效成分从细胞内流出，并在较低温度下溶解于萃取介质，再通过进一步过滤分离，获得被萃取组分。

在微波萃取中，吸收微波能力的差异可使基体物质的某些区域或萃取体系中的某些组分被选择性加热，从而使被萃取物质从基体或体系中分离，进入具有较小介电常数、微波吸收能力相对较差的萃取溶剂中。黄酮易溶于乙醇中，因此乙醇是最佳萃取溶剂。

三、仪器、试剂与材料

1. 仪器

微波萃取仪、粉碎机、布氏漏斗、抽滤瓶、胶管、抽气泵、烧杯、量筒、真空干燥箱等。

2. 试剂

无水乙醇等。

3. 材料

木姜叶柯粉末、滤纸等。

四、实验内容及步骤

1. 原料处理

将木姜叶柯枝叶放入粉碎机中粉碎，至粉末状，以增加固液接触的面积。取木姜叶柯粉末 20 g，按照固液比 1∶20 加入 70%的乙醇溶液，浸泡 24 h。

2. 微波提取

微波功率 320 W 下提取，时间为 5 min。

3. 抽滤

1）安装，检查连接是否紧密，抽气泵连接口是否漏气。

2）修剪滤纸，使其略小于布氏漏斗，但要把所有的孔都覆盖住，并滴加蒸馏水使滤纸与漏斗连接紧密，往滤纸上加少量水或溶剂，轻轻开启水龙头，吸去抽滤瓶中部分空气，以使滤纸紧贴于漏斗底上，免得在过滤时有固体从滤纸边沿进入滤液中。

3）打开抽气泵开关，开始抽滤。

4）抽滤完成后，先旋开安全瓶上的旋塞恢复常压，然后关闭抽气泵，揭去滤纸，溶液从抽滤瓶上口倒出。

4. 减压浓缩

将抽滤液进行减压蒸馏，浓缩至原有体积的 1/10。

1）打开低温冷却液循环泵，注意按电源键后再按下制冷键，降到所需温度后开循环。

2）打开水泵循环水。

3）装上蒸馏烧瓶并用夹子固定好，打开真空泵，待有一定真空后开始旋转。

4）调节蒸馏烧瓶高度、旋转速度，设定适当水浴温度。

5）蒸完后，先停止旋转，再通大气，然后停水泵，最后再取下蒸馏烧瓶。

6）停低温冷却液循环泵，停水浴加热，关闭水泵循环水，倒出接收瓶内溶剂，洗干净缓冲球接收瓶。

5. 干燥

将成品倒入培养皿，50℃真空干燥，称重。

五、实验结果及分析

计算黄酮提取率。

六、注意事项

1）注意提取装置的气密性。

2）注意蒸完后先停止旋转，再通大气（防止倒吸），然后停水泵，最后再取下蒸馏烧瓶。

七、思考题

1）哪些因素会影响微波辅助法提取黄酮？

2）简述微波法提取黄酮的原理。

实验 3-4　木姜叶柯黄酮的含量测定

一、实验目的

了解分光光度法测定黄酮含量的原理，掌握测定黄酮含量的方法及操作。

二、实验原理

在碱性条件下黄酮化合物与亚硝酸钠、铝盐形成络合物，该络合物在 510 nm 处有最大吸收峰，黄酮+ $NaNO_2$ + $Al(NO_3)_3$ + NaOH ⟶ 络合物。

测定黄酮含量时一般以芦丁为标准品，绘制标准曲线。

三、仪器、试剂与材料

1. 仪器

分光光度计、烧杯、量筒等。

2. 试剂

乙醇、亚硝酸钠、硝酸铝、NaOH 等。

1）70%的乙醇溶液。取 350 mL 无水乙醇加水定容至 500 mL。

2）5%亚硝酸钠溶液。称取 5 g 亚硝酸钠，加水溶解，定容至 100 mL。

3）10%硝酸铝溶液。称取 10 g 硝酸铝，加少量水溶解，再定容至 100 mL。

4）5% NaOH 溶液。称取 5 g NaOH，加少量水溶解，再定容至 100 mL。

3. 材料

木姜叶柯粉末、芦丁标准品、10 mL 比色管等。

四、实验内容及步骤

1. 标准曲线的绘制

配制 1 mg/mL 的芦丁标准溶液。精确称取干燥至恒重的芦丁 10 mg，用 70% 乙醇溶液溶解、定容至 10 mL。

精确吸取芦丁标准溶液 0 μL、75 μL、150 μL、300 μL、450 μL、600 μL，加至 10 mL 比色管中（表 3-4-1），各加 5%亚硝酸钠溶液 0.4 mL，摇匀后放置 6 min。

加入 10%硝酸铝溶液 0.4 mL，摇匀后放置 6 min。加 5% NaOH 溶液 4 mL，用 70% 乙醇溶液定容至 10 mL，摇匀，放置 10 min。以 0 号管为空白，测其余各管 A_{510}；以芦丁浓度（μg/mL）为横坐标，以 A_{510} 为纵坐标绘制标准曲线。

表 3-4-1　芦丁标准含量测定体系

	0	1	2	3	4	5
芦丁标准溶液/μL	0	75	150	300	450	600
5%亚硝酸钠/mL	0.4	0.4	0.4	0.4	0.4	0.4
10%硝酸铝/mL	0.4	0.4	0.4	0.4	0.4	0.4
5% NaOH/mL	4	4	4	4	4	4
	用 70%乙醇溶液定容至 10 mL，摇匀，放置 10 min					
A_{510}						
横坐标/（μg/mL）	0	7.5	15	30	45	60

2. 样品中黄酮含量的测定

（1）测样品的吸光度

精确吸取黄酮提取物溶液 1 mL 于比色管中，与制作标准曲线时一样操作，以试剂为空白，测样品的 A_{510}；将所测的样品吸光度代入回归方程，计算出对应浓度。

（2）计算

1）提取物未干燥成粉末，所得液体提取物总体积为 V_0，取所得液体提取物 V_1 用蒸馏水稀释，定容至 V_2。

$$木姜叶柯黄酮含量（\%）=\frac{x\times V\times V_0\times V_2\times 10^{-6}}{V_1\times V_{测}\times m}\times 100\%$$

式中，x 为依据回归方程计算出的相当于标准品的浓度（μg/mL）；V 为 10 mL；$V_{测}$ 为测量时取用的稀释后提取液的体积（1 mL）；m 为提取前称取的样品质量（g）。

2）提取物干燥成粉末，称取质量为 W 的粉末溶解在 70%的乙醇中，并定容至一定的体积（V_1）；然后取 1 mL 溶液，与制作标准曲线同样处理后测 A_{510}。

$$粉末中黄酮含量=\frac{x\times V\times V_1\times 10^{-6}}{W\times V_{测}}\times 100\%$$

式中，x 为依据回归方程计算出的相当于标准品的浓度（μg/mL）；V 为 10 mL；V_1 为称取质量为 W 的粉末定容后的体积（mL）；W 为称取的提取物粉末质量（g）；$V_{测}$ 为测量时取用的样品溶液体积（1 mL）。

则木姜叶柯黄酮含量=（粉末中黄酮含量×粉末的总质量）/样品质量× 100%。

五、实验结果及分析

1）绘制芦丁标准曲线。

2）计算超声波辅助法、乙醇回流法、微波辅助法所得样品的黄酮浓度。

六、注意事项

测定时加样量要精确，控制好反应时间。

七、思考题

1）简述黄酮含量测定的原理。

2）是否还有其他测定黄酮含量的方法？请简要叙述之。

实验四　超临界法萃取青蒿素及纯度测定

青蒿素是 20 世纪 70 年代我国科学家屠呦呦等从黄花蒿（又名青蒿）中分离出来的一种抗疟药，具有高效、低毒、速效等特点，主要作用于疟原虫的红内期。对间日疟、恶性疟，特别是脑型疟的抢救有良效。青蒿素分子式 $C_{15}H_{22}O_5$，相对分子质量（分子量）为 282.34。纯品为无色针状结晶，味苦，熔点 156～157℃。用传统的有机溶剂法从青蒿中萃取青蒿素，得率低，周期长，成本高，且青蒿素的理化性质非常不稳定，温度、试剂等都会对其纯度产生严重影响。利用超临界 CO_2 流体进行萃取，以其低温萃取和惰性气体保护的特点，防止青蒿素的氧化和破坏，并且萃取和分离合二为一，能有效提高生产效率和减小能耗。提取过程中完全免除了任何有机溶剂，所以青蒿素成品中没有有机溶剂残留，保持了萃取物的全天然性。

实验 4-1　利用超临界 CO_2 流体萃取青蒿素

一、实验目的

了解超临界流体萃取的基本原理，掌握超临界流体萃取的基本操作方法。

二、实验原理

超临界流体萃取技术是利用超临界流体的溶解能力与其密度之间存在的相互关系，以超临界流体为溶剂，从液体或固体中将所需要的成分萃取出来的分离技术。超临界流体具有特殊性：它的密度接近液体，而其黏度和扩散系数接近气体，所以既具有与气体一样好的流动性和传质特性，又具有接近液体的溶解特性。同时，物质的溶解度在临界点附近对压力和温度的变化十分敏感，利用这一特性，易于实现萃取和分离操作。在高压下将原料中的有效成分萃取到超临界流体中，降低压力或升高温度，将产物从流体中分离出来。控制适宜的操作条件，可以选择性地把极性大小、沸点高低和相对分子质量大小不同的成分依次萃取出来。

物料在超临界流体中的溶解度主要取决于温度和压力，故通过调节温度和压力可以优化萃取操作，提高萃取速率和选择性。萃取设备主要由溶质萃取器和被萃取物的分离器组成。首先将物料装入萃取器，排出杂质气体。溶剂 CO_2 经净化和冷凝后，由压缩机（高压泵）压缩并经预热器交换热量，使其达到所需的超临界压力和温度（本实验中分别为 18 MPa 和 40℃），形成超临界流体进入萃取器，与物料充分接触并进行萃取，溶有被萃取物的高压流体从萃取器顶部离开，然后经过改变压力和温度等条件，使混合物在不同条件的分离器中进行分级分离。先经节流阀降低压力和预热器升高温度（本实验中分别控制在 14 MPa 和 60℃）后，在一级分离器中初级分离，主要析出物为来自原材料的不溶性残渣和杂质。溶于流体中的产物青蒿素随流体进入二级分离器，进一步调整压力和温度（本实验中分别控制在 6 MPa 和 50℃），由于流体密度下降而使青蒿素溶解度减小，在二级分离器中析出。萃取剂 CO_2 经净化器净化后进入冷凝器冷凝成液态，重新由泵打入萃取系统循环使用。整个过程不产生"三废"（指废水、废气和废渣），不会对环境造成污染。

三、仪器、试剂与材料

1. 仪器

　　粉碎机、超临界流体萃取装置、CO_2 钢瓶、电子台秤等。

2. 试剂

　　乙醇等。

3. 材料

　　黄花蒿等。

四、实验内容及步骤

1. 黄花蒿粉末的制备

　　称取适量黄花蒿粗品装入粉碎机粉碎一定时间。注意粉碎机不能连续运行，每运作 1 min 左右要稍作停歇，防止电机过热和青蒿素在高温下被破坏，粉碎完毕后取出粉末，并称质量。

2. 操作前准备

　　1）检查超临界流体萃取装置的各设备、管线、阀门、仪表是否完好。
　　2）检查换热器水位及主泵、副泵油的位置，并补充至适当位置。

3）检查管道及阀门，并将各放气阀关紧。

4）将黄花蒿粉末装入萃取器，注意装料量不得超过筒有效高度的 80%。

3. 系统预热

1）打开电源开关、各预热开关和制冷机开关。

2）设置预热温度：萃取器 40℃，一级分离器为 60℃，二级分离器为 50℃，对应的 3 个预热器温度分别提高 10℃。预热至设定温度后开机。

4. 开机和萃取操作

1）打开钢瓶，将钢瓶中 CO_2 气体慢慢通入系统容器中，驱赶各容器中的空气。①主泵放气：打开主泵放气阀放气，然后关闭。②萃取器放气：打开萃取器的进气阀和放气阀，排出杂质气体，然后关闭。

2）打开主泵（压缩泵）。

3）依次打开萃取器、一级分离器和二级分离器的控制阀门，调节萃取器压力为 18 MPa，一级分离器为 14 MPa，二级分离器为 6 MPa，并保持压力稳定。

4）开始循环萃取，记录时间，持续操作 3～4 h。

5）关闭 CO_2 钢瓶。

5. 停机

1）关闭主泵开关、预热开关、冷凝器开关及各电源开关。

2）打开 CO_2 钢瓶和萃取器、一级分离器和二级分离器的控制阀门，使气体回流至钢瓶。

3）关闭 CO_2 钢瓶和上述各控制阀门。

4）打开萃取器放气阀放气。

5）取出萃取器，倒出残渣并称重；放出二级分离器中的成品，称重。

五、实验结果及分析

计算青蒿素的提取率。

六、注意事项

1）将黄花蒿粉末装入萃取器时，注意装料量不得超过筒有效高度的 80%。

2）实验前必须将各容器中的空气排除干净，否则影响提取率。

3）注意检查装置气密性。

七、思考题

简述超临界流体萃取原理。

实验 4-2　HPLC 法测定青蒿素纯度

一、实验目的

了解高效液相色谱法的基本原理，掌握高效液相色谱法的基本操作方法。

二、实验原理

在生化物质的分离和分析方法中，高效液相色谱（HPLC）法是当前最有效的一种技术。与其他分离技术相比，其主要特点是分离效率高，选择性好，适用范围广，它既是精细的分离纯化方法，也是一种高效、灵敏、快速的分析检测手段。HPLC 的设备除必须具备高压恒流泵的输液系统和高灵敏度的检测系统外，最关键的是还需要有高效的分离柱。HPLC 方法是基于样品分子在固定相（即填料柱）和流动相之间的特殊相互作用而实现分离的，与固定相之间作用力大的组分，移动慢，则保留时间长；反之，保留时间短，从而达到不同组分的分离。按与固定相之间的作用机制分类，通常可将 HPLC 分成以下四类：一是基于吸附分配作用的反相、正相和疏水性色谱；二是基于电荷作用的不同类型的离子交换色谱；三是基于空间排阻作用的凝胶过滤和凝胶渗透色谱；四是基于生物特异性作用的亲和色谱。

本实验的分离机制属于反相高效液相色谱机制。其流动相为极性溶剂，固定相为非极性填料，利用溶质与固定相表面间的疏水作用达到色谱分离。某一组分分子结构中非极性的疏水部分越强，则与固定相间作用力越大，保留时间就越长。在反相液相色谱中，通常流动相采用酸性的、低离子强度的水溶液，并加入一定比例的能与水互溶的有机改性剂，如乙腈、甲醇、异丙醇等有机溶剂。通常使用的固定相填料为孔径在 30 nm 以上的硅胶烷基键合相，短链烷基（如 C_4、C_8 和苯基）和长链烷基（如 C_{18}、C_{22}）反相填料的分离性能是有区别的，烷基的链越长，固定相的疏水性越强，因而为了使溶质组分不至于洗脱速度过慢，需要增加流动相的有机成分。反相高效液相色谱法具有柱效高、分离度好、快速等优点，在高效液相色谱中应用面很广。

青蒿素在碱性溶液中反应，定量生成 α,β-不饱和酮酸盐，再经酸化，得到一稳定化合物，在 260 nm 处有吸收峰，故可用高效液相色谱紫外法检测。

三、仪器、试剂与材料

1. 仪器

高效液相色谱仪、恒温水浴锅、超声波振荡器（槽式）、台式离心机、微滤器、pH 计、精密电子天平、电子台秤、容量瓶、试管、烧杯、移液管等。

2. 试剂

无水乙醇、磷酸氢二钠（$Na_2HPO_4 \cdot 12H_2O$）、磷酸二氢钠（$NaH_2PO_4 \cdot 2H_2O$）、NaOH、甲醇（CH_3OH）和乙酸（HAc）等。

1）0.2% NaOH 溶液 500 mL。称取 1.00 g NaOH 溶于蒸馏水，并定容至 500 mL。

2）0.08 mol/L 乙酸溶液。吸取冰醋酸 2.30 mL，用蒸馏水稀释至 500 mL。

3）0.01 mol/L Na_2HPO_4-NaH_2PO_4，pH7.0 缓冲液。称取 $Na_2HPO_4 \cdot 12H_2O$ 固体 1.79 g，溶于少量超纯水中，并定容至 500 mL；称取 $NaH_2PO_4 \cdot 2H_2O$ 固体 0.78 g，溶于少量超纯水中，并定容至 500 mL，两者混合，调 pH7.0。

4）1.00 mg/mL 青蒿素标准品溶液。称取 0.05 g 青蒿素标准品溶于少量无水乙醇中，并定容至 50 mL。

3. 材料

超临界萃取的青蒿素粗品、青蒿素标准品等。

四、实验内容及步骤

1. 流动相处理

将上述配制好的流动相溶液用微滤器（滤膜孔径 0.22 μm）过滤，再用超声波振荡器处理 15 min 左右，然后将已脱气的流动相容器放在 HPLC 顶端的托盘中，插入细塑料管，排出管路中的气体。

2. 样品液处理

分别精确称取超临界萃取所得成品 50 mg、100 mg、150 mg 于 3 支 10 mL 具塞试管中，各加 5 mL 左右无水乙醇，盖上塞子，放入超声波振荡器中振荡促溶，直至溶解。分别将溶液转移至 10 mL 容量瓶中，用无水乙醇定容至 10 mL。

3. 进样液处理

分别吸取青蒿素标准液和样品液 1.00 mL 于 2 支 10 mL 具塞试管中，分别加入 0.2% NaOH 溶液 4.00 mL，置 45℃水浴反应 30 min，用冷水浴冷却至室温，然后加 0.08 mol/L 乙酸溶液 6 mL，离心（3000 r/min，5 min），取出上清液。进样前再用微滤器（微滤膜孔径 0.22 μm）过滤。

4. 操作条件

色谱柱：C_{18} 反相高效液相色谱柱。流动相：0.01 mol/L Na_2HPO_4-NaH_2PO_4，pH7.0 缓冲液（水相）：甲醇（55：45）。检测波长：260 nm。进样量：20 μL。自动停止时间：30 min。

5. 液相色谱仪的操作顺序

1）启动。分别打开高压恒流泵和紫外检测器的电源开关，启动电脑软件，输入紫外检测器波长。设置总流速和 A、B 两液（水相和有机相）的比例、泵压数值，启动泵。设置各参数：输入自动停止时间、各项屏显参数、文件名称和文件保存路径等。

2）通入流动相冲洗色谱系统，直至基线走直，然后进样 20 μL。在相同的色谱条件下进标样，用外标法进行数据处理，求被测样品含量。

五、实验结果及分析

根据谱图所得青蒿素的含量（mg/mL），计算样品液中青蒿素的总量（mg）和超临界法萃取所得成品中青蒿素的纯度（成品）。并求 3 份样品液的平均值，列出计算式。

六、注意事项

1）实验结束后，必须将色谱柱、管路、泵和进样器冲洗干净，直至基线走直，最后将色谱柱保存在甲醇中备用，关闭各电源。

2）流动相和样品液必须经过微滤器处理后才能进入色谱柱。

七、思考题

1）反相高效液相色谱的分离机制是什么？本实验中固定相和流动相各是什么？

2）流动相和样品液为什么必须经过微滤器处理后才能进入色谱柱？

3）将实验谱图所得的洗脱峰结果打印出来，作为实验报告的一部分。

实验五　番茄红素的提取分离及含量测定

番茄红素是植物性食物中存在的一种类胡萝卜素，也是一种红色素。深红色针状结晶，易溶于氯仿、苯及油脂中而不溶于水。对光和氧不稳定，遇铁变成褐色。分子式 $C_{40}H_{56}$，相对分子质量为 536.85。分子结构上有 11 个共轭双键和 2 个非共轭双键，组成一种直链型碳氢化合物。番茄红素所具有的长链多不饱和烯烃分子结构，使其具有很强的消除自由基能力和抗氧化能力。番茄红素在成熟的红色果实中含量较高，尤以番茄、胡萝卜、西瓜、木瓜及番石榴等中较为丰富。在食品加工中可用作色素，也常用作抗氧化保健食品的原料。番茄红素具有增强机体氧化应激能力，以及抗炎、降低心血管疾病风险、减少遗传损伤和抑制肿瘤发生、保护皮肤、增强免疫力等作用。

近年来，人们逐渐意识到合成色素对人体的危害，因此从天然植物中提取的番茄红素越来越受到欢迎。随着研究的日渐深入，各个领域创新产品的不断涌现，番茄红素具有良好的应用前景。

实验 5-1　蔬菜中番茄红素的提取分离

一、实验目的

理解和掌握超声波提取番茄红素的基本原理和提取番茄红素的工艺过程。

二、实验原理

超声波提取原理见实验 3-1。

由于番茄红素具有不溶于水，难溶于甲醇、乙醇，可溶于石油醚、己烷、丙酮，易溶于氯仿、苯等有机溶剂的性质，可先用亲油性有机溶剂来浸提番茄红素，再用超声波提取，达到最大提取率。

三、仪器、试剂与材料

1. 仪器

超声波清洗仪、旋转蒸发仪、离心机、100 mL 三角瓶、玻璃棒、500 mL 容量瓶、布氏漏斗、真空泵、250 mL 抽滤瓶等。

2. 试剂

氯仿、0.1 mol/L NaOH、0.1 mol/L HCl 等。

0.1 mol/L HCl。取 4.3 mL 浓 HCl 入烧杯,将少量的水边加边搅拌沿烧杯内壁加入,再转入 500 mL 的容量瓶,加水定容至 500 mL。

3. 材料

番茄粉、标准番茄红素、pH 试纸等。

四、实验内容及步骤

1. 原料处理

取 10 g 干燥番茄粉末,置于 100 mL 三角瓶中,采用氯仿作浸提溶剂进行提取(料液比 1∶3)。

2. 超声波提取

将浸提液放置于超声波清洗仪中,45℃,pH6 条件下提取 40 min。

3. 离心

提取结束后,将提取液于 5000 r/min 条件下离心分离 10 min,对上清液过滤两次。

4. 抽滤

1)安装,检查连接是否紧密,抽气泵连接口是否漏气。

2)修剪滤纸,使其略小于布氏漏斗,但要把所有的孔都覆盖住,并滴加蒸馏水使滤纸与漏斗连接紧密,往滤纸上加少量水或溶剂,轻轻开启水龙头,吸去抽滤瓶中部分空气,以使滤纸紧贴于漏斗底上,免得在过滤时有固体从滤纸边沿进入滤液中。

3)打开真空泵开关,开始抽滤。

4)抽滤完成后,先旋开安全瓶上的旋塞恢复常压,然后关闭真空泵,揭去滤纸,溶液从抽滤瓶上口倒出。

5. 减压浓缩

同实验 3-3。

6. 结晶

加入约 6 倍水煮沸，冷却结晶，过滤。

7. 再结晶

用等量水再结晶一次，过滤，干燥得到番茄红素产品。

五、实验结果及分析

计算番茄红素提取率。

六、注意事项

1）注意抽滤装置的气密性。
2）抽滤完成后，先旋开安全瓶上的旋塞恢复常压，然后关闭抽气泵。

七、思考题

影响番茄红素提取率的因素有哪些，有哪些影响？

实验 5-2　分光光度法测定番茄红素的含量

一、实验目的

了解分光光度法测定番茄红素含量的原理，掌握测定番茄红素含量的操作方法。

二、实验原理

番茄红素在不同的有机溶剂里有类似的吸收峰，尽管由于所用的溶剂和温度不同，番茄红素的吸收峰会发生不同程度的偏移，但在溶剂中的番茄红素一般都符合朗伯-比尔定律，因此可以通过光谱方法来准确地定量分析番茄红素。番茄红素溶解于石油醚时，在 465～505 nm 有两个较大吸收峰，其最大吸收峰波长为 472～484 nm，虽然在较短波区和较长波区的吸收也很强，但比最高峰弱，所以人们经常将样品溶解在石油醚或正己烷中，在最大吸收波长下，用分光光度计测定溶液的吸光度，以此表征番茄红素的浓度，用朗伯-比尔定律计算番茄红素的含量。但是，与番茄红素共存的其他类胡萝卜素在 472 nm 处也有较强的吸收峰，这对测定产生干扰，引起较大的系统误差。因此，选择长波区的峰（502 nm）作为番茄红素的检测波长，可以有效避免其他类胡萝卜素的影响，达到准确检测番茄红素含量的目的。

三、仪器、试剂与材料

1. 仪器

匀浆机、离心机、分液漏斗、抽滤瓶、分光光度计、容量瓶、烧杯、量筒等。

2. 试剂

丙酮、石油醚、无水乙醇等。

3. 材料

标准番茄红素、番茄、10 mL 比色管等。

四、实验内容及步骤

1. 标准曲线的绘制

标准番茄红素溶液：准确称取标准番茄红素 1 mg，用氯仿定容至 100 mL。

分别准确移取标准番茄红素溶液 2 mL、3 mL、4 mL、5 mL、6 mL、7 mL 于 10 mL 具塞比色管中，加氯仿至 10 mL 后混匀，在 502 nm 处测定其吸光度，得到番茄红素标准曲线方程。

2. 原料处理

将番茄样品水洗后打浆，准确称取 3 g 番茄浆样，加入 2 mL 无水乙醇，充分搅拌。

3. 离心

将溶液移入离心机内以 3000 r/min 离心脱水处理 10 min，弃上清液。

4. 浸提

用丙酮：石油醚（1：1）溶剂 20 mL 于阴暗处浸提滤渣 2 h，每隔 20 min 搅拌一次。

5. 过滤

过滤并将滤液转移到分液漏斗中，用去离子水洗涤三次除去丙酮，取上层有机相测定体积。

6. 测定

准确移取 1 mL 提取液至 10 mL 棕色容量瓶中，并以石油醚定容，摇匀。用 1 cm 比色皿，在 502 nm 下，以石油醚为空白溶液测定吸光度。根据回归方程计算番茄红素含量。

五、实验结果及分析

绘制番茄红素标准曲线。

六、注意事项

测定时加样量要精确。

七、思考题

1）简述测定番茄红素含量的原理是什么。
2）是否还有其他测定番茄红素含量的方法？

实验六　咖啡因的提取分离及测定

咖啡因是一种生物碱类物质,临床上可以用于治疗神经衰弱和昏迷复苏。很多饮品如茶、咖啡、软饮料等都含有咖啡因的成分,同时咖啡因也是被普遍使用的一种精神类药品。在自然界中有一百多种植物中含有咖啡因,但咖啡因最主要的来源是咖啡豆,另外一个重要来源就是茶叶。含有结晶水的咖啡因晶体为白色针状结晶,加热到 100℃就会失去结晶水,发生升华现象。咖啡因是一种重要的医药工业原料,有兴奋神经中枢、消除疲劳的功效,能减弱乙醇、烟碱、吗啡等物质的毒害,增加肾脏血流量,具有利尿和强身等作用。茶叶中咖啡因的含量一般为 1%~5%,此外,茶叶中还含有 11%~12%的鞣酸、0.6%的蛋白质、色素和纤维素等。从茶叶中提取咖啡因多年来受到很多专家学者的重视,其提取方法包括升华法、溶剂法、吸附法、超临界流体萃取法等。

实验 6-1　乙醇萃取法提取分离咖啡因

一、实验目的

学习从茶叶中提取咖啡因的基本原理和方法,熟悉利用索氏提取器提取有机物的原理和方法,掌握升华操作,并进一步熟悉萃取、蒸馏等基本操作。

二、实验原理

索氏提取器是利用溶剂回流和虹吸原理,使固体物质连续不断地为纯溶剂所萃取的仪器。溶剂沸腾时,其蒸气通过侧管上升,被冷凝管冷凝成液体,滴入套筒中,浸润固体物质,使之溶于溶剂中,当套筒内溶剂液面超过虹吸管的最高处时,即发生虹吸,流入烧瓶中。通过反复的回流和虹吸,从而将固体物质富集在烧瓶中。咖啡因又称咖啡碱,是嘌呤衍生物,是一种生物碱,存在于茶树、咖啡树、可可树等植物中,茶叶中含1%~5%的咖啡因。含结晶水的咖啡因为白色针状结晶,能溶于氯仿、水、乙醇、苯等。在加热到 100℃时失去结晶水开始升华,至 178℃升华最快,利用适当的溶剂在索氏提取器中连续虹吸萃取茶叶中的可溶物,再用升华法提纯咖啡因。索氏提取器可以有效减少溶剂用量,极大提高提取效率。

三、仪器、试剂与材料

1. 仪器

索氏提取器、锥形漏斗、研钵、蒸发皿、250 mL 单口圆底烧瓶、温度计、酒精灯、石棉网、电热套、旋转蒸发仪、试管架等。

2. 试剂

100 mL 95%乙醇、生石灰粉等。

3. 材料

茶叶 20 g、滤纸、棉花等。

四、实验内容及步骤

1. 安装

按要求安装好索氏提取器，注意虹吸管。

2. 连续萃取

称取 20 g 茶叶，研细，用滤纸包好，放入索氏提取器的套筒中，从提取管上口加入 100 mL 95%乙醇，并加入一定量的沸石。水浴加热连续萃取约 2 h（虹吸10~20 次），直至套筒内萃取液色较浅，即可停止萃取。

3. 蒸馏浓缩

待萃取完成后，将萃取液放入圆底烧瓶，用旋转蒸发仪蒸出大部分乙醇，进行浓缩。

4. 加碱中和

趁热将残余物倾入蒸发皿中，拌入 4~6 g 生石灰粉，使其成糊状。蒸气浴加热，不断搅拌下蒸干。

5. 焙炒除水

将蒸发皿放在烧杯上，压碎块状物，在沙浴上小火蒸干水分，铺匀。

6. 初次升华

1）取大小合适的锥形漏斗，将颈口处用少量棉花堵住，以免蒸气外逸。

2）取一张略大于漏斗底口的滤纸，在滤纸上扎一些小孔后盖在蒸发皿上，再用漏斗盖住。

3）将蒸发皿置于沙浴上，小心加热，220℃沙浴升华。当滤纸上出现许多白色晶体时，冷却后刮下晶体。

7. 再次升华

残渣经拌和后提高沙浴温度升华，合并咖啡因，并称重。

五、实验结果及分析

计算咖啡因的提取率。

六、注意事项

1）索氏提取器为配套仪器，其任一部件损坏将会导致整套的报废，特别是虹吸管极易折断，所以在安装和实验过程中须特别小心。

2）用滤纸包茶叶末时要严实，防止茶叶末漏出堵塞虹吸管；滤纸包大小要合适，既能紧贴套管内壁，又能方便取放，且其高度不能超出虹吸管高度。

3）若套筒内萃取液色浅，即可停止萃取。

4）浓缩萃取液时不可蒸得太干，以防因残液很黏而难于转移，造成损失。

5）拌入生石灰要均匀，生石灰除吸水外，还可中和除去部分酸性杂质（如鞣酸）。

6）在蒸干过程中要不断搅拌，并压碎块状物。如果留有少量水分，将会在升华时带来烟雾，污染器皿。

7）在升华过程中，应始终用小火间接加热。温度太高会使滤纸炭化变黑，并导致一些有色物质被烘出来，使产品不纯。

8）刮下咖啡因时要小心操作，防止混入杂质。

七、思考题

1）本实验中使用生石灰的作用有哪些？

2）除可用乙醇萃取咖啡因外，还可采用哪些溶剂萃取？

3）哪些物质可以用升华法提纯？进行升华操作时应注意哪些问题？

实验 6-2　HPLC 法检测咖啡因含量

一、实验目的

了解高效液相色谱仪的结构和组成部件，熟悉高效液相色谱法的基本原理，掌握高效液相色谱仪的使用方法。

二、实验原理

高效液相色谱仪的系统由储液器、高压泵、进样器、色谱柱、检测器、记录仪等几部分组成。储液器中的流动相被高压泵打入系统，样品溶液经进样器进入流动相，被流动相载入色谱柱（固定相）内，由于样品溶液中的各组分在两相中具有不同的分配系数，在两相中做相对运动时，经过反复多次的吸附-解吸的分配过程，各组分在移动速度上产生较大的差别，被分离成单个组分依次从柱内流出，通过检测器时，样品浓度被转换成电信号传送到记录仪，数据以图谱形式打印出来。

三、仪器、试剂与材料

1. 仪器

高效液相色谱仪、10 mL 容量瓶、50 mL 容量瓶、250 mL 容量瓶等。

2. 试剂

氧化镁（MgO）、甲醇（色谱纯）。

3. 材料

咖啡因标准品、微孔滤膜等。

四、实验内容及步骤

1. 色谱条件及标准曲线的制作

（1）色谱条件

色谱柱为 C_{18} 柱（粒径 5 μm，柱长 150 mm×直径 3.9 mm）或同等性能的色谱柱，流动相为甲醇∶水=24∶76，流速 1.0 mL/min，检测波长 272 nm，柱温 25℃，进样量 10 μL。

（2）标准曲线的制作

先配制咖啡因标准中间液（200 μg/mL），放置于 4℃冰箱中保存，有效期为一个月。然后分别吸取一定量咖啡因标准中间液配制成 10.0 μg/mL、20.0 μg/mL、40.0 μg/mL、100 μg/mL、200 μg/mL 等不同浓度的咖啡因标准系列工作液。将标准系列工作液分别注入液相色谱仪中，测定相应的峰面积，以标准工作液的浓度为横坐标，以峰面积为纵坐标，绘制标准曲线。

2. 试样的测定

称取 1 g（精确至 0.001 g）经粉碎低于 30 目的均匀样品于 250 mL 锥形瓶中，加入约 200 mL 水，沸水浴 30 min，不时振摇，取出，以流水冷却 1 min，加入 5 g MgO，振摇，再放入沸水浴 20 min，取出锥形瓶，冷却至室温，转移至 250 mL 容量瓶中，加水定容至刻度，摇匀，静置，取上清液经微孔滤膜过滤。

将试样溶液注入高效液相色谱仪中，以保留时间定性，同时记录峰面积，根据标准曲线得到待测液中咖啡因的浓度。

3. 咖啡因含量的计算

试样中咖啡因含量按下列公式计算：

$$X(\text{ mg/kg或μg/g }) = \frac{c \times V}{m}$$

式中，c 为试样溶液中咖啡因的质量浓度（μg/mL）；V 为被测试样总体积（mL）；m 为称取试样的质量（g）。

五、实验结果及分析

1）计算样品中咖啡因的含量，计算结果以重复性条件下获得的两次独立测定结果的算术平均值表示，结果保留三位有效数字。

2）计算提取咖啡因得率。

六、注意事项

1）进样的速度要恒定，且进样量恒定。
2）流动相的比例要恒定，稳定流速。

七、思考题

1）为什么要用甲醇和水作为流动相？
2）MgO 的作用是什么？

实验七 微生物的分离纯化和鉴定

土壤中含有微生物生长所必需的碳源、氮源、水分、空气、盐等，是微生物的天然培养基，加之土壤具有特殊结构和孔隙，能保护微生物免受阳光直射。因此，土壤是微生物的"大本营"，拥有地球上最丰富的"菌种资源库"。土壤中微生物数量大，种类繁多，其中细菌数量（10^7）大于放线菌（10^6）>真菌（10^5）>藻类和原生动物（10^4）。此外，土壤中还存在一些动植物病毒和噬菌体。

这些不同种类的微生物大多数是混杂在一起的，研究如何从混杂的微生物中分离出某种类型的微生物和分离的菌株如何进行鉴定是微生物学研究的基础。

实验 7-1 从土壤中分离和纯化微生物

一、实验目的

学习从土壤中分离微生物的方法，学习无菌操作技术；掌握微生物样品稀释法、稀释涂布平板法、稀释倒平板法和平板划线分离微生物的操作技术；初步掌握无菌操作技术。

二、实验原理

将特定的微生物个体从群体中或从混杂的微生物群体中分离出来的技术称为微生物的分离；在特定环境中只让一种来自同一祖先的微生物群体生存的技术称为微生物的纯化。为了获得某种微生物的纯培养，一般是根据该微生物对营养、酸碱度、氧等条件的要求不同，而供给其适宜的培养条件，或加入某种抑制剂，造成只利于此菌生长而抑制其他菌生长的环境，再用稀释涂布平板法、稀释倒平板法、平板划线分离法或稀释摇管法等分离纯化微生物，直至得到纯菌株。实验室常用的微生物保藏方法有传代培养保藏法（包括斜面培养、穿刺培养等）（培养后于4~7℃冰箱内保存，保藏时间为1~2个月）、甘油管法、液体石蜡覆盖保藏法、冷冻干燥保藏法等。

菌落是由单个细菌（或其他微生物）细胞或一堆同种细胞在适宜固体培养基表面或内部生长繁殖到一定程度，形成肉眼可见的子细胞群落。理论上，只要稀释倍数足够，一个微生物菌体可以繁殖出一个菌落，根据稀释度和接种量可换算出样品菌数。

三、仪器、试剂与材料

1. 仪器

分析天平、高压蒸汽灭菌器、试管架、无菌试管、无菌培养皿、5 mL 和 1 mL 的无菌移液管、玻璃涂棒和取液器等。

2. 试剂

10%酚液、0.1 g/mL 链霉素。

3. 材料

1）无菌水（带玻璃珠）1 瓶、100 mL 无菌水、称量纸、药勺。

2）已灭菌的牛肉膏蛋白胨培养基、高氏一号培养基和马铃薯葡萄糖琼脂培养基。

四、实验内容及步骤

1. 土壤样品的稀释

1）取土壤。取表层以下 5～10 cm 处的土样，放入灭菌的袋中备用，或放在 4℃冰箱中暂存。

2）制备样品稀释液。称土样 10 g，迅速倒入带玻璃珠的无菌水瓶中（90 mL），振荡 20 min 使土样充分打散，即成为 10^{-1} 的土壤悬液；用无菌移液管吸 10^{-1} 的土壤悬液 0.5 mL，放入 4.5 mL 无菌水中即为 10^{-2} 稀释液，如此重复，可依次制成 10^{-8}～10^{-3} 的稀释液。

注意：操作时管尖不能接触液面，每一个稀释度换用 1 支移液管，每次吸入土液后，要将移液管插入液面，吹吸 3 次，每次吸上的液面要高于前一次，以减少稀释中的误差。

2. 稀释涂布平板法测定菌落数

1）将培养基加热熔化，冷至 55～60℃，在高氏一号培养基中加入 10%酚液数滴，在马铃薯葡萄糖琼脂培养基中加入链霉素溶液至终浓度为 30 μg/mL，混匀后倒入平板。倒平板时要注意无菌操作。

2）取土壤稀释液。高氏一号培养基平板：取 10^{-3}、10^{-4} 两管稀释液各 0.1 mL 分别接入相应标号的培养基上。PDA 培养基平板：取 10^{-3}、10^{-4} 两管稀释液各

0.1 mL,分别接入相应标号的平皿中。牛肉膏蛋白胨培养基平板:取 10^{-5}、10^{-6}、10^{-7} 三管稀释液各 0.1 mL,分别接入相应标号的平皿中。

3)涂布。玻璃涂棒灭菌后,十字涂布(演示),静置 5~10 min。

4)培养。将接种好的细菌、放线菌、霉菌平板倒置,即皿盖朝下放置,细菌于 37℃恒温培养,培养 1~2 d;放线菌和霉菌 28℃恒温培养,分别培养 5~7 d 或 3~5 d,可用于观察菌落、进一步分离纯化或直接转接斜面。

3. 稀释倒平板法测定菌落数

1)细菌。取 10^{-6}、10^{-7} 两管稀释液各 1 mL,分别接入相应标号的平皿中,每个稀释度接两个平皿。然后取冷却至 50℃的牛肉膏蛋白胨培养基,分别倒入以上培养皿中(装量以铺满皿底的 2/3 为宜),迅速轻轻摇动平皿,使菌液与培养基充分混匀,但不沾湿皿的边缘,待琼脂凝固即成细菌平板。倒平板时要注意无菌操作。

2)放线菌。取 10^{-5}、10^{-4} 两管稀释液各 1 mL,在每管中加入 10%酚液 5~6 滴,摇匀,静置片刻,然后分别从两管中吸出 1 mL 加入相应标号的平皿中,选用高氏一号培养基,用与细菌相同的方法倒入平皿中,便可制成放线菌平板。

3)霉菌。取 10^{-5}、10^{-4} 两管稀释液各 1 mL,分别接入相应标号的平皿中,每个稀释度接两个平皿。在溶好的马铃薯葡萄糖琼脂培养基中,每 100 mL 加入 0.1 g/mL 的链霉素 50 μL,轻轻摇匀,然后用与细菌相同的方法倒入平皿中,便可制成霉菌的平板。

4)培养。将接种好的细菌、放线菌、霉菌平板倒置,即皿盖朝下放置,细菌置于 37℃恒温培养 1~2 d,放线菌置于 28℃培养 5~7 d,霉菌 28℃培养 3~5 d,可用于观察菌落、分离纯化或直接转接斜面。

4. 平板划线分离微生物

1)倒平板。按无菌操作要求,在火焰旁操作,取熔化并冷却至不烫手的固体培养基(约 50℃),倒入无菌培养皿中,倒量以铺满皿底为限,平放桌上待其充分凝固,备用。

2)划线分离。使用接种环,从待纯化的菌落或待分离的斜面菌种中蘸取少量菌样,在相应培养基平板中划线分离,划线的方法多样,目的是获得单个菌落。

3)培养。将接种好的细菌、放线菌、霉菌平板倒置,即皿盖朝下放置,细菌置于 37℃恒温培养 1~2 d,放线菌置于 28℃恒温培养 5~7 d,霉菌 28℃恒温培养 3~5 d,可用于观察菌落、分离纯化或直接转接斜面。

5. 斜面接种

1)取新鲜固体斜面培养基,分别做好标记(写上菌名、接种日期、接种人等),

然后用无菌操作方法，用接种针蘸取少量待接菌种，然后在新鲜培养基面上"之"字划线，方向是从下部开始，一直到上部。

2）接种后 30℃恒温培养，细菌培养 48 h，放线菌、霉菌培养至孢子成熟方可取出保存。

五、实验结果及分析

1）计算土壤样品中细菌、放线菌及霉菌数量。

2）比较稀释涂布平板法测定微生物数量和稀释倒平板法测定微生物数量的异同。

六、注意事项

1）一般土壤中，细菌最多，放线菌及霉菌次之。酵母菌主要见于果园及菜园土壤中。从土壤中分离细菌时，要取较高的稀释度，否则菌落连成一片不能计数。

2）在土壤稀释分离操作中，每稀释 10 倍，最好更换一次移液管，使计数准确。

3）放线菌的培养时间较长，制平板的培养基用量可适当增多。

七、思考题

试设计实验，从吊兰中分离出内生菌，并进行计数。

实验 7-2　利用细菌 16S rDNA 序列分析鉴定其属

一、实验目的

掌握利用 16S rDNA 序列对细菌进行鉴定的原理和方法；掌握 DNA 提取、聚合酶链式反应（PCR）原理及方法、DNA 片段回收等实验操作。

二、实验原理

细菌 rRNA（核糖体 RNA）按沉降系数分为 3 种，分别是 5S、16S、23S rRNA，16S rDNA 是细菌染色体上编码 16S rRNA 的 DNA 序列，存在于所有细菌染色体基因组中。

5S rRNA 虽易分析，但是核苷酸太少，没有足够的遗传信息用于分离研究；

23S rRNA 含有的核苷酸数几乎是 16S rRNA 的两倍，分析较困难；而 16S rRNA 核苷酸数量相对适中，具有高度保守性和存在的普遍性等特点，序列变化与进化距离相适应，且序列分析的重现性极高，因此，现在普遍采用 16S rRNA 作为序列分析对象对细菌进行测序分析。

16S rRNA 的编码基因是 16S rDNA，直接将 16S rRNA 提取出来较困难，因而利用 16S rDNA 鉴定细菌。16S rDNA 大小约为 1.5 kb，既能体现不同菌属之间的差异，又能利用测序技术较容易地得到其序列，目前利用 16S rDNA 序列对细菌进行鉴定被细菌学家和分类学家所接受。

三、仪器、试剂与材料

1. 仪器

高速冷冻真空离心机、制冰机、恒温水浴锅、凝胶成像仪、高压蒸汽灭菌器、双稳定时电泳仪、电泳槽、紫外切胶仪、微波炉、电子分析天平、移液器、PCR 仪等。

2. 试剂

10 mg/mL 溶菌酶、100 mg/mL 蜗牛酶、10 mg/mL RNase A、20 mg/mL 蛋白酶 K、DNA 聚合酶、乙醇、pMD19-T 载体试剂盒、0.1 mol/L $CaCl_2$、异戊醇和琼脂糖等。

1 mol/L Tris-HCl（pH8.0）。称取三羟甲基氨基甲烷（Tris）6.06 g，加超纯水 40 mL 溶解，滴加浓 HCl 约 2.1 mL 调 pH 至 8.0，定容至 50 mL。

0.5 mol/L EDTA（pH8.0）。称取乙二胺四乙酸二钠（EDTA-Na_2·$2H_2O$）9.306 g，加超纯水 35 mL，搅拌，用约 1 g NaOH 颗粒调 pH 至 8.0，定容至 50 mL。

1×TE（pH8.0）。吸取 1 mL 1 mol/L Tris-HCl（pH8.0）和 0.2 mL 0.5 mol/L EDTA（pH8.0），加超纯水定容至 100 mL。

TENS 裂解液。20 mL 1 mol/L Tris-HCl（pH8.0），20 mL 0.5 mol/L EDTA（pH8.0），8 mL 1 mol/L NaCl，40 mL 10% 的 SDS 溶液，1 mL 0.5%（*V/V*）TritonX-100，超纯水定容至 200 mL，高压灭菌，室温保存。

3. 材料

Luria-Bertani（LB）液体培养基、1.5 mL 的离心管、2 mL 的离心管、大肠杆菌 DH5α、含 5-溴-4-氯-3-吲哚-β-D-半乳糖苷（X-gal）和异丙基-β-D-半乳糖苷（IPTG）的 LB 氨苄西林（Amp）平板。

四、实验内容及步骤

1. 细菌基因组 DNA 提取

方法一：

1）挑单菌落接种到 10 mL LB 培养基中 37℃振荡过夜培养。

2）取 1.5 mL 菌液到 2 mL EP 管中，10 000 r/min 离心 5 min，弃上清液。

3）加入 600 μL 1×TE 重悬菌体沉淀，4℃ 10 000 r/min 离心 5 min，弃上清液。

4）加入 450 μL 1×TE、50 μL 10 mg/mL 溶菌酶和 10 μL 100 mg/mL 蜗牛酶，吹吸混匀，37℃孵育 1 h（或 4℃过夜），每隔 15 min 颠倒混匀一次。

5）加入 600 μL TENS 裂解液和与沉淀等体积的玻璃珠，吹吸混匀，涡旋振荡 10 min 后，再加入 30 μL 20 mg/mL 蛋白酶 K，吹吸混匀，55℃孵育 1 h，每隔 15 min 颠倒混匀一次。

6）4℃ 10 000 r/min 离心 10 min，转移上清至一个干净的 1.5 mL 离心管。

7）加入等体积的酚：氯仿：异戊醇（25：24：1），充分混匀，−20℃静置 2 min，4℃ 10 000 r/min 离心 5 min。

8）转移上清至另一个干净的 1.5 mL 离心管，加入等体积的氯仿：异戊醇（24：1），充分混匀，−20℃静置 2 min，4℃ 10 000 r/min 离心 5 min。

9）转移上清至另一个干净的 1.5 mL 离心管，加入 1/10 体积的 3 mol/L 乙酸钠，2 倍体积（加入乙酸钠后的终体积）预冷的无水乙醇，充分混匀，−20℃沉淀 2 h。4℃ 10 000 r/min 离心 10 min，弃上清液。

10）加入 600 μL 预冷的 70%乙醇洗涤 DNA 沉淀，混匀，4℃ 10 000 r/min 离心 5 min，弃上清液；重复洗涤一次。

11）吸干离心管中残留的液体，待离心管风干后，加入 30 μL 无菌水和 0.5 μL 10 mg/mL RNase A，吹吸混匀，取 3 μL 电泳检测，剩余的置于−20℃保存备用（作为 PCR 反应的模板）。

12）电泳。取 3 μL 溶液电泳检测质量。

方法二：

1）取 1.5 mL 的无菌塑料离心小管，放入 1 mL 的无菌水。

2）用无菌牙签在培养基上刮取菌落，切勿刮到培养基，放入上述加有无菌水的小管中，少量多次，直到水有些浑浊。

3）摇匀振荡，14 000 r/min 离心 2 min，去掉上清液。

4）加 150 μL TE 缓冲液混匀振荡，使沉淀物悬浮。

5）放入沸水中煮沸 10 min，冰浴冷却。

6）12 000 r/min 离心 2 min，取 50 μL 上清液转移至洁净的 1.5 mL 的无菌塑料离心小管中，–20℃保存备用（作为 PCR 反应的模板）。

2. PCR 扩增

（1）根据已发表的 16S rDNA 序列设计保守的扩增引物

27F：5′-AGAGTTTGATCCTGGCTCAG-3′
1541R：5′-AAGGAGGTGATCCAGCCGCA-3′

（2）PCR 扩增体系

在 0.2 mL PCR 小管中加入 1 μL DNA，再加入以下反应混合液：10 μmol/L 27F 1 μL，10 μmol/L 1541R 1 μL，10×PCR 缓冲液 5 μL，dNTP 4 μL，*Taq* 酶 0.5 μL，加 ddH$_2$O 将反应体系调至 50 μL，简单离心混匀。

（3）PCR 反应

将 PCR 小管放入 PCR 仪，盖好盖子，调好扩增条件。

反应步骤是：①94℃预变性 3 min；②94℃变性 30 s；③53℃复性 45 s；④72℃延伸 100 s；⑤重复步骤②~④，35 个循环；⑥72℃延伸 10 min，10℃保存。

（4）PCR 产物的电泳检测

拿出 PCR 小管，从中取出 5 μL 反应产物，加入 1 μL 上样缓冲液混匀。点入预先制备好的 1%琼脂糖凝胶中，110 V 电泳 30 min。在紫外切胶仪下检测扩增结果。

3. 扩增片段的回收

根据上步实验结果，如果扩增产物为唯一条带，可直接回收产物。否则从琼脂糖凝胶中切割核酸条带，并回收目的片段（使用琼脂糖凝胶 DNA 回收试剂盒）。

1）称量一个 2 mL 离心管的质量，记录。

2）在紫外灯下切割含目的条带的凝胶，放入 2 mL 的离心管内，称重。计算凝胶质量。

3）每 100 mg 凝胶加入 100 μL 结合缓冲液，混匀。60℃温育至凝胶溶化。

4）全部转入吸附柱中。10 000 r/min 离心 1 min，倒去收集管内的液体。

5）加入 500 μL 结合缓冲液，10 000 r/min 离心 1 min，倒去收集管内的液体。

6）加入 70%乙醇清洗缓冲液，10 000 r/min 离心 0.5 min。

7）10 000 r/min 离心 2 min 彻底甩干乙醇。将吸附柱转移到一个新的 1.5 mL 的离心管。

8）加入 30 μL 预热的洗脱缓冲液，室温放置 3 min。12 000 r/min 离心 2 min，流下的液体即为回收的 DNA 片段。

4. 目的片段克隆、转化与测序

（1）大肠杆菌感受态细胞的制备

平板上挑取大肠杆菌（*Escherichia coli*）DH5α 单菌落，在 2 mL LB 液体培养基中 37℃培养过夜。取 1 mL 培养物，加入 50 mL LB 液体培养基中，37℃，200 r/min，4 h 至 A_{600} 约为 0.5，置于冰上 30 min。取 500 μL 预冷的大肠杆菌培养物加入 2 mL 离心管中，4℃，4000 r/min 离心 5 min，去上清，加入 500 μL 的冰冻 0.1 mol/L $CaCl_2$，手摇使其悬浮。冰上放置 30 min。4℃，4000 r/min 离心 5 min，去上清，再加入 100 μL 的冰冻 0.1 mol/L $CaCl_2$，手摇使其悬浮，冰上放置 12 h 后用于转化。

（2）DH5α 感受态细胞的转化

每管加入 50 μL 的感受态细胞，将已连接目的 DNA 的载体质粒 5 μL 与感受态细胞混合，轻轻抚摸离心管 2～3 次，冰上静置 30 min，放入 42℃水浴中热激 90 s（该过程需静止），迅速取出，置于冰上冷却 5 min，加入 600 μL 不含氨苄青霉素的 LB 液体培养基，37℃，200 r/min 培养 1 h。取培养物 100 μL，涂布于 LB 固体平板上（含 Amp，50 mg/L），37℃培养 12 h。

（3）菌落 PCR 鉴定目的基因及测序

从上述步骤（2）培养的转化平板中挑取相对较大的单菌落，在装有 1 mL LB 液体培养基（含 Amp，100 mg/L）的已编号离心管中搅拌，将该菌液置于 37℃，200 r/min 摇床培养 4 h，各取 1 μL 菌液用作菌落 PCR 模板，剩余的菌液保存于 4℃。菌落 PCR 反应体系如下：5 U/μL *Taq* 酶 0.2 μL，2.5 mmol/L dNTP 混合物 1 μL，10×PCR 缓冲液（Mg^{2+}）2.5 μL，10 μmol/L M13F/M13R 各 0.5 μL（M13F：AGTGCCACGACGAAATGT；M13R：CAGACCATGGCTACAGAA），菌液 1 μL，ddH_2O 加至 20 μL。

扩增程序如下。①94℃预变性处理 3 min；②PCR 反应 30 个循环：94℃变性 30 s，58℃复性 30 s，72℃延伸 1 min；③72℃延伸 6 min，4℃保存。反应结束后，取 5 μL PCR 扩增产物，电压为 110 V，1%琼脂糖凝胶电泳 25 min 后，置于凝胶成像仪中检测分析。选取菌落 PCR 阳性的菌液于生物技术有限公司测序。

5. 选取近似菌种序列，构建系统进化树

扩增序列用 Clustal X 程序进行 rDNA 序列比对，将获得的 16S rDNA 序列

与 GenBank 已知细菌的 16S rDNA 序列进行同源性比较，确定其分类。然后用邻接法（neighbor-joining method，NJ）构建系统进化树，系统进化树的测试方法为自助法（bootstrap），重复次数为 1000，模型为群体间的平均 Kimura 双参数（Kimura 2-parameter），其他参数为默认设置。

五、实验结果及分析

将获得的 16S rDNA 序列与 GenBank 已知细菌的 16S rDNA 序列进行同源性比较，确定其分类。

六、注意事项

1）挑取菌体时切勿刮到培养基。
2）细菌基因组 DNA 提取中的方法二为粗提法，最终提取液 3 d 之内使用。
3）取液器使用需按规范操作。

七、思考题

比较细菌基因组 DNA 提取方法一和方法二，总结其优缺点。

实验 7-3 细菌的生理生化反应

一、实验目的

掌握微生物水解淀粉的实验原理和操作方法；掌握通过糖发酵试验鉴别不同微生物的原理和方法；掌握鉴别大肠杆菌和产气肠杆菌的原理和方法。

二、实验原理

基于 16S rDNA 序列分析结果，查阅《伯杰氏系统细菌学手册》，选择生理生化试验项目。

微生物不能直接利用大分子的淀粉，某些细菌可以产生水解淀粉的胞外酶，将大分子物质淀粉水解为小分子的单糖并吸收利用，从而使培养基遇碘不变色。某些细菌产生色氨酸酶，能分解培养基蛋白胨中的色氨酸，产生吲哚，吲哚与对二甲基氨基苯甲醛发生反应，形成红色的玫瑰吲哚，为吲哚反应阳性。微生物发酵葡萄糖生成丙酮酸，2 分子丙酮酸缩合脱羧生成乙酰甲基甲醇，乙酰甲基甲醇在碱性条件下与肌酸类物质反应，生成红色化合物，为伏-波试验（VP test）反应阳性。有些细菌发酵糖类产生的有机酸较多，使发酵液的 pH 下降到 4.2 以下，当加入甲基红试剂后，发酵液变红色，为甲基红反应阳性。根据微生物能以某种糖类为碳源，产酸或产气与否，可初步判断该微生物属于哪一个类群。

三、仪器、试剂与材料

1. 仪器

生化培养箱、无菌培养皿、接种环、试管、无菌玻璃涂棒、德汉氏小管等。

2. 试剂

鲁氏碘液、甲基红试剂、乙醚、吲哚试剂等。

3. 材料

固体淀粉培养基、糖发酵培养基（葡萄糖、乳糖）、蛋白胨水培养基、葡萄糖蛋白胨水培养基、大肠杆菌（*Escherichia coli*）、枯草芽孢杆菌（*Bacillus subtilis*）、产气肠杆菌（*Enterobacter aerogenes*）等。

四、实验内容及步骤

1. 淀粉水解试验

1）用记号笔在固体淀粉培养基平板底部划分 4 部分。

2）将 *Bacillus subtilis*、*Escherichia coli*、*Enterobacter aerogenes* 分别在不同的部分划线接种，在平板的反面分别写上菌名。

3）将平板倒置于 37℃生化培养箱中培养，24 h 后观察各种细菌生长情况；打开盖子，滴入少量鲁氏碘液，轻轻旋转平板，使碘液均匀铺满整个平板，观察有无变蓝现象。

2. 糖发酵试验

1）用记号笔在试管外壁上分别标明发酵培养基的名称和所接种的细菌菌名。

2）取 3 支含糖发酵培养基的试管，其中 2 支分别接种 *Escherichia coli* 和 *Enterobacter aerogenes*，另外 1 支保留不接种的培养基作为对照。

3）37℃恒温培养 24～48 h 后观察，如溶液变黄，表示产酸，为阳性，颜色不变或变蓝为阴性；倒立德汉氏小管中如有气泡，表示代谢产气。

4）实验结果记录：产酸产气用"⊙"表示，只产酸的用"+"表示，不产酸不产气的用"-"表示。

3. 伏-波试验（VP test）

1）取 4 支含葡萄糖蛋白胨水培养基试管，一支接种 *Escherichia coli*，一支接种 *Enterobacter aerogenes*，一支接种未知菌，一支不接种，作为对照。

2）37℃恒温培养 24 h。

3）按每毫升培养液加 0.1 mL 加入 40% KOH 溶液，再加入等量的 α-萘酚，充分摇动，48～50℃水浴 2 h，或 37℃水浴 4 h。

4）观察结果，呈红色的为阳性。

4. 吲哚试验

1）将 *Escherichia coli*、*Enterobacter aerogenes* 分别接种于两支装有蛋白胨水培养基的试管中，37℃恒温培养 24 h。

2）在培养基中加入乙醚 1.0 mL，充分振荡，使吲哚溶于乙醚中，静置 2 min，待乙醚层浮于培养液上面后，再沿试管壁慢慢加入吲哚试剂 10 滴。乙醚层呈玫瑰红色的为阳性。注意：加入试剂后，勿摇动，否则无红色或红色不明显。

5. 甲基红（M. R.）试验

1）将 *Escherichia coli*、*Enterobacter aerogenes* 分别接种于两支装有葡萄糖蛋白胨水培养基的试管中。

2）37℃恒温培养 24 h。

3）各取出 1 支培养好的试管，沿管壁加入 M. R.试剂 3～4 滴，观察，培养基由原来的橘黄色变为红色的为阳性反应。

五、实验结果及分析

设计三线表格，将实验结果填入其中，并对实验结果进行分析。

六、注意事项

1）接种前用记号笔做好标记，接种时要对号接种，以免接错。

2）淀粉水解试验中，观察各种细菌的生长情况时，在平板中滴入少量碘液，应轻轻旋转平板，使碘液均匀铺满整个平板。

3）吲哚试验中，注意加入乙醚后，要充分振荡，并静置，待乙醚上升分层后，再加入吲哚试剂。

七、思考题

1）阐述微生物利用淀粉等生物大分子的原理。如何判断微生物水解淀粉的情况？

2）糖发酵途径有哪些？

实验 7-4　细菌生长曲线的测定

一、实验目的

了解细菌生长曲线的特点及其测定原理；学习用比浊法测定细菌的生长曲线。

二、实验原理

在分批培养条件下（分批培养是指在一个密闭系统内投入有限数量的营养物质后，既不增加新鲜的培养液又不移去已有培养液，保持培养体积不变），接种一定量的微生物，在适宜的温度下培养，以菌数的对数为纵坐标，生长时间为横坐标，做出的反映微生物生长变化的曲线称为生长曲线，一般可分为延缓期、对数生长期、稳定期和衰亡期四个时期。

生长曲线的测定方法包括血细胞计数法、平板菌落计数法、称重法及比浊法等多种。本实验采用比浊法测定。由于细菌悬液的浓度与浑浊度成正比，因此可利用光电比色计测定菌悬液的吸光度来推知菌液的浓度，并将所测得的吸光度（A值）与其对应的培养时间作图，即可绘出该菌在一定条件下的生长曲线。

三、仪器、试剂与材料

1. 仪器

摇床、分光光度计、试管、无菌吸管等。

2. 试剂

牛肉膏蛋白胨液体培养基。

3. 材料

实验 7-1 至实验 7-3 分离鉴定的细菌、擦镜纸。

四、实验内容及步骤

1. 标记编号

取 11 支无菌试管，分别用记号笔标明培养时间，分别编号为 1.5 h、3 h、4 h、6 h、8 h、10 h、12 h、14 h、16 h、18 h、20 h。

2. 接种

用 5.0 mL 无菌吸管准确吸取 1 mL 种子液加入盛有 100 mL 牛肉膏蛋白胨液体培养基的三角瓶中，混合均匀后分别取 5.0 mL 混合液放入有上述标记的 11 支无菌试管中。

3. 培养

于 37℃条件下振荡培养 180 r/min，分别培养 1.5 h、3 h、4 h、6 h、8 h、10 h、12 h、14 h、16 h、18 h、20 h，将标记有相应时间的试管取出，立即测定 A_{600} 值。

4. 生长量测定

将未接种的牛肉膏蛋白胨液体培养基倾倒入比色皿中，选用 600 nm 波长进行比浊测定。并对不同时间培养液从 0 h 起依次进行测定，对浓度大的菌悬液用未接种的牛肉膏蛋白胨液体培养基适当稀释后测定，使其 A_{600} 值为 0.10～0.65，经稀释后测得的 A_{600} 值要乘以稀释倍数，才是培养液实际的 A_{600} 值。

五、实验结果及分析

1）将测定的 A_{600} 值填入表 7-4-1 中。

表 7-4-1　不同时间培养大肠杆菌 A_{600} 值记录表

时间/h	0	1.5	3	4	6	8	10	12	14	16	18	20
A_{600}												

2）以上述表格中的时间为横坐标，A_{600} 值为纵坐标，绘制大肠杆菌的生长曲线。

六、注意事项

取试管进行生长量测定时，尽量缩短打开摇床盖的时间。

七、思考题

1）用本实验方法测定微生物生长曲线，有何优点？

2）细菌生长繁殖所经历的四个时期中，哪个时期其代时最短？若细胞密度为 10^3/mL，培养 4.5 h 后，其密度高达 $2×10^8$/mL，计算出其代时。

实验 7-5　真菌 ITS 序列分析鉴定

一、实验目的

掌握根据内转录间隔区（internal transcribed spacer，ITS）序列对真菌进行分类的原理和方法；掌握 DNA 提取、PCR 的原理及方法，以及 DNA 片段回收等实验操作。

二、实验原理

构成真核生物核糖体 RNA（rRNA）的有 5S、5.8S、17～18S（以下统称为 18S）和 25～28S（以下统称 28S）4 类。对于大多数真核生物来说，rRNA 基因群的一个重复单位（rDNA）包括以下区段（按 5′到 3′方向）：①非转录间隔区（nontranscribed spacer），简称 NTS；②外转录间隔区（external transcribed spacer），简称 ETS；③18S rRNA 基因，简称 18S rDNA；④内转录间隔区 1（internal transcribed spacer 1），简称 ITS1；⑤5.8S rRNA 基因，简称 5.8S rDNA；⑥内转录间隔区 2，简称 ITS2；⑦28S rRNA 基因，简称 28S rDNA。ITS1 和 ITS2 常被合称为 ITS，并且 5.8S rRNA 基因也被包括在 ITS 之内。

rDNA 上的 5.8S、18S 和 28S rRNA 基因有极大的保守性，即存在着广泛的异种同源性。由于 ITS 区不加入成熟核糖体，因此 ITS 片段在进化过程中承受的自然选择压力非常小，ITS 片段的进化速率是 18S rDNA 的 10 倍，能容忍更多的变异，即使是亲缘关系非常接近的 2 个种也能在 ITS 序列上表现出差异，显示最近的进化特征。由于 ITS 的序列分析能实质性地反映出属间、种间以及菌株间的碱基对差异，此外 ITS 序列片段较小、易于分析，目前其已被广泛应用于真菌属内不同种间或近似属间的系统发育研究中。

三、仪器、试剂与材料

1. 仪器

高速冷冻真空离心机、制冰机、恒温水浴锅、凝胶成像系统、高压蒸汽灭菌器、双稳定时电泳仪、电泳槽、紫外分析仪、微波炉、电子分析天平、移液器、电热鼓风干燥箱和 PCR 仪等。

2. 试剂

LB 液体培养基、十六烷基三甲基溴化铵（CTAB）、Tris-HCl、EDTA、NaCl、β-巯基乙醇、乙醇、氯仿、异戊醇、异丙醇、NaAc、RNase A、50×TAE、聚乙烯吡咯烷酮（PVP）、G-10 琼脂糖、10 000×SYBR Green Ⅱ核酸染料、真菌 ITS 扩增的通用引物 ITS4 和 ITS5 等。

3. 材料

1.5 mL 的离心管、2 mL 的离心管、0.2 mL 的 PCR 管、石蜡膜等。

四、实验内容及步骤

1. 真菌基因组 DNA 的提取

1）CTAB 抽提液：CTAB 2%（m/V）、Tris-HCl 100 mmol/L、EDTA 20 mmol/L、NaCl 1.4 mol/L、2% PVP，pH8.0。

2）取 500 mg 真菌菌体，在液氮中充分碾磨，装入 10 mL 离心管，加入 5 mL 的 CTAB 抽提液及 100 μL 的 β-巯基乙醇，65℃水浴 45 min，其间轻柔振荡 2～3 次。

3）冷却后，加入等体积的氯仿：异戊醇（24：1），轻柔颠倒混匀 10 min 使其乳化。

4）8000 g 离心 10 min，取上清液于另一干净的 10 mL 离心管中。

5）加入与上清液等体积且已–20℃预冷的异丙醇，混匀，此时应有白色絮状沉淀出现（若没有沉淀，则加入体积为上清液 1/5 的 pH 为 4.8～5.2 的 3 mol/L NaAc 混匀，于–20℃冰箱中沉淀 30 min）。

6）用 1.0 mL 枪头吸住 DNA 沉淀团放入盛有 1 mL 75%乙醇的 1.5 mL 离心管中（若无法直接挑取时，则用离心法沉淀 DNA）。

7）在 75%乙醇中漂洗 DNA，5 min；然后 12 000 r/min，5 min，4℃离心，弃上清。

8）重复步骤 7）两次。

9）沉淀于室温下干燥片刻至刚出现半透明。加入 500 μL 的 ddH$_2$O，于 65℃水浴助溶，向 DNA 粗提物中加入 10 μL 的 RNase A，于 37℃水浴酶解 RNA 1 h。

10）12 000 r/min 常温离心 10 min，取上清于一新 1.5 mL 离心管中，加入等体积酚：氯仿：异戊醇（25：24：1），颠倒混匀。

11）12 000 r/min 常温离心 10 min，取上清于一新 1.5 mL 离心管中，加入等体积氯仿：异戊醇（24：1），颠倒混匀。重复该步骤两次。

12）12 000 r/min 常温离心 10 min，取上清于一新 1.5 mL 离心管中，加入 1/5 体积的 pH4.8～5.2 的 3 mol/L NaAc，并加入 2.5 倍体积的已预冷的无水乙醇，于 −20℃沉淀 30 min；75%乙醇漂洗一次，DNA 沉淀于室温中干燥片刻至刚出现半透明状，加入 100 μL 的 ddH$_2$O，溶解后，储存于−20℃冰箱中备用。

2. 凝胶电泳检测抽提的基因组 DNA 质量

1）50×TAE 缓冲液：242 g Tris，57.1 mL 冰醋酸，100 mL EDTA（0.5 mol/L，pH8.0）。使用时加水稀释 50 倍作为 1×TAE 缓冲液。

2）1%琼脂糖凝胶：50 mL 1×TAE 缓冲液，0.50 g G-10 琼脂糖，微波加热 2 min，溶化后加入 5 μL 10 000×SYBR Green II 核酸染料，制胶板备用。

3）基因组 DNA 电泳点样：在点样板或石蜡膜上加 5 μL 基因组 DNA，与 1 μL 的 6×上样缓冲液混合，加入胶板的样品小槽内。

4）电泳：电压 150 V，电泳 20 min，紫外检测能看到较分明的一条带，则抽提的基因组 DNA 可用。

3. 测定抽提的基因组 DNA 的 OD$_{260}$、OD$_{280}$ 值

取 2 μL 的基因组 DNA 加入 98 mL ddH$_2$O 中，使用分光光度计测定 OD$_{260}$、OD$_{280}$ 值。

4. ITS 区段的扩增

（1）ITS 区段的扩增与克隆

选用真菌 ITS 扩增的通用引物 ITS4（5′-TCCTCCGCTTATTGATATGC-3′）和 ITS5（5′-GGAAGTAAAAGTCGTAACAAGG-3′），进行 ITS 区段 PCR 扩增。

反应体系：1 μL dNTP 混合物（各 2.5 mmol/L）、2.5 μL 10×PCR 缓冲液（Mg^{2+}）、0.2 μL Taq DNA 聚合酶（5 U/μL）、各 0.5 μL 的 ITS4/ ITS5（10 μmol/L）、0.5 μL 基因组 DNA（100 ng/μL），加 ddH$_2$O 至 25 μL。

（2）扩增程序

94℃预变性 4 min，进入循环；94℃变性 45 s，55℃复性 45 s，72℃延伸 1 min，30 个循环；72℃延伸 10 min，4℃保存。反应结束后、取 5 μL 扩增产物，进行 1%琼脂糖凝胶电泳检测。于凝胶成像系统显影，利用柱式 DNA 胶回收试剂盒回收 PCR 产物。

5. 切胶回收目的片段、克隆、转化和测序

操作同实验 7-2。

6. 序列分析

将测序后的 ITS 区的扩增序列与 GenBank 相关序列进行比对及同源性分析。然后用邻接法构建系统发育树，系统进化树的测试方法为自助法（bootstrap），重复次数为 1000，模型为群体间的平均 Kimura 双参数（Kimura 2-parameter），其他参数为默认设置。

五、实验结果及分析

将获得的 ITS 序列与 GenBank 已知真菌的 ITS 序列进行同源性比较，确定其分类。

六、注意事项

1）挑取菌体时切勿刮到培养基。
2）取液器使用需按规范操作。

七、思考题

基于真菌的分子生物学鉴定结果，如何进一步将其鉴定至种？

实验八 环境因素对微生物生长的影响

物理因素、化学因素、生物因素及营养因素等不同环境因素影响微生物生长、繁殖的机制不尽相同，而不同类型的微生物对同一环境因素的适应能力也有差别。

一、实验目的

掌握利用滤纸片法比较不同药剂对某些微生物的抑菌效果；了解化学因素、生物因素、紫外线对微生物生长的影响。

二、实验原理

微生物的生命活动是由其细胞内外一系列环境系统统一体所构成的，除营养条件外，影响微生物生长的环境因素，包括物理因素、化学因素和生物因素对微生物的生长繁殖、生理生化过程均产生很大影响，一切不良的环境条件均使微生物的生长受抑制，甚至导致菌体死亡。

1. 物理因素

常见的物理因素有：温度，影响蛋白质、核酸等生物大分子的结构与功能以及细胞结构，从而影响微生物的生长、繁殖和新陈代谢；pH，通过影响细胞质膜的通透性、膜结构的稳定性和物质的溶解性或电离性来影响营养物质的吸收，从而影响微生物的生长速率；紫外线诱导形成胸腺嘧啶二聚体来破坏 DNA 结构，或使空气产生臭氧（O_3）来杀菌。其杀菌力最强的波长是 226～256 nm，只适用于空气及物体表面的灭菌，它距离照射物以不超过 1.2 m 为宜。紫外线对细菌生长的影响有不同效果，剂量高、时间长、距离短就易将其杀死，剂量低、时间短、距离长时就会有少量个体残存下来，其中一些个体的遗传特性发生了变异。我们可以利用这种特性来进行灭菌或菌种选育工作。

2. 化学因素

化学因素可分为致死剂和抑制剂。常用的化学消毒剂主要包括重金属及其盐类、有机溶剂（酚、醇、醛等）、卤族元素及其化合物和表面活性剂等。衡量化学因素对微生物生长的影响，常用的 3 个指标分别是最低抑制浓度（MIC）、半致死剂量和最低致死剂量。

3. 生物因素

许多微生物在其生命活动过程中可产生某种能选择性地抑制或杀死其他微生物的特殊代谢产物。不同抗生素的作用机制和抗菌谱是不同的。

三、仪器、试剂与材料

1. 仪器

恒温培养箱、镊子、无菌玻璃涂棒等。

2. 试剂

0.5%碘液、75%乙醇、95%乙醇、1.5% H_2O_2、1% 84 消毒液、0.01%链霉素溶液等。

3. 材料

1）菌种：*Escherichia coli*、金黄色葡萄球菌（*Staphylococcus aureus*）、*Bacillus subtilis*、普通变形菌（*Proteus vulgaris*）、产黄青霉（*Penicillium chrysogenum*）。

2）培养基：牛肉膏蛋白胨培养基（液体、固体）。

四、实验内容及步骤

1. 滤纸片法测定抑菌圈直径

1）制备平板。将已灭菌并冷却至 50℃左右的牛肉膏蛋白胨培养基倒入无菌平皿中，待凝固。

2）接种、培养。按无菌操作取 100 μL 浓度约为 $2×10^8$ CFU/mL 的菌悬液，分别用玻璃涂棒将培养 18 h 的菌液均匀涂布于平板上，放置 5 min。

3）标记。按培养皿大小确定放置药敏纸片的位置，并标明抑菌剂的名称：0.5% 碘液、75%乙醇、95%乙醇、1.5% H_2O_2、1% 84 消毒液、0.01%链霉素溶液。

4）贴药敏纸片。用无菌镊子将小滤纸片分别浸入各种药剂中 2~3 s，在瓶口沥去多余的水分，置于含菌平板标记的相应位置。

5）培养。静置 15 min，放入 37℃恒温培养箱中倒置培养 24 h。

6）观察记录结果，比较抑菌圈大小。单位为 mm。

2. 生物因素对微生物的影响

1）用牛肉膏蛋白胨培养基制成平板，在平板一侧，用接种环取产黄青霉的孢子，在平板上划一直线接种，置于 28℃培养 48～72 h。

2）待形成菌苔后，从距产黄青霉的菌苔边缘 5 mm 处用接种环分别垂直向外划直线接种已培养 18 h 的 *Escherichia coli*、*Staphylococcus aureus*、*Bacillus subtilis*、*Proteus vulgaris*。

3）37℃恒温培养箱中培养 24 h。

4）观察结果。

3. 紫外线对微生物的影响

1）用无菌吸头吸取 100 μL 培养了 18 h 的金黄色葡萄球菌菌液于牛肉膏蛋白胨培养基平板上，以无菌涂棒涂布均匀。

2）用一张正方形锡纸条遮住部分平板，打开皿盖；置紫外灯下照射 3 min 后取出锡纸条，盖上皿盖。

3）在黑暗中（或红灯下）用双层报纸包裹，倒置于 37℃恒温培养箱中培养 24 h 后观察结果。

五、实验结果及分析

1）实验结果。设计表格，将同组 4 人测定的抑菌圈直径填入表中。记录各管微生物生长的情况。

2）实验分析。根据实验结果判断各试剂浓度对 G^+ 和 G^- 菌的抑制情况及其在食品领域的意义。分析实验操作中存在什么问题，应如何改进。

六、注意事项

1）0.01%链霉素溶液配制好后置于 4℃下冷藏，1 周之内使用。

2）碘液要提前 48 h 配制。

七、思考题

1）温度、pH、消毒剂、光等如何影响微生物生长？

2）试设计实验：从土壤中筛选出抗植物黑腐病的微生物。

实验九 小鼠 *TLR2* 基因的克隆

免疫系统可分为先天性免疫（innate immunity）与获得性免疫（acquired immunity）。先天性免疫是从昆虫到哺乳动物都具有的、十分保守的免疫系统，它不针对某个特定的病原体，而是一个广谱的抗菌系统。先天性免疫通常发生在病原体入侵之后数小时之内，是机体防御的第一道防线。Toll 样受体（toll-like receptor，TLR）组成了一个跨膜蛋白家族，进化方面从无脊椎动物到人类都很保守，在机体的防御机制特别是先天性免疫中起着重要作用。

TLR 由 3 个互相联系的部分组成：①识别病原体的细胞膜外部分；②跨膜部分；③进行信号转导的细胞膜内部分。TLR 的信号转导途径是沿接头蛋白 MyD88 经白细胞介素-1 受体相关激酶（IRAK）激活转录因子 NF-κB，从而启动炎症细胞因子白介素-1（IL-1）、白介素-6（IL-6）和白介素-8（IL-8）等表达产生抗菌作用。自 1997 年在哺乳动物发现第一个 TLR 分子（TLR4）以来，到目前为止，在人类已克隆定位了 11 个 TLR 分子（TLR1～TLR11），推测还将有新的 TLR 分子被发现。研究显示 TLR2 可识别包括革兰氏阴性菌（Gram-negative bacteria）、革兰氏阳性菌（Gram-positive bacteria）、分枝杆菌的脂蛋白、肽聚糖和脂壁酸等多种物质。TLR6 与 TLR2 一起参与识别脂多糖以及与 TLR1 一起参与识别肽聚糖，显示 TLR 受体间具有互作协调关系。TLR 受体基因的遗传变异是机体对病原体抵抗力差异的重要遗传基础。

研究证明，*TLR* 基因家族是抵抗疾病的理想的候选基因。本实验克隆小鼠的 *TLR* 基因家族的 *TLR2*，对寻找疾病抗性并建立可用于诊断的遗传标记具有重要意义。

实验 9-1 小鼠肝脏总 RNA 提取

一、实验目的

掌握真核细胞总 RNA 提取的方法与注意事项；了解真核细胞总 RNA 提取的原理。

二、实验原理

RNA 提取技术不仅是分子生物学技术的重要组成部分，也是功能基因组学技术的重要基础。从 RNA 水平研究生物体内基因的调控机制，已成为分子生物学研究的一个重要手段。利用提取的 RNA，人们可以对特定的基因表达进行定性和定量检测，从分子水平精确地了解细胞生命活动的规律。

通常一个典型的哺乳动物细胞含有 5～10 μg RNA，其中约 82% 为 rRNA（主要是 28S、18S 和 5.8S、5S 四种类型），16% 为 tRNA 和核内小分子 RNA，2% 为 mRNA。这些高峰度的 RNA，如 rRNA 的大小和序列确定，可通过凝胶电泳、密度梯度离心、阴离子交换层析和高效液相色谱（HPLC）分离。而 mRNA 虽然大小和核苷酸序列不同，从数百至数千碱基，但大多数真核细胞 mRNA 在其 3′端均有一多聚腺苷酸（polyA）组成的尾，其长度一般足以吸附于寡聚脱氧胸苷酸-纤维素，使得 mRNA 可以利用亲和层析法分离。这个群体编码了所有由该细胞合成的多肽。

真核细胞总 RNA 制备方法有多种，包括异硫氰酸胍-氯化铯超速离心法、盐酸胍-有机溶剂法、氯化锂-尿素法、热酚法以及 Trizol 试剂提取法等。目前实验室提取总 RNA 的常用方法为异硫氰酸胍-酚-氯仿一步法和 Trizol 试剂提取法。异硫氰酸胍法制备真核细胞总 RNA，是将已知最强的 RNase 抑制剂异硫氰酸胍、β-巯基乙醇和去污剂 N-十二烷基肌氨酸钠联合使用，抑制了 RNA 的降解，增强了核蛋白复合物的解离，使 RNA 和蛋白质分离并进入溶液，RNA 选择性地进入无 DNA 和蛋白质的水相，容易被异丙醇沉淀浓缩。本实验采用的是 Trizol 试剂提取法。Trizol 试剂中的主要成分为异硫氰酸胍和苯酚，其中异硫氰酸胍可裂解细胞，促使核蛋白体的解离，使 RNA 与蛋白质分离，并将 RNA 释放到溶液中，同时还抑制 RNA 酶，防止 RNA 被降解。当加入氯仿时，其可抽提酸性的苯酚，而酸性苯酚使蛋白质变性，可促使 RNA 进入水相，离心后可形成水相层和有机层，这样 RNA 与仍留在有机相中的蛋白质和 DNA 分离开。水相层（无色）中主要为 RNA，有机层（黄色）中主要为 DNA 和蛋白质。

RNA 极不稳定，易于降解，而 RNA 酶几乎无处不在，且特别稳定，故在提取 RNA 时关键因素是最大限度地避免外源 RNA 酶的污染和抑制内源 RNA 酶的酶活力，因此，创造一个无 RNA 酶的环境，严格防止 RNA 酶污染是成功提取 RNA 的关键。

三、仪器、试剂与材料

1. 仪器

低温高速离心机、移液器、组织研磨棒、眼科剪、眼科镊等。

2. 试剂

Trizol 试剂、氯仿、异丙醇、75%乙醇等。

3. 材料

小鼠、焦碳酸二乙酯（DEPC）水处理的 EP 管与枪头、一次性手套。

四、实验内容及步骤

1）吸取 500 μL Trizol 试剂加入一新的 DEPC 处理后的 1.5 mL EP 管中。

2）解剖小鼠，取小鼠肝脏组织，在生理盐水中清洗后，剪成约黄豆大小（约 100 mg），放入已加有 500 μL Trizol 试剂的 1.5 mL EP 管中。

3）使用组织研磨棒快速研磨 4~5 次，之后再加入 500 μL Trizol 试剂，继续快速研磨 2~3 次直至研磨组织溶液变黏稠，室温放置 5 min 使其充分裂解。

4）4℃、12 000 r/min 离心 5 min，将上清转移至一新的 DEPC 处理后的 1.5 mL EP 管中。

5）加入 200 μL 氯仿，振荡混匀，室温放置 3 min，4℃、12 000 r/min 离心 15 min。

6）离心后混合物分为三层：下层红色的苯酚-氯仿层，中间层，以及上层无色的水样层。RNA 全部存在于水样层当中。小心移取上层无色水样层，转移至另一新 EP 管中。

7）加入 500 μL 异丙醇，室温放置 15 min；4℃、12 000 r/min 离心 15 min，这时会在 EP 管的底部看到白色沉淀；轻轻弃去上清；加入 1 mL 75%乙醇（用 DEPC 处理的水配制）洗涤 RNA 沉淀；4℃、7500 r/min 离心 5 min，弃上清。

8）将 EP 管倒置于吸水纸上，干燥。

9）用适量 DEPC 处理的水溶解 RNA 沉淀，推荐用量为 20 μL。

五、实验结果及分析

电泳后判断是否发现 3 条明显的条带，并结合以 OD_{260}/OD_{280} 的值判断 RNA 纯度。

六、注意事项

1）用于 RNA 提取的组织块样品，必须是新鲜的细胞或组织，若采样后不能立即用于提取，则样品应用液氮速冻并贮于-70℃的冰箱中保存。

2）研磨过程中要尽量避免 Trizol 试剂的溢出。

3）有多次离心过程，注意配平，防止出现事故以及对离心机的损害。

4）整个抽提过程中要尽量避免 RNase 的污染，全程佩戴一次性手套。皮肤经常带有细菌和真菌，可能污染抽提的 RNA 并成为 RNA 酶的来源。应培养良好的微生物实验操作习惯，预防微生物污染。

七、思考题

简述用 Trizol 试剂提取 RNA 的优点。

实验 9-2　RT-PCR、扩增产物纯化与琼脂糖凝胶电泳鉴定

一、实验目的

掌握逆转录聚合酶链式反应（RT-PCR）的基本原理和基本操作步骤；了解常用的 PCR 产物的回收方法，并掌握一种琼脂糖凝胶回收试剂盒纯化 DNA 的原理及方法；掌握琼脂糖凝胶电泳的基本技术。

二、实验原理

1. RT-PCR

获得组织或细胞中的总 RNA 后，以其中的 mRNA 作为模板，采用 oligo（dT）、随机引物或者特异性下游引物，利用逆转录酶将其反转录成 cDNA。再以 cDNA 为模板进行 PCR 扩增，从而获得目的基因或检测基因表达。本实验采用的逆转录酶是逆转录酶 AMV（TaKaRa）。

2. 扩增基因

用 DNA 分析软件 DNAstar 中的 MegAlign 程序对人和大鼠的 *TLR2*（GenBank 登录号：NM_011905）核苷酸序列进行排序，利用软件找出基因同源性高的区域，利用软件在基因的同源域保守区设计引物。TLR2-F：5′GAG GTT GCA TAT TCC ACA GTT 3′，TLR2-R：5′GTG AAG GAC AGG AAG TCA CAG 3′。

3. 扩增产物的纯化

一般采用具有特定吸附 DNA 能力的材料，可以有效地从反应混合物中分离出特异片段。本实验所用的试剂盒为琼脂糖凝胶回收试剂盒，它采用凝胶溶解系统先让含有 DNA 片段的凝胶溶化，然后将 DNA 片段结合于 DNA 制备膜上，最

后再用灭菌蒸馏水洗脱 DNA。

4. 琼脂糖凝胶电泳

琼脂糖是一种天然聚合长链状分子，可以形成具有刚性的滤孔，凝胶孔径的大小取决于琼脂糖的浓度。琼脂糖凝胶电泳法分离 DNA，主要是利用分子筛效应，使 DNA 的迁移速度与分子量的对数值成反比关系，因而就可依据 DNA 分子的大小使其分离。该过程可以通过将分子量标准参照物和样品一起进行电泳而得到检测。溴化乙锭（EB）或 EB 替代物可与 DNA 分子形成 EB-DNA 复合物并在紫外光照射下发射荧光，其荧光强度与 DNA 的含量成正比，据此可粗略估计样品 DNA 浓度。

三、仪器、试剂与材料

1. 仪器

PCR 仪、离心机、恒温水浴箱、电泳仪、电泳槽等。

2. 试剂

$MgCl_2$、5×逆转录缓冲液、无 RNA 酶 H_2O、dNTP 混合物、RNase 抑制剂、AMV 逆转录酶、寡聚 dT-接头引物、10×PCR 缓冲液、蒸馏水、*Taq* 酶、上游和下游 PCR 引物（10 pmol/L）、DNA 胶回收试剂盒、TAE 缓冲液、电泳上样缓冲液、EB、DNA 分子标记等。

3. 材料

小鼠肝脏 RNA。

四、实验内容及步骤

1. RT-PCR

1）反转录反应液配制。按下列组分配制反转录反应液，并混匀：5×逆转录缓冲液 2 μL、dNTP 混合物 4 μL、RNase 抑制剂 0.5 μL、AMV 逆转录酶 1 μL、寡聚 dT-接头引物 0.5 μL、实验样品 RNA 2 μL。

2）按以下条件依次进行反转录反应：42℃（30 min）、99℃（5 min）、5℃（5 min）。

说明：逆转录酶能与 cDNA 结合，影响 PCR 的正常进行。因此，PCR 反应前，必须进行 99℃、5 min 加热使逆转录酶失活。

2. PCR 反应

1）按下列组分配制 PCR 反应液：10×PCR 缓冲液 5 μL、蒸馏水 28 μL、dNTP 混合物 4 μL、*Taq* 酶 1 μL、TLR2-F 1 μL、TLR2-R 1 μL。

2）把上述共 40 μL 的反应液加入反转录结束后的 PCR 反应管中轻轻混匀。

3）按以下步骤进行 PCR 反应：①94℃预变性 2 min；②94℃变性 30 s；③58℃复性 30 s；④72℃延伸 60 s；⑤重复步骤②～④，30 个循环；⑥72℃延伸 5 min，4℃保存。

3. 琼脂糖凝胶电泳

1）1%琼脂糖的配制：取 30 mL 电泳缓冲液（TAE）加入三角瓶后，加 0.3 g 琼脂糖，使琼脂糖含量为 1%（*m/V*）。

2）胶液的制备：将上述混合物放入微波炉或电炉上加热至琼脂糖全部溶化，取出摇匀。加热时应盖上封口膜，以减少水分蒸发。待混合物冷却至 50～60℃时，加入一定量的 EB。

3）胶板的制备：将胶板置于胶槽内，插上样品梳子。然后将冷却好的混合物倒入胶槽中，待胶完全凝固后拔出梳子，然后向槽内加入 TAE 稀释缓冲液至液面恰好没过胶板上表面。

4）加样：将所有样品（50 μL）与 10 μL 6×电泳上样缓冲液混匀，小心加入样品槽中。

5）电泳：加完样后，合上电泳槽盖，立即接通电源。恒流，85 mA，电泳至指示剂跑到胶的 1/2 处即可停止。

6）紫外灯下看电泳结果。

4. 扩增产物的纯化

1）当所需 DNA 片段完全分离时，将凝胶转移至紫外灯下，尽可能快地把所需的 DNA 片段切下来。注：切胶时尽量把多余的凝胶切去，DNA 暴露在紫外灯下不能超过 30 s。

2）将带有目的片段的凝胶块转移至 1.5 mL 离心管中，称重得出凝胶块的质量。近似地确定其体积。加入等体积的结合缓冲液，于 55～65℃水浴中温浴 7 min 或至凝胶完全溶化，每 2～3 min 振荡或涡旋混合物。

3）取一个干净的 DNA 回收柱，将柱子装在一个干净的 2 mL 收集管内。

4）将步骤 2）获得的 DNA 溶胶液全部转移至柱子中。室温下 10 000 r/min 离心 1 min。弃收集管中的滤液，将柱子放回 2 mL 收集管中。

5）弃收集管中的滤液，将柱子放回 2 mL 收集管中。将 300 μL 结合缓冲液加入柱子中。室温下 10 000 r/min 离心 1 min。

6）弃收集管中的滤液，将柱子放回 2 mL 收集管中。将 700 μL 清洗缓冲液加入柱子中。室温下 10 000 r/min 离心 1 min。

7）重复用 700 μL 清洗缓冲液洗涤柱子。室温下 10 000 r/min 离心 1 min。

8）弃收集管中的滤液，将柱子放回 2 mL 收集管中。室温下，13 000 r/min 离心 2 min，甩干柱子基质残余的液体。

9）把柱子装在一个干净的 1.5 mL 离心管上，加入 15～30 μL（本次实验建议加入 20 μL）的溶解缓冲液（或 TE 缓冲液）到柱子基质上，室温放置 1 min，13 000 r/min 离心 1 min 以洗脱 DNA。

五、实验结果及分析

1）检测逆转录的效果。
2）分析 PCR 电泳结果的特异性。
3）检测 DNA 回收效率。

六、注意事项

1）倒胶时的温度不可太低，否则凝固不均匀，速度也不可太快，否则容易出现气泡。

2）拔出梳子时，注意不要损伤梳底部的凝胶。然后向槽内加入 TAE 稀释缓冲液至液面恰好没过胶板上表面。因边缘效应样品槽附近会有一些隆起，阻碍缓冲液进入样品槽中，所以要注意保证样品孔中注满缓冲液。

3）注意上样时每加完一个样品要更换枪头，以防止互相污染。要小心操作，避免损坏凝胶或将样品槽底部凝胶刺穿。

4）在凝胶完全溶解之后，注意凝胶-结合缓冲液混合物的 pH。如果是橙色或红色，其 pH 大于 8，DNA 的产量将大大减少。此时则要加入 5 μL 浓度为 5 mol/L、pH5.2 的乙酸钠，以调低其 pH。经过这一调节，该混合物的颜色将恢复为正常的浅黄色。

5）如果 DNA 溶胶液的体积超过 700 μL，一次只能转移 700 μL 至柱子中，余下的可继续重复第 4 步至所有的溶液都经过柱子。每一个 DNA 回收柱都有一个极限为 25 μg DNA 的吸附能力。如果预期产量较大，则把样品分别加到合适数目的柱子中。

6）浓缩的清洗缓冲液在使用之前必须按标签的提示用乙醇稀释。如果清洗缓冲液在使用之前是置于冰箱中的，须将其拿出置于室温下。

七、思考题

试述 RT-PCR 的原理。

实验 9-3 RT-PCR 产物克隆

一、实验目的

掌握 DNA 体外重组的原理与方法；了解氯化钙法制备大肠杆菌感受态细胞的原理，掌握制备的方法；掌握大肠杆菌转化的原理与方法。

二、实验原理

RT-PCR 反应之后，*Taq* DNA 聚合酶一般会在目的基因的 3′端添加一个 A 碱基，而 T 载体的 3′端附带一个 T 碱基，扩增产物与 T 载体在连接酶的作用下，通过碱基互补配对作用，就可形成牢固的重组克隆载体。

受体细胞经过一些特殊方法（如电击法、$CaCl_2$ 等化学试剂法）的处理后，细胞膜的通透性发生变化，成为容许带有外源 DNA 的载体分子通过的感受态细胞，之后采用适当的方法使载体 DNA 分子进入受体细胞。本实验通过 42℃热激、冰浴冷却的方法将外源 DNA 载体分子转化入宿主细胞内。

三、仪器、试剂与材料

1. 仪器

移液器（0.5～10 μL、10～200 μL、100～1000 μL 的量程）、恒温水浴锅（16℃）、冰盒、超净工作台、培养箱、摇床、玻璃试管、离心机、玻璃棒等。

2. 试剂

pMD19-T 载体试剂盒、LB 培养基、含 5-溴-4-氯-3-吲哚-β-D-半乳糖苷（X-gal）和异丙基-β-D-硫代半乳糖苷（IPTG）的 LB（Amp$^+$）平板、0.1 mol/L $CaCl_2$ 等。

3. 材料

大肠杆菌 DH5α。

四、实验内容及步骤

1. PCR 产物与 T 载体的连接

在洁净的 0.2 mL 的 EP 管中依次加入下列各组分。

实验组：ddH$_2$O 3 μL、溶液 I 5 μL、pMD19-T 载体 1 μL、PCR 产物 1 μL，总体积 10 μL。

对照组：ddH$_2$O 3 μL、溶液 I 5 μL、pMD19-T 载体 1 μL、对照插入片段 1 μL，总体积 10 μL。

轻混反应物，并在 16℃或者室温下进行连接反应 30 min（时间可延长）。

2. 大肠杆菌感受态细胞的制备

1）接种 10 μL 甘油菌种至含有 2 mL LB 培养基的试管中，37℃振荡培养过夜。

2）以 1%的接种量将甘油菌种 30 μL 接种到 3 mL LB 培养基中，37℃振荡培养 3 h（此时菌液的 A_{600} 值达到 0.3～0.4）（示范操作）。

3）室温下，以 5000 r/min 离心 2 min，回收细胞。

4）在超净工作台里用枪头吸取上清并弃掉，再用 100 μL 预冷的 0.1 mol/L CaCl$_2$ 溶液重悬菌体，冰浴放置。

3. 大肠杆菌的转化（无菌操作）

1）将连接产物（实验组和对照组）加入制备好的感受态细胞里，用移液器反复吹打，将质粒与感受态细胞混合均匀，冰浴 10 min。

2）42℃水浴热休克 2 min，时间到后迅速在冰上冷却 10 min。

3）加入 1 mL LB 培养基，37℃静置 0.5～1 h。

4）5000 r/min 离心 2 min，在超净工作台中用枪头吸取 800 μL 上清弃掉，用剩余的液体将细胞悬浮。

5）将悬浮细胞全部吸取并转移至含 X-gal 和 IPTG 的 LB（Amp$^+$）平板上，用无菌玻璃棒涂布均匀，37℃倒置培养过夜。

五、实验结果及分析

若转化平板上未能长出菌落，说明转化失败，可能原因如下。

1）与 T 载体连接实验失败。

2）所制备感受态细胞质量差，重组载体未能成功转入。

3）进入宿主菌的外源载体分子未能表达。

六、注意事项

1）吸取微量液体时务必要小心，确保将其全部转移到反应液中。
2）确保反应液混合均匀。
3）为提高转化率，要密切注意细胞的生长状态和密度。

七、思考题

如何检测外源 DNA 是否正确连接到载体上？

实验 9-4　转化子的筛选及 PCR 鉴定

一、实验目的

掌握蓝白斑筛选的基本原理及具体操作；掌握几种常见的鉴定转化子 DNA 的方法，以及菌落 PCR 鉴定的原理和方法。

二、实验原理

现在使用的许多商业化质粒载体（如 pUC 系列和它们的衍生载体）都带有一段大肠杆菌 DNA 的短片段，其中含有 β-半乳糖苷酶 N 端 146 个氨基酸的编码信息及调控序列。在这个编码区中插入了一个多克隆位点，它不破坏可读框，也不影响其功能。这种类型的载体适用于可编码 β-半乳糖苷酶 C 端部分的宿主细胞。尽管宿主和载体编码的片段都没有活性，但它们能够融为一体，形成具有酶活性的蛋白质。这样，乳糖操纵子（lac）Z 基因上缺失操纵基因区段的突变体与带有完整的近操纵基因区段的 β-半乳糖苷酶阴性的突变体之间实现互补，这种互补现象称为 α 互补。

IPTG 是一种乳糖类似物，可使 lacI 阻遏蛋白失活，从而诱导 lac 操纵子转录。由 α 互补而产生的 lac⁺ 菌落易于识别，因为它们在生色底物 X-gal 存在的情况下形成蓝色菌落。然而外源 DNA 片段插入到质粒的多克隆位点后，几乎不可避免地导致产生无 α 互补能力的 N 端片段。因此，携带重组质粒的细菌形成白色菌落。

这一简单的颜色实验，大大简化了在这种构建的质粒载体中鉴定重组子的工作，仅仅通过目测就可以轻而易举地筛选数千个菌落，并识别可能含有重组质粒的菌落。这样的方法，称为蓝白斑筛选法。

选择性培养基上长出的菌落，由受体菌 DH5α 的表型 Amp⁻ 转变为 Amp⁺（由质粒提供抗性），且颜色为白色的菌落，证明重组质粒已转化入受体菌，但要证明插入片段的大小和序列，还需进一步鉴定。常用方法之一是进行重组质粒的抽提，然后电泳分析，观察其分子量与原有载体相比是否增大；方法之二是将抽提的重组质粒进行限制性内切酶分析，观察酶切得到的 DNA 片段大小是否与预计的相符；方法之三是以重组质粒为模板进行 PCR 鉴定，观察 PCR 产物的大小是否与目的基因大小相符；方法之四则是对重组质粒进行 DNA 序列分析，直接分析重组质粒上的插入片段，即目的基因的大小与序列是否正确。

本实验对初筛得到的白斑菌落进行菌落 PCR 分析，观察 PCR 得到的 DNA 片段大小是否与预计的相符，从而对重组转化子 DNA 进行进一步鉴定。

三、仪器、试剂与材料

1. 仪器

涂布器、灭菌试管、超净工作台、空气浴水平摇床、电泳仪及配套电泳槽、紫外检测仪、移液器（200～1000 μL、5～200 μL、0.5～10 μL）等。

2. 试剂

Luria-Bertani（LB）液体培养基、胰蛋白胨、酵母提取物、NaCl、PCR 缓冲液、dNTP 混合物、TLR2-F、TLR2-R、*Taq* DNA 聚合酶、H_2O、琼脂糖、TAE 电泳缓冲液、上样缓冲液、DNA 染料等。

3. 材料

大肠杆菌 DH5α。

四、实验内容及步骤

1. 蓝白斑平板的制作

1）称取 10 g 胰蛋白胨、5 g 酵母提取物、10 g NaCl 等试剂，置于 1 L 烧杯中。
2）加入约 800 mL 的去离子水，充分搅拌混匀。
3）滴加 5 mol/L NaOH（约 0.2 mL），调节 pH 至 7.0。
4）加去离子水将培养基定容至 1 L 后，加入 15 g 琼脂粉（agar）。
5）高温高压灭菌后，冷却至 60℃左右。
6）加入 100 mg/mL 氨苄西林（Amp）1 mL、24 mg/mL IPTG 1 mL、20 mg/mL X-gal 2 mL 后均匀混合。

7）铺制平板（30～35 mL 培养基/90 mm 培养皿）。

8）4℃避光保存，一般存放 24 h 后才开始使用。

9）做转化液涂布平板操作时，提前 1～2 h 将平板从 4℃冰箱取出，室温避光温育，以待涂布使用。

10）见实验 9-3 中具体转化操作。

11）次日从 37℃温箱中取出平板观察，蓝色菌落即初步认定为未转化菌，白色菌落初步认定为转化子。

2. 菌落 PCR

1）按顺序在 PCR 管中依次加入：10× PCR 缓冲液 2 μL、dNTP 混合物 1.6 μL、TLR2-F 1 μL、TLR2-R 1 μL、*Taq* DNA 聚合酶 0.5 μL、ddH$_2$O 13.9 μL，总体积达 20 μL。

2）常温下随机挑选一个转化板上的转化子，用灭菌的小枪头挑取少量菌体；先将小枪头放入一支装有约 3 mL LB（Amp$^+$）培养基的试管中洗涤 2～3 次，然后将同一枪头浸入装有 PCR 混合物的 PCR 管中反复吹打以作扩增培养细菌用。

3）另取一 PCR 管，先进行操作 2）的操作，但不加转化子模板，作为阴性对照。将以上两个 PCR 管轻微离心后，放入 PCR 仪，设置反应程序：①94℃预变性 5 min；②94℃变性 30 s；③61.5℃复性 30 s；④72℃延伸 90 s；⑤重复步骤②～④，30 个循环；⑥72℃延伸 7 min。

4）取少量 5 μL PCR 反应产物，1%琼脂糖凝胶电泳分析。

5）紫外检测仪下观察并记录扩增片段大小。

6）取上述操作 2）中的洗涤过有菌枪头的试管，空气浴水平摇床 37℃，180～200 r/min 过夜（12～14 h）扩增培养，以备后续实验质粒提取及酶切使用。

五、实验结果及分析

1）LB/Amp/X-gal/IPTG 平板存放在 4℃避光的条件下，要使用时须提前 1～2 h 取出，在室温下温育，以供涂布所用。

2）本次实验中所用的质粒为商品化的 T 载体 pMD19-T，在实验过程中会注意到，它的颜色指示将不如 pUC19 等质粒在蓝白斑筛选中的颜色指示明显。

3）挑取转化子菌落的时候，要注意挑取菌落的位置准确，蘸取到平板上的些许琼脂不太会影响实验结果；用枪头在装有 LB（Amp$^+$）培养基的试管中上下 2～3 次即可，过分洗涤会造成 PCR 反应模板不够，影响实验结果。

六、注意事项

1）α 互补筛选是非常可靠的，但并非永不出错：外源 DNA 的插入并不总是

激活 β-半乳糖苷酶 α 片段的互补活性。如果外源 DNA 很小（小于 100 bp），或者插入片段没有破坏编码框，也没有影响 α 片段的结构，就可能不会严重影响 α 互补。虽然这种现象在文献中有所报道，但是极为罕见，因此只对遇到这种问题的研究者才有意义。

不是所有的白色克隆都携带重组质粒。lac 序列的突变或者丢失可能掩盖质粒表达 α 片段的能力。

2）PCR 方法操作简便，但影响因素较多，欲得到好的反应结果，需根据不同的 DNA 模板，摸索最适条件。同时还要注意避免操作中每一步可能造成的人为污染。

3）电泳时需有标准 DNA 分子量标记和不加模板的阴性对照样品。

七、思考题

简述蓝白斑筛选的机制。

实验 9-5　重组质粒提取与酶切鉴定

一、实验目的

掌握质粒 DNA 提取的原理及方法；掌握酶切鉴定的基本技术。

二、实验原理

用 NaOH 和 SDS 破坏细菌包膜，并制造 pH12.0～12.6 的碱性环境，细胞内容物释放出来后，线性的大分子量细菌染色体 DNA 变性，而共价闭环质粒 DNA 仍为自然状态。当加入高盐的酸性乙酸钾溶液后，pH 调至中性，染色体 DNA 之间交联形成不溶性网状结构。大部分 DNA 和蛋白质在 SDS 的作用下形成沉淀，而质粒 DNA 仍然为可溶状态。通过离心就可以除去大部分细胞碎片染色体 DNA、RNA 和蛋白质，质粒 DNA 尚在上清中，利用酚、氯仿、异丙醇、乙醇等试剂进一步纯化质粒 DNA。

核酸限制性内切酶是一类能识别双链 DNA 中特定碱基序列的核酸水解酶，分 I、II、III 型三种，II 型酶是分子生物学中最常用的内切酶，本实验中使用的 EcoR I 和 Hind III 两种内切酶能够识别质粒上的特定 DNA 序列，并能在识别的序列内切断 DNA 双链，形成一定长度的 DNA 片段。

琼脂糖凝胶电泳适用于分离 0.2～50 kb 的 DNA 片段，因 DNA 分子带负电荷，在电场中向正极移动，不同 DNA 分子所带电荷数、分子量大小和构象不同，在同一电场中的泳动速度就不一样，从而达到分离的目的。

三、仪器、试剂与材料

1. 仪器

台式高速离心机、电泳仪、电泳槽、微量移液器、凝胶成像系统、旋涡振荡器、恒温培养箱、恒温摇床、高压灭菌锅、冰箱、电子天平等。

2. 试剂

1）含质粒 DNA 的过夜培养的 DH5α 菌株 LB 菌液 1.5 mL。

2）溶液Ⅰ。50 mmol/L 葡萄糖，25 mmol/L Tris-HCl（pH8.0），10 mmol/L EDTA（pH8.0）。溶液Ⅰ可成批配制，每瓶 100 mL，高压灭菌 15 min，储存于 4℃冰箱。

3）溶液Ⅱ。0.2 mol/L NaOH，1% SDS。溶液Ⅱ需要使用前新鲜配制，按照 1 mol/L NaOH 100 μL、10% SDS 50 μL、无菌蒸馏水 350 μL，混合配制成 500 μL 溶液Ⅱ。

4）溶液Ⅲ（乙酸钾溶液）。5 mol/L 乙酸钾（KAc）60 mL，冰醋酸 11.5 mL，H_2O 28.5 mL，定容至 100 mL，并高压灭菌。溶液终浓度为：K^+ 3 mol/L，Ac^- 5 mol/L。

5）异丙醇、无水乙醇、70%乙醇、LB 液体培养基、LB 固体培养基、氨苄青霉素、RNA 酶或胰 RNA 酶、1×TBE 电泳缓冲液、6×蔗糖上样缓冲液、溴化乙锭溶液、琼脂糖凝胶等。

3. 材料

含质粒 DNA 的 DH5α 菌株、离心管、枪头、EP 管、乳胶手套。

四、实验内容及步骤

1. 质粒 DNA 的提取

1）培养质粒：在 LB 固体培养基中，用灭菌枪头挑选含有外源基因的重组质粒的 DH5α 菌单克隆，接种到含有氨苄青霉素（50 μg/mL）的 LB 液体培养基 3 mL 中，37℃振荡培养 8～16 h。

2）取液体培养液 1.5 mL 于 1.5 mL 离心管中，转速 12 000 r/min 离心 15 s，去上清液，加入 100 μL 含有 RNA 酶的溶液Ⅰ，充分混匀后在室温下放置 5 min。

3）加入 200 μL 新配制的溶液Ⅱ（裂解液），立即颠倒 5～10 次，使细菌裂解，室温放置 2 min。

4）加入 350 μL 溶液Ⅲ（乙酸钾溶液），颠倒 5～10 次，使其充分中和，室温放置 2 min。

5）用台式高速离心机，转速为 12 000 r/min 离心 5 min，将上清液移入另一干净 1.5 mL 离心管中。

6）加入 700 μL 酚-氯仿溶液（1∶1），振荡混匀，12 000 r/min 离心 5 min，取上层液至另一干净离心管中。

7）加入双倍体积的无水乙醇（约 1 mL），振荡混匀，在室温下静置 2 min，15 000 r/min 离心 8 min，弃上清液。

8）离心管中加入 1 mL 70%冷乙醇，用旋涡振荡器将沉淀悬浮洗涤 30 s，15 000 r/min 离心 5 min，弃上清液。

9）在室温下使沉淀自然干燥。

10）待沉淀完全干燥后，加入 25 μL TE 缓冲液或灭菌蒸馏水溶解沉淀，4℃放置 30 min 以上，使 DNA 充分溶解，−20℃保存备用。

11）琼脂糖凝胶电泳检测。

2. 质粒 DNA 的酶切

用 *Eco*R Ⅰ 和 *Hin*d Ⅲ双酶切提取的重组质粒 DNA，可获得质粒 DNA 片段和插入片段。

1）酶切反应液的配制（总体积 30 μL）。按以下顺序在 0.5 mL 离心管中加入试剂（表 9-5-1）。

表 9-5-1 酶解反应液配制体系

试剂	1×	2×	4×	8×
灭菌水/μL	14	28	56	112
10×酶解缓冲液/μL	3	6	12	24
*Eco*R Ⅰ（10 U/μL）/μL	1.5	3	6	12
*Hin*d Ⅲ（10 U/μL）/μL	1.5	3	6	12
合计	20	40	80	160

按每管 20 μL 分装，每管加入新提取的质粒 DNA 10 μL

2）将配制好的酶解反应液放置于恒温培养箱 37℃酶解过夜（8～16 h）。

五、实验结果及分析

质粒 DNA 的结构有 3 种，电泳结果将会有 3 个条带。

六、注意事项

1）把握好加入溶液 I、II、III 后的时间，力争准确到秒。

2）由于 *Eco*R I 具有星号活性，酶解时一定要注意。

七、思考题

1）简述提取质粒 DNA 的基本原理。

2）什么是星号活性，如何避免产生星号活性？

实验十 AFLP 分子标记实验技术

扩增片段长度多态性（amplified fragment length polymorphism，AFLP）是在随机扩增多态性 DNA（RAPD）和限制性片段长度多态性（RFLP）技术基础上发展起来的 DNA 多态性检测技术，具有 RFLP 技术重复性好和 RAPD 技术简便快捷的特点，不像 RFLP 分析那样必须制备探针，且与 RAPD 标记一样对基因组多态性的检测不需要知道其基因组的序列特征，同时弥补了 RAPD 技术重复性差的缺陷。同其他以 PCR 为基础的标记技术相比，AFLP 技术能同时检测到大量的位点和多态性标记。

此技术对于物种遗传多样性研究、种质资源鉴定及构建遗传图谱等方面的研究，具有重要的意义。

实验 10-1 基因组 DNA 的制备、酶切及接头连接

一、实验目的

掌握从新鲜的叶片中提取植物总 DNA 的方法；掌握酶切技术。

二、实验原理

利用液氮对植物组织进行研磨，从而破碎细胞。细胞提取液中含有的 SDS 溶解膜蛋白、破坏细胞膜，使蛋白质变性沉淀下来。EDTA 抑制 DNA 酶的活性。再用酚、氯仿抽提的方法去除蛋白质，得到的 DNA 溶液经异丙醇沉淀。

对 DNA 进行限制性内切酶酶切，选择特定的片段进行 PCR 扩增（在所有的限制性片段两端加上带有特定序列的"接头"，用与接头互补的 3′端有几个随机选择的核苷酸的引物进行特异 PCR 扩增，只有那些与 3′端严格配对的片段才能得到扩增），再在有高分辨力的测序胶上分离扩增产物，用放射性法、荧光法或银染法均可进行检测。

三、仪器、试剂与材料

1. 仪器

台式离心机、恒温水浴锅、紫外分光光度计、琼脂糖凝胶电泳系统、微量移

液器、研钵等。

2. 试剂

2%（*m/V*）CTAB、1.4 mol/L NaCl、20 mmol/L EDTA-Na$_2$·2H$_2$O、100 mmol/L Tris-HCl（pH8.0）、0.2%（*V/V*）巯基乙醇配制的 CTAB 分离缓冲液共 100 mL（称取 2 g CTAB、8.18 g NaCl、0.74 g EDTA-Na$_2$·2H$_2$O，加入 10 mL 100 mmol/L 的 pH8.0 Tris-HCl、0.2 mL 巯基乙醇，加水定容至 100 mL）、TE 缓冲液（10 mmol/L pH7.4 Tris-HCl，1.0 mmol/L EDTA）、酚-氯仿-异戊醇、液氮、*Eco*R Ⅰ、*Mse* Ⅰ 等。

3. 材料

鱼腥草叶片。

四、实验内容及步骤

1. 基因组 DNA 的制备与检测

1）将 10 mL CTAB 分离缓冲液加入 30 mL 的离心管中，置于 60℃水浴预热。

2）称取 1.0～1.5 g 新鲜鱼腥草叶片，置于预冷的研钵内，倒入液氯，将叶片研碎。可重复数次，直至叶片成为很细的粉末，称重。

3）将叶片粉末直接加入预热的 CTAB 分离缓冲液中，轻轻转动离心管使之混匀。

4）加入 100 μL SDS 于 60℃保温 30 min。

5）加等体积的酚-氯仿-异戊醇，轻轻颠倒混匀。

6）室温下 4000 r/min 离心 8 min。

7）将上层水相倒入另一干净的离心管中，加入等体积预冷的异丙醇，轻轻混匀使核酸沉淀下来。

8）70%乙醇洗涤至少 10 min 后，4000 r/min 离心 10 min。

9）重复上述步骤 8）。

10）室温静置，自然干燥。

11）加入 30 μL TE 缓冲液或者去离子水（含有 10 μg/mL RNase A）溶解 DNA，并贮存在 4℃冰箱中。

2. 1%琼脂糖凝胶的配制与电泳检测

（1）1%琼脂糖凝胶的配制

称取 1 g 琼脂糖，置于三角瓶中，加入 100 mL TBE 工作液，混匀后将该三角瓶置于微波炉加热煮沸 10 s，加入 20 μL（约一滴）溴化乙锭（1 mg/mL），混匀后室温下降温至 60℃左右，用挡板封住胶板，在固定位置放上梳子，将凝胶缓慢倒入胶板，室温下静止 30 min 左右，待凝胶凝固后，轻轻拔出梳子，拔掉挡板，将凝胶板放入含有 TBE 缓冲液的电泳槽中。

（2）点样电泳检测

取 2 μL 样品，加入 1 μL 上样缓冲液和 12 μL 无菌水，混匀，点入点样孔。接通电源后，将电泳仪的电压调至 100 V，电泳 1.5 h 左右，溴酚蓝移动到距点样孔 3 cm 左右，停止电泳。置于凝胶成像系统观察和拍照。

3. 基因组 DNA 的酶切与电泳检测

用 *Eco*R I（10 U/μL）和 *Mse* I（10 U/μL）双酶切提取的基因组 DNA，可获得酶解片段。

（1）酶切反应液的配制

按以下顺序在 0.5 mL 离心管中加入相应试剂：双蒸水 11.4 μL、缓冲液 4 μL、10 U/μL *Eco*R I 0.5 μL、10 U/μL *Mse* I 0.1 μL、50 ng/μL 模板 DNA 4 μL，总体积 20 μL。

（2）酶切

将配制好的酶切反应液放置于恒温培养箱 37℃酶解 4～6 h。

（3）检测

取 4～6 μL 酶切液进行酶切效果检测，跑出的带以弥散状、无明显主带为好。

4. 连接接头

（1）接头的制备

1）按公司说明书将引物单链稀释成高浓度（一般稀释成 10 ng/μL）溶液储存于−20℃冰箱。

2）取部分引物单链稀释成 100 μmol/L，然后两条正反单链混合，体积比如下。10 μL *Eco*R I 正链、10 μL *Eco*R I 反链和 180 μL TE 混合成 200 μL *Eco*R I 接头。100 μL *Mse* I 正链、100 μL *Mse* I 反链混合成 200 μL *Mse* I 接头。

3）反应程序：95℃ 5 min，65℃ 10 min，37℃ 10 min，25℃ 10 min，保存于 4℃。最终储存于−20℃冰箱。

（2）连接反应体系

双蒸水 7.6 μL、反应缓冲液（T4 DNA 连接酶自带）2.5 μL、*Eco*R I 接头 1 μL、

Mse I 接头 1 μL、5 U/μL T4 DNA 连接酶 0.4 μL、酶切反应后溶液 12.5 μL，总体积 25 μL。

（3）连接

21℃连接 16 h 以上或者连接过夜。

（4）稀释

按 1∶10 的比例稀释连接反应液，已稀释的和未稀释的均可长时间储存于 −20℃ 备用。

五、实验结果及分析

根据电泳条带，判断提取的 DNA 的完整性；酶切后电泳判断是否完全酶切。

六、注意事项

1）提取过程中的机械力可能使大分子 DNA 断裂成小片段，所以为保证 DNA 的完整性，各步操作均应较温和，避免剧烈振荡。

2）加入异丙醇如果观察不到沉淀现象，则可以将样品在室温下放置数小时甚至过夜。

七、思考题

1）为保证植物 DNA 的完整性，在吸取样品、提取及电泳时应注意什么？

2）为什么选择 *Eco*R I、*Mse* I 作为制备 AFLP 模板 DNA 的限制性内切酶？

实验 10-2　PCR 扩增及产物电泳鉴定

一、实验目的

掌握 PCR 的基本原理和基本操作步骤；并掌握制胶、点样、电泳、染色等技术。

二、实验原理

聚合酶链式反应（PCR）用于体外扩增位于两段已知序列之间的 DNA 区段（靶序列）。其原理是通过耐热 DNA 聚合酶催化的 DNA 合成反应达到对靶序列的扩增。反应中使用两条化学合成的寡核苷酸作为引物，分别与模板 DNA 的两条单链互补，待扩增序列片段位于两条引物之间。PCR扩增包括3个步骤，即变性、复性和延伸。反应需要模板、引物、DNA聚合酶和脱氧核糖三磷酸（dNTP）等的参与。反应混合液被加热以使模板DNA双链变性成为两条单链，随后将反应混合液冷却至引物的解链温度（T_m）以下，使引物能与靶序列形成杂交双链（复性）。当温度升至72℃左右时，反应体系中的DNA聚合酶按照模板链的序列以碱基互补方式依次把dNTP加至引物的3′端，使互补链从5′向3′方向不断延伸，直至形成新的DNA双链。通过变性、复性和延伸的一个循环可以使靶序列的分子拷贝数增加一倍。由于每次扩增的产物又作为下一次扩增的模板，因此反应产物的量以指数形式增长，一个分子的模板经过n个循环可得2^n个分子拷贝产物。

AFLP以PCR为基础，结合了RFLP、RAPD的分子标记技术。利用其在有高分辨力的测序胶上分离扩增产物，用放射性法、荧光法或银染法均可进行检测。

三、仪器、试剂与材料

1. 仪器

PCR仪、电泳仪、电泳槽等。

2. 试剂

$MgCl_2$、dNTP混合物、PCR缓冲液、ddH_2O、Taq聚合酶、PCR引物（10 pmol/L）、TBE缓冲液、电泳上样缓冲液、DNA分子标记、乙醇、冰醋酸、NaOH、疏水剂、尿素储备液、丙烯酰胺、过硫酸铵、四甲基乙二胺（TEMED）、固定液、染色液、显影液等。

3. 材料

酶切后已带接头的DNA。

四、实验内容及步骤

1. 预扩增

（1）反应体系的配制组成

双蒸水10.3 μL、缓冲液（10×Taq酶自带）2 μL、10 mmol/L dNTP 0.4 μL、50 ng/μL EA00（EA00是一段引物，序列为GTAGACTGCGTACCAATTCA）1 μL、50 ng/μL MC00（MC00是一段引物，序列为GACGATGAGTCCTGAGTAAC）1 μL、

25 mmol/L MgCl₂（*Taq* 酶自带）1.2 μL、5 U/μL *Taq* 聚合酶 0.1 μL、稀释后已连接 DNA 模板 4 μL，总体积 20 μL。

（2）PCR 反应程序

反应步骤是：①94℃预变性 2 min；②94℃变性 30 s；③56℃复性 60 s；④72℃延伸 60 s；⑤重复步骤②～④，25 个循环；⑥72℃延伸 5 min，4℃保存。

（3）稀释

取部分预扩增后溶液按 1∶25 的比例稀释（稀释比例可以自己适当调整）。将已稀释的和未稀释的溶液保存于−20℃储存。实验进行到此处可以暂停。

（4）检测

取未稀释的预扩增产物 4～6 μL 进行琼脂糖凝胶电泳检测。

2. 选择性扩增

（1）反应体系的配制组成

双蒸水 1.6 μL、缓冲液（10×*Taq* 酶自带）1 μL、10 mmol/L dNTP 0.2 μL、15 ng/μL EA00 2 μL、15 ng/μL MC00 2 μL、25 mmol/L MgCl₂ 0.6 μL、5 U/μL *Taq* 聚合酶 0.1 μL、预扩增稀释后模板 2.5 μL，总体积 10 μL。

（2）反应程序

第 1 个循环：①94℃预变性 4 min；②94℃变性 30 s；③65℃复性 30 s；④72℃延伸 60 s。

第 2～13 个循环：①94℃变性 30 s；②64～56℃复性 60 s；③72℃延伸 60 s；④重复步骤①～③，12 个循环；⑤72℃延伸 5 min，复性温度每循环一次降低 0.7℃。

第 14～36 个循环：①94℃变性 30 s；②56℃复性 60 s；③72℃延伸 60 s；④重复步骤①～③，23 个循环；⑤72℃延伸 5 min，4℃保存。

3. 变性

将 3/4 体积（或者 1/2 也可）的变性剂加入 PCR 反应产物，PCR 仪中 95℃放置 5 min，立刻保存于 4℃或置于冰上直到上样电泳。

4. 制胶

将 12 mL 5×TBE 和 25.2 g 尿素混合加水定容至 51 mL，向其中加入 9 mL 40% 的丙烯酰胺溶液、400 μL 10%过硫酸铵（AP）和 30 μL 四甲基乙二胺（TEMED）。

5. 亲水和疏水处理及灌胶

（1）长玻璃（亲水玻璃）处理

1）亲水剂制备：将 1.5 mL 95%乙醇、3 μL 亲水硅烷（hydrophilic silane）、7.5 μL 冰醋酸混合。

2）洗净玻璃板，以水沿玻璃板均匀下流为好。待晾干后再开始亲水处理。

3）先用约 2 mL 95%的乙醇涂擦玻璃板，保证板子清洁。

4）用纸巾浸亲水剂涂擦玻璃板。

5）干燥 5 min，用约 2 mL 95%的乙醇再轻轻涂擦玻璃板（以均一方向），然后再垂直方向涂擦一遍。

6）晾干约 10 min（不少于 10 min）。

（2）短玻璃（疏水玻璃）处理

1）换手套，以防亲水剂和疏水剂交叉污染。如果出现污染情况，可将玻璃浸入 10%的 NaOH 溶液中。

2）洗净玻璃板，以水沿玻璃板均匀下流为好。待晾干后再开始疏水处理。

3）用纸巾浸疏水剂涂擦玻璃板，要均匀。

4）用约 2 mL 95%的乙醇涂擦玻璃板，保证板子清洁。

5）干燥 5 min，用约 2 mL 95%的乙醇再轻轻涂擦玻璃板（以均一方向），然后再垂直方向涂擦一遍。

6）晾干约 10 min（不少于 10 min）。

7）疏水处理做一次大约可以跑 5 块胶再做，或当出现轻微扯胶情况时再做。

（3）制胶

1）将长玻璃放在水平的泡沫垫上，亲水面向上，将两个胶条平行分置于其较长的两边，然后轻轻放上疏水玻璃，疏水面向下。这样在两玻璃间形成了一个矩形空隙。用夹子夹住固定。

2）用胶带将左右两边和底边封上，留出插梳子的边（有凹边的那一边），封时要均匀不留气泡。

3）将梳子插入有凹边的缝隙，看是否容易均匀，不行要适当调整。

4）将有凹边的那边稍稍垫高，然后配胶用注射器灌入，要从一边均匀灌入，胶中不留气泡。

5）将梳子平直边插入凹口缝隙，以形成一个胶的平直端。注意其端线应与玻璃板的长边垂直。

6）让胶至少聚合 2 h。

6. 电泳

1）将电泳槽底盒装入 400 mL 1×TBE 缓冲液，上盒装入 500 mL 1×TBE 缓冲液。

2）轻轻拔掉梳子，固定玻璃于电泳仪上，倒入上盒缓冲液，用 1000 μL 移液器冲洗凹口缝隙，冲干净为好，65 V 预电泳 30 min。

3）预电泳完毕断开电源，再次冲洗缝隙，然后将梳子齿端插入凹口缝隙，其齿尖端轻轻地插进胶中，以构成点样孔。

4）点入 3.0～4.5 μL 变性后的样品。

5）80 V 电泳约 2.5 h，直到上边那条浅蓝色的指示带到离顶端 2/3 为好。

6）电泳完毕，分开两玻璃板，将固着胶的亲水板放入预先准备好的 10% 的乙酸固定液中浸泡固定脱色。

7. 银染

1）将凝胶浸在固定液（10% 乙醇，0.5% 冰醋酸）中 5 min。

2）将凝胶浸在染色液（10% 乙醇，0.5% 冰醋酸，0.2% $AgNO_3$）中 8 min。

3）在水中短时间地冲洗凝胶（5～10 s）。

4）将凝胶浸在显影液（3% NaOH，0.1% 甲醛）中，直到带纹出现。

5）将凝胶浸在固定液中固定 5 min。

五、实验结果及分析

电泳结果采用银染法观察，比较直观，但条带的统计与分析全人工化，工作量大，银染法灵敏度比荧光标记法要低。

六、注意事项

1）由于 PCR 技术的灵敏度高，极微量的污染也会造成扩增的假阳性结果。因此，必须采取相应措施避免发生污染。

2）PCR 实验应设立阴性对照反应，即在反应体系中不加模板 DNA。

3）多份样品同时扩增时，可配制总的反应混合液，并分装于 PCR 管中，然后再在各管中分别加入模板。

4）PCR 反应必须在专门的 PCR 实验室中进行，实验室应包括试剂配制室、模板制备室、PCR 扩增室和产物检测室等功能区。PCR 实验中的各个步骤应在相应的功能区中进行。

5）PCR 试剂与模板 DNA 及样品应分别保存于不同功能区的冰箱中。

6）操作时应戴手套，配制反应体系和加模板时应分别使用专用的移液器，所有耗材使用前必须经高压灭菌，用后按规定处理并丢弃在指定容器中。

七、思考题

1）简述 PCR 各组分在反应中的作用。

2）降低复性温度、延长变性时间会对反应有何影响？

3）比较采用银染法和荧光标记法分析 AFLP 结果的优缺点。

实验十一　酸性磷酸酯酶的特性分析

磷酸酯酶可以将磷酸单酯化合物中的磷酸单酯键切断而使磷酸基游离，使底物去磷酸化。去磷酸化可以使一个酶激活或失活，也可以使蛋白质分子间发生相互作用，因此，它在核苷酸、磷脂、磷蛋白的代谢及磷酸的利用中起着重要作用，是酶动力学研究的好材料；它是许多信号转导通路中控制磷酸化所需的酶；磷酸酯酶还在酶联免疫吸附测定（ELISA）中广泛应用于抗原、抗体的检测。

酸性磷酸酯酶（acid phosphatase，EC3.1.3.2）广泛存在于植物种子、霉菌和动物肝脏中，能催化磷酸单酯键水解，是一种能在酸性条件下催化底物去磷酸化的酶。它的底物一般含有一个或多个磷酸根，在酸性磷酸酯酶的作用下进行水解，生成磷酸。人血清酸性磷酸酯酶的最适 pH 为 5～6，最适温度为 37℃。研究酸性磷酸酯酶的提取、纯化具有较大的学术意义和经济价值。

实验 11-1　酶促反应进程曲线的制作和酶活力测定

一、实验目的

掌握胞内酶的提取方法，学习移液器、冷冻高速离心机的使用；学习制作酶促反应进程曲线，掌握测定酶促反应速率的方法，学会计算酶活力。

二、实验原理

本实验将绿豆芽细胞破碎，释放出细胞内的酸性磷酸酯酶，离心除去植物纤维和细胞碎片等杂质，得到酸性磷酸酯酶的粗酶溶液。

酶活力是指酶催化某一化学反应的能力，其大小可用一定条件下酶所催化的某一反应的反应速率来表示。而酶促反应速率可用单位时间内产物浓度的增加量或底物浓度的减少量来表示，以产物浓度对反应时间作图，曲线上任何一点的斜率就是该时间的反应速率（图 11-1-1）。这条曲线就是酶促反应进程曲线，是反映酶促反应产物生成量（或底物减少量）与反应时间之间关系的曲线。

该曲线的起始部分在一段时间范围内呈直线，但随着反应时间的延长，曲线的斜率不断下降，说明反应速率逐渐降低，显然这时测得的反应速率不能代表真

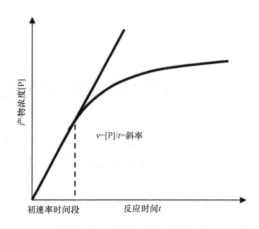

图 11-1-1 酶促反应进程曲线

实的酶活力。因此，要真实反映出酶活力的大小，就应该在产物浓度与酶促反应时间成正比的时间段内进行测定。换言之，测定酶活力应该在酶促反应进程曲线的初速率时间范围内进行。制作酶促反应进程曲线、求出酶促反应初速率的时间范围是酶动力学性质研究的组成部分和实验基础。

酸性磷酸酯酶可以催化磷酸苯二钠（底物）水解生成酚和无机磷（产物）：

$$C_6H_5-O-\overset{\overset{\displaystyle ONa}{|}}{\underset{\underset{\displaystyle ONa}{|}}{P}}=O+H_2O \xrightleftharpoons{\text{酶}} C_6H_5-OH+Na_2HPO_4$$

酶活力单位（U）定义为在特定条件下（最适温度、pH 和底物浓度），每分钟（min）催化 1 μmol 底物转化或生成 1 μmol 产物所需要的酶量。因此可用福林-酚法测定产物酚或用定磷法测定无机磷来表示酸性磷酸酯酶的酶活力。本实验采用福林-酚法测定酶活力：酚类化合物在碱性条件下与福林-酚试剂反应生成钼蓝和钨蓝混合物（呈蓝色反应），并且溶液颜色的深浅与酚类物质的含量成正比关系，即产物含量与 A_{680} 成正相关。

三、仪器、试剂与材料

1. 仪器

冷冻高速离心机、分光光度计、恒温水浴箱、电子天平、移液器、研钵、试管、漏斗等。

2. 试剂

1）5 mmol/L 磷酸苯二钠溶液（pH5.6）。2.54 g 磷酸苯二钠（$C_6H_5Na_2PO_4 \cdot 2H_2O$）

溶解于蒸馏水并定容至 100 mL，配成 100 mmol/L 磷酸苯二钠溶液，密闭保存。临用时用 0.2 mol/L 乙酸盐缓冲液（pH5.6）稀释 20 倍，即得 5 mmol/L 磷酸苯二钠溶液。

2）0.2 mol/L 乙酸盐缓冲液（pH5.6）。

3）1 mol/L 碳酸钠溶液。

4）福林-酚试剂。于 1000 mL 磨口回流装置内加入 50 g 钨酸钠（Na$_2$WO$_4$·2H$_2$O）、12.5 g 钼酸钠（Na$_2$MoO$_4$·2H$_2$O）、350 mL 蒸馏水、25 mL 85% 磷酸、50 mL 浓盐酸。微火回流 10 h 后加 75 g 硫酸锂、25 mL 蒸馏水和数滴液体溴后摇匀。煮沸 15 min 以去除残溴，溶液呈黄色，略带绿色，如仍呈绿色须重复滴加液体溴的步骤。冷却后定容到 500 mL。过滤，置于棕色瓶中可长期保存。临用时用蒸馏水稀释 3 倍。

5）0.5 mmol/L 酚标准应用液。精确称取分析纯的结晶酚 0.94 g 溶于 0.1 mol/L 的 HCl 溶液中，定容至 1000 mL，即为酚标准贮存液，贮存于冰箱可长期保存，此时的酚浓度约为 0.01 mol/L。临用时将贮存液用蒸馏水稀释 20 倍，即得 0.5 mmol/L 酚标准应用液。

3. 材料

纱布、一次性塑料手套、离心管、绿豆芽。

四、实验内容及步骤

1. 酶液的提取

戴上手套，去掉绿豆芽的根和叶；称取 10 g 样品，在冰浴上彻底研碎，静置 45 min 后用双层纱布挤滤到离心管中；将平衡好的一对离心管对称放入离心机，于 4℃、8000 r/min 离心 20 min。将上清液转入量筒中（注意不要把沉淀倒入，少量接近沉淀物的上清液需过滤后并入量筒中）测量其体积，然后倒入离心管中，盖紧离心管盖，作为"原酶液"备用。剩余的酶液放在冰箱中冷冻保存（-20℃）。

2. 酶促反应进程曲线的制作

取试管 12 支，编号，按表 11-1-1 和表 11-1-2 的加样顺序进行操作。

以 A_{680} 为纵坐标、反应时间为横坐标绘制酶促反应进程曲线，并求出初速率时间范围。

表 11-1-1　酶促反应操作安排

管号	1	2	3	4	5	6	7	8	9	10	11	0
磷酸苯二钠溶液						各 0.5 mL						
						35℃预热 2 min						
稀释酶液（35℃预热）	各 0.5 mL，一加入就计时，注意合理安排各管的加入时间，最好先加第 11 管，隔 1 min 再加第 10 管（反应时间安排见表 11-1-2）。											先不加酶液
反应时间/min	3	5	7	10	12	15	20	25	30	40	50	
碳酸钠溶液						各 5 mL（用于终止反应）						
福林-酚溶液						各 0.5 mL						
0 号试管加入酶液 0.5 mL；35℃保温显色 10 min 以上；冷却后以 0 号管作空白，测其余各管的 A_{680}												
A_{680}												

表 11-1-2　酶促反应时间安排

管号	1	2	3	4	5	6	7	8	9	10	11
酶液加入时刻/min（11 号试管最先加样）	10	9	8	7	6	5	4	3	2	1	0
碳酸钠溶液加入时刻/min	13	14	15	17	18	20	24	28	32	41	50

3. 酶活力测定

（1）酚标准曲线的制作

取试管 6 支，编号，按表 11-1-3 操作。

表 11-1-3　酚标准曲线的制作

试管	0	1	2	3	4	5
酚标准应用液/mL	0	0.2	0.4	0.6	0.8	1.0
pH5.6 的乙酸盐缓冲液/mL	1.0	0.8	0.6	0.4	0.2	0
碳酸钠溶液/mL	5.0	5.0	5.0	5.0	5.0	5.0
福林-酚试剂/mL	0.5	0.5	0.5	0.5	0.5	0.5
摇匀，在 35℃保温显色 10 min 以上；冷却后以 0 号管作空白，测其余各管的 A_{680}						
A_{680}						

以 0 号试管为空白，测其余各管的 A_{680}；以 A_{680} 为纵坐标、酚标准应用液的体积（mL）为横坐标绘制标准曲线。

（2）酶活力的测定

取 4 支试管，编号，按表 11-1-4 操作。

表 11-1-4　酶活力的测定

管号	1′（平行做三份）	0′
磷酸苯二钠溶液/mL	0.5	0.5
	35℃预热 2 min	
酶液（35℃预热过的）/mL（一加入就计时）	0.5	0
	摇匀，35℃精确反应 10 min 后立即各加入碳酸钠溶液 5 mL	
福林-酚试剂/mL	0.5	0.5
	0′号试管加入酶液 0.5 mL	
	摇匀，35℃保温显色 10 min 以上	
A_{680}		

（3）酶活力的计算

酶活力单位的定义：将在酶促反应的最适条件下每分钟生成 1 μmol 产物所需要的酶量规定为一个酶活力单位。根据 1′号试管的 $\overline{A}_{680}$ 通过标准曲线计算出对应的酚标准应用液的体积（V，mL），因此 1 mL 原酶液中含有的酶活力：

$$酶活力=\frac{c \times V \times n}{t \times 测量时所取稀释酶液的体积}$$

式中，c 为酚标准应用液的浓度（mmol/L，即 μmol/mL）；V 为根据 1′号管 $\overline{A}_{680}$ 通过标准曲线计算出的对应酚标准液的体积（mL）；n 为酶的稀释倍数；t 为反应时间（min）。

五、实验结果及分析

1）绘制出酸性磷酸酯酶的酶促反应进程曲线图。
2）原酶液稀释多少倍比较合适？

六、注意事项

1）酶促反应要保持温和条件，反应液要避免剧烈搅拌或振荡。
2）加样顺序要正确（否则无法显色），加样量要准确，反应时间要精确，试管内的试剂要混匀。

七、思考题

1）在研钵中将豆芽彻底研碎起什么作用？离心管中的沉淀物可能是哪些成分？
2）加入 Na_2CO_3 的作用是什么？

3）测定酶活力应该在酶促反应进程曲线的哪段时间范围内进行？为什么？

4）空白管中为什么最后才加酶液？你还可以设计出另一种空白管吗？

实验 11-2　酸性磷酸酯酶的 K_m 和 V_{max} 测定

一、实验目的

掌握米氏常数（K_m）和最大反应速率（V_{max}）的测定原理与实验方法；学会绘制双倒数图，测定酸性磷酸酯酶的 K_m 和 V_{max}。

二、实验原理

根据中间络合物学说，可以推导出反应速率与底物浓度之间相互关系的米氏方程：

$$v = \frac{V_{max}[S]}{K_m + [S]}$$

式中，[S]为底物浓度，v 为反应速率，V_{max} 为最大反应速率，K_m 为米氏常数。K_m 等于反应速率达到最大反应速率一半时的底物浓度，米氏常数的单位就是浓度单位（mol/L 或 mmol/L）。

K_m 是酶的特征性常数，测定 K_m 和 V_{max}（特别是 K_m）是酶学工作的基本内容之一。当一种酶能够作用于几种不同的底物时，K_m 往往可以反映出酶与各种底物的亲和力强弱，K_m 值越小，说明酶与底物的亲和力越强，K_m 值最小的底物就是酶的最适底物。一般通过作图法测定 K_m 和 V_{max}。作图方法很多，其共同特点是先将米氏方程变换成直线方程，然后作图。本实验在测定酸性磷酸酯酶以磷酸苯二钠为底物的 K_m 和 V_{max} 时，采用双倒数作图法（Lineweaver-Burk 法）：

$$\frac{1}{v} = \frac{K_m}{V_{max}} \cdot \frac{1}{[S]} + \frac{1}{V_{max}}$$

然后以 $1/v$ 对 $1/[S]$作图，得到一条直线。这条直线在横轴上的截距为$-1/K_m$，在纵轴上的截距为 $1/V_{max}$（图 11-2-1）。由此即可求得 K_m 和 V_{max}。

三、仪器、试剂与材料

1. 仪器

分光光度计、恒温水浴锅、干燥箱、移液器、试管等。

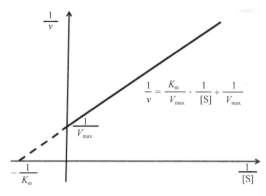

图 11-2-1 双倒数作图法

2. 试剂

1）酸性磷酸酯酶酶液。取原酶液用 0.2 mol/L 乙酸盐缓冲液（pH5.6）稀释 20～30 倍。

2）0.5 mmol/L 酚标准应用液。精确称取分析纯的结晶酚 0.94 g 溶于 0.1 mol/L HCl 溶液中，定容至 1000 mL，即为 0.01 mol/L 酚标准贮存液，贮存于冰箱备用。临用时将贮存液用蒸馏水稀释 20 倍，即得 0.5 mmol/L 酚标准应用液。

3）5 mmol/L 磷酸苯二钠溶液（pH5.6）。

4）0.2 mol/L 乙酸盐缓冲液（pH5.6）。

5）福林-酚试剂。

6）1 mol/L 碳酸钠溶液。

四、实验内容及步骤

将试管洗净，置于干燥箱内 120℃烘干。

1. 酚标准曲线的制作

取 6 支试管，编号，按照表 11-2-1 操作。

表 11-2-1 酚标准曲线的制作

试管	0	1	2	3	4	5
酚标准应用液/mL	0	0.2	0.4	0.6	0.8	1.0
pH5.6 的乙酸盐缓冲液/mL	1.0	0.8	0.6	0.4	0.2	0
碳酸钠溶液/mL	5.0	5.0	5.0	5.0	5.0	5.0
福林-酚试剂/mL	0.5	0.5	0.5	0.5	0.5	0.5
摇匀，在 35℃保温显色 10 min；以 0 号管为空白，测其余各管的 A_{680}						
A_{680}						

以 A_{680} 为纵坐标、酚标准应用液的浓度（c，mmol/L）为横坐标作酚标准曲线。

2. K_m 和 V_{max} 的测定

取 7 支试管、编号（表 11-2-2）。1～6 号管加入不同体积的 5 mmol/L 磷酸苯二钠溶液（pH5.6），并分别补充 0.2 mol/L 乙酸盐缓冲液（pH5.6）至 0.5 mL。35℃预热 2 min 左右后，逐管加入 35℃预热过的酸性磷酸酯酶酶液 0.5 mL，开始计时，摇匀，精确反应 10 min。酶液加入时为起始时间，碳酸钠溶液加入时为终止时间。反应时间到达后立即加入 5 mL 1 mol/L 碳酸钠溶液，再加入 0.5 mL 福林-酚试剂，摇匀，35℃保温显色约 10 min。

0 号管内先加入 0.5 mL 5 mmol/L 磷酸苯二钠溶液（pH5.6），再加入 5 mL 1 mol/L 碳酸钠溶液和 0.5 mL 福林-酚试剂，最后加入 0.5 mL 酶液，其他操作与 1～6 管相同。

表 11-2-2 K_m 和 V_{max} 的测定

管号	1	2	3	4	5	6	0
磷酸苯二钠溶液/mL	0.1	0.14	0.2	0.25	0.33	0.5	0.5
pH5.6 乙酸盐缓冲液/mL	0.4	0.36	0.3	0.25	0.17	0	0
			35℃预热 2 min 左右				
35℃预热过的酶液/mL（一加入就计时，此为起始时刻）	0.5	0.5	0.5	0.5	0.5	0.5	暂不加
		摇匀，35℃精确反应 10 min（注意合理安排各试管的酶液加入时间）					
		各管内均加入 1 mol/L 碳酸钠溶液 5 mL、福林-酚溶液 0.5 mL，摇匀					
		向 0 号试管加入酶液 0.5 mL					
		摇匀，所有试管在 35℃保温显色约 10 min。以 0 号管为空白，测各管的 A_{680}					

五、实验结果及分析

根据 A_{680} 通过标准曲线计算出对应的酚标准应用液浓度（c，mmol/L），即产物的浓度 $[P] = c$（mmol/L），因此各种底物浓度下的反应速率 $v = c\div10$ [mmol/（L·min）]，取相应的倒数，填入表 11-2-3 内。以 $1/v$ 为纵坐标，$1/[S]$ 为横坐标用 Excel 画出双倒数图，得到双倒数方程。根据双倒数方程求出 K_m 和 V_{max}。

六、注意事项

1）实验应在初速率时间范围内进行。
2）配制不同浓度的底物溶液时应该用同一母液进行稀释。
3）各种试剂的加入量应非常精确，加样顺序不得搞错。
4）要严格控制酶促反应时间，做到准确无误。

表 11-2-3　记录与计算汇总

管号	1	2	3	4	5	6
[S]/（mmol/L）	0.5	0.7	1.0	1.25	1.65	2.5
1/[S]	2.0	1.429	1.0	0.8	0.606	0.4
A_{680}						
[P] = c/（mmol/L）						
v/ [mmol/（L·min）]						
1/v						
双倒数方程						
K_m						
V_{max}						

5）要将酶液稀释到合适的浓度。

七、思考题

1）为什么要用双倒数作图法而不是直接用米氏曲线来求米氏常数？

2）双倒数作图法测定米氏常数的实验中，决定实验成败的因素有哪些？

实验 11-3　离子交换层析法纯化酸性磷酸酯酶

一、实验目的

学习离子交换层析法分离、纯化蛋白质的原理及方法；掌握装柱、洗脱、收集等离子交换层析的基本技术。

二、实验原理

在某一 pH 时，蛋白质分子解离成阳离子和阴离子的趋势相等，成为兼性离子，分子表面净电荷为零，该 pH 称为蛋白质的等电点（pI）。蛋白质处于不同 pH 时，其带电状况不同：当溶液的 pH>pI 时，该蛋白质带负电荷；反之 pH<pI 时，该蛋白质带正电荷；pH=pI 时该蛋白质表面净电荷为零，即不带电荷。改变溶液的 pH，蛋白质的带电情况随之发生改变。

根据混合物中各组分离子与离子交换剂的结合力不同，从而将其进行分离纯化的方法称为离子交换层析。离子交换层析的固定相是离子交换剂，流动相是洗脱剂。离子交换剂包括三个部分：高分子聚合物、电荷基团、平衡离子，即离子交换剂是由不溶于水的惰性高分子聚合物基质与某种电荷基团共价连接而成的，该电荷基团又与相反的离子（称为平衡离子或反离子）结合。平衡离子能够与溶液中的其他离子发生可逆的交换反应。阳离子交换剂的平衡离子带正电荷，因此能与混合组分中带正电的离子发生交换作用；阴离子交换剂的平衡离子带负电荷，因此能与混合组分中带负电的离子发生交换作用。

纤维素、葡聚糖、琼脂糖等离子交换剂亲水性较强，适合分离蛋白质等大分子物质。DEAE-纤维素为二乙氨乙基（弱碱性）纤维素，是阴离子交换剂，可与被分离物质中的阴离子发生交换，所以带负电荷的蛋白质留在柱子上。洗脱时，结合力弱的蛋白质先被洗脱；然后通过提高洗脱液中的盐浓度等措施，将吸附在柱子上的蛋白质洗脱下来。

由于不同蛋白质在某一 pH、离子强度溶液中所带电荷各不相同，故与离子交换剂的结合力也各不相同，从而可以在洗脱过程中按先后顺序洗出，达到分离的目的。带电量少、结合力小的先被洗脱下来；带电量多、结合力大的后被洗脱下来。对于组分复杂的蛋白质溶液，可以采用梯度洗脱或阶段洗脱的方法进行分离、纯化。

三、仪器、试剂与材料

1. 仪器

梯度混合器、恒流泵、层析柱（ϕ2.0 cm×20 cm）、紫外检测仪、记录仪、自动部分收集器、10 mL 刻度试管、250 mL 烧杯、吸量管等。

2. 试剂

1）DEAE-纤维素（二乙氨乙基纤维素，弱碱型阴离子交换剂）DE-52。

2）初始缓冲液（0.005 mol/L pH6.8 磷酸缓冲液）。称取 0.8446 g $Na_2HPO_4 \cdot 12H_2O$ 和 0.3979 g $NaH_2PO_4 \cdot 2H_2O$，用蒸馏水溶解、定容至 1000 mL。

3）极限缓冲液（0.5 mol/L pH6.8 磷酸缓冲液）。称取 43.8820 g $Na_2HPO_4 \cdot 12H_2O$ 和 19.8938 g $NaH_2PO_4 \cdot 2H_2O$，用蒸馏水溶解、定容至 500 mL。

4）0.5 mmol/L 酚标准应用液。精确称取分析纯的结晶酚 0.94 g 溶于 0.1 mol/L HCl 溶液中，定容至 1000 mL，即为 0.01 mol/L 酚标准贮存液，贮存于冰箱备用。临用时将贮存液用蒸馏水稀释 20 倍，即得 0.5 mmol/L 酚标准应用液。

5）5 mmol/L 磷酸苯二钠溶液（pH5.6）。

6）0.2 mol/L 乙酸盐缓冲液（pH5.6）。

7）福林-酚试剂。

8）1 mol/L 碳酸钠溶液。

9）100 μg/mL 牛血清白蛋白（BSA）。称取 10 mg BSA 用蒸馏水溶解、定容至 100 mL，制成 100 μg/mL 标准蛋白质溶液。

10）考马斯亮蓝 G-250。100 mg 考马斯亮蓝 G-250，加 50 mL 95%乙醇，加 100 mL 85% H$_3$PO$_4$，加蒸馏水稀释至 1000 mL，用两层滤纸过滤，室温下可放置一个月。

3. 材料

酸性磷酸酯酶酶液。取原酶液用 0.2 mol/L 乙酸盐缓冲液（pH5.6）稀释 20～30 倍。

四、实验内容及步骤

1. DEAE-纤维素的处理

将 DEAE-纤维素 10～15 g 放入烧杯，用适量蒸馏水浸泡过夜；用布氏漏斗抽干后放入烧杯，加适量 0.5 mol/L NaOH 溶液搅拌浸泡 2～3 h；在布氏漏斗上抽至中性，放入烧杯，加适量 0.5 mol/L HCl 溶液搅拌浸泡 2～3 h；在布氏漏斗上抽至中性，再次用 0.5 mol/L NaOH 溶液搅拌浸泡 0.5～1 h，用双层滤纸抽滤后，放入烧杯，加适量初始缓冲液浸泡待用。

2. 装柱

垂直装好层析柱，关闭出口。将处理好的 DEAE-纤维素溶液搅匀，加入到层析柱内，使 DEAE-纤维素沉积高达 10～12 cm，柱表面保留 3 cm 高的缓冲液。若装柱时发现缓冲液过多，可打开底部出口，使缓冲液缓慢流出。

装柱要求连续、均匀，无纹格、无气泡、不分层，表面平整；缓冲液液面不得低于纤维素表面，否则要重新装柱。

3. 平衡

按照梯度混合器—恒流泵—层析柱—紫外检测仪—自动部分收集器的顺序连接好仪器。开动恒流泵，以 0.5 mL/min 的流速平衡 2～3 h（直至流出液 pH 与缓冲液 pH 相同，可用 pH 试纸或 pH 计测量，需 2～3 倍柱床体积）。

4. 上样

关闭恒流泵，揭去层析柱上口盖子，待柱内液体流至柱床表面上 1 mm 时关闭出口。用吸管沿管壁四周小心加入 1 mL 样品溶液，慢慢打开出口，让样品溶液缓慢渗入柱中；当样品液面与柱面相平时关闭出口。用吸管取少量缓冲液（约 0.5 mL）冲洗柱内壁，慢慢打开出口，使凹液面降至与柱表面相平时关闭；如此清洗 3 次。最后沿管壁加缓冲液至液面高出柱面 3 cm 左右；重新装好层析柱。

加样时应避免冲破柱表面；避免将样品全部加在某一局限部位。

5. 梯度洗脱

梯度混合仪的混合瓶中加入 160 mL 初始缓冲液，贮液瓶中加入 80 mL 极限缓冲液。以 5 mL/10 min 的流速，先用足够量的初始缓冲液洗脱不发生交换的物质（形成穿透峰，即洗下没有结合的蛋白质），然后再进行梯度洗脱。洗脱液用自动部分收集器收集，每管 5 mL。

6. 测定酶活力

用测定酸性磷酸酯酶酶活力的方法测定各蛋白峰洗脱管的酶活力，同时采用考马斯亮蓝 G-250 法（Bradford 法）测定酶蛋白的含量。

选择有酶活力的峰进行透析，PEG 包埋过夜，冷冻干燥得精制酶粉。

五、实验结果及分析

1）绘制离子交换层析的洗脱曲线，标出酸性磷酸酯酶所在的洗脱峰。

2）根据实验数据计算结果，并填入表 11-3-1。

表 11-3-1　记录与计算汇总

待测样品	酶粉质量/mg 酶液体积/mL	酶蛋白总质量/mg	酶的比活力/（U/mg）	总活力/U	纯化倍数	回收率/%
粗酶粉						
层析后酶液						
精制酶粉						

$$\text{酶的比活力（U/mg）} = \frac{\text{酶的活力}}{\text{酶蛋白的质量}}$$

$$\text{酶的纯化倍数} = \frac{\text{纯化后的比活力}}{\text{纯化前的比活力}}$$

$$\text{回收率（产率）} = \frac{\text{纯化后的总活力}}{\text{纯化前的总活力}} \times 100\%$$

六、注意事项

1）洗脱速度要保持恒定。慢洗脱比快洗脱的分辨率好。如果洗脱峰相对集中在某个区域，造成重叠，则应当降低洗脱速度，提高分辨率（或缩小梯度范围）；若分辨率较好，但洗脱峰过宽，则可适当提高洗脱速度。

2）层析后最好用 0.5 mol/L NaOH（含 2 mol/L NaCl）洗 5 个柱床体积，再用蒸馏水洗 5 个柱床体积，然后将纤维素用 20%乙醇保存在 4℃冰箱中。

3）由于 DEAE-纤维素使用后带有大量杂蛋白，因此再生时，先用 0.5 mol/L NaOH 浸洗，然后用去离子水洗至 pH8 左右，再用 pH6.8 磷酸缓冲液浸泡转型，即可再使用。

七、思考题

哪些因素会影响离子交换层析效果？

实验 11-4 SDS-PAGE 测酸性磷酸酯酶的相对分子质量

一、实验目的

了解 SDS-PAGE 测定蛋白质相对分子质量以及检测样品中蛋白质组分的原理。学习并掌握制胶、点样、电泳、染色、脱色等技术。

二、实验原理

四甲基乙二胺（TEMED）催化过硫酸铵$(NH_4)_2S_2O_8$（AP）生成硫酸自由基，自由基中的氧激活单体丙烯酰胺（Acr）聚合成长链，交联剂亚甲基双丙烯酰胺（Bis）将 Acr 长链交联成三维网状结构的凝胶，即聚丙烯酰胺凝胶（PAG）。以此凝胶为支持物的电泳称为聚丙烯酰胺凝胶电泳（polyacrylamide gelelectrophoresis，PAGE）。

PAG 有下列特性：①在一定浓度时，凝胶透明，有弹性，机械性能好；②化学性能稳定，与被分离物不起化学反应，在很多溶剂中不溶；③在 pH 和温度变化时较稳定；④几乎无吸附和电渗作用，若 Acr 纯度高，操作条件一致，则样品分离重复性好；⑤样品不易扩散，且用量少，其灵敏度可达 6~10 μg；⑥凝胶孔径可调节，根据被分离物的相对分子质量选择合适的浓度，通过改变单体及交联剂的浓度调节凝胶的孔径；⑦分辨率高，尤其在不连续凝胶电泳中，集浓缩、分子筛和电荷效应为一体。因而较醋酸纤维薄膜电泳、琼脂糖凝胶电泳等有更高的分辨率。

PAGE 分为连续系统与不连续系统两大类。不连续系统由浓缩胶、分离胶和电极缓冲液组成：浓缩胶是大孔胶，凝胶缓冲液为 pH6.8 的 Tris-HCl（Tris 即三羟甲基氨基甲烷）；分离胶是小孔胶，凝胶缓冲液为 pH8.8 的 Tris-HC1；电极缓冲液是 pH8.3 的 Tris-甘氨酸。2 种孔径的凝胶、2 种缓冲体系、3 种 pH 使不连续体系形成了凝胶孔径、pH、缓冲液离子成分的不连续性。

普通凝胶电泳分离大分子物质，主要依赖于各分子所带电荷的多少、相对分子质量的大小及其分子形状。而要利用凝胶电泳测定大分子的相对分子质量，就必须将大分子所带电荷和分子形状差异所引起的效应去掉或将其减少到可以忽略不计的程度，从而使大分子的迁移率完全取决于它的相对分子质量。为了达到该目的，常用的方法是在电泳体系中加入一定浓度的十二烷基硫酸钠（sodium dodecylsulfate，SDS）。SDS 是一种阴离子表面活性剂，它能破坏蛋白质分子的氢键和疏水键，使蛋白质变性为松散的线状，在强还原剂 β-巯基乙醇或二硫苏糖醇（DTT）的存在下，蛋白质分子内的二硫键被打开并解聚成多肽链，解聚后的蛋白质分子与 SDS 充分结合，每两个氨基酸残基结合一个 SDS 分子，形成带负电荷的蛋白质-SDS 复合物。蛋白质-SDS 复合物所带的负电荷大大超过了蛋白质分子原有的电荷量，这就消除了不同种类蛋白质分子之间原有的电荷差异，而且此复合物的形状为长椭圆棒，它的短轴对不同的蛋白质亚基-SDS 复合物基本上是相同的，约为 1.8 nm，但长轴的长度则与蛋白质亚基相对分子质量的大小成正比，因此这种复合物在 SDS-PAGE 中的电泳迁移率不再受蛋白质原有电荷和分子形状的影响，而主要取决于椭圆棒的长轴长度即蛋白质亚基相对分子质量的大小。电泳迁移率与相对分子质量的对数呈线性关系：

$$\lg Mr = K_1 - K_2 \times \mu_R$$

式中，Mr 为相对分子质量；μ_R 为相对迁移率；K_1、K_2 为常数。

实验证明，相对分子质量为 12 000～200 000（17 000～165 000）的蛋白质，用此法测得的相对分子质量，与用其他方法测得的相对分子质量相比，误差一般在±10%以内，重复性高。此方法还具有设备简单、样品用量甚微、操作方便等优点，现已成为测定某些蛋白质相对分子质量的常用方法。此方法虽然适用于大多数蛋白质相对分子质量的测定，但对于一些蛋白质，如带有较大辅基的蛋白质（如某些糖蛋白）、结构蛋白（如胶原蛋白）、电荷异常或构象异常的蛋白质和一些含二硫键较多的蛋白质（如一些受体蛋白）等是不适用的，因为它们在 SDS 体系中，电泳的相对迁移率与相对分子质量的对数不呈线性关系。

凝胶浓度的选择与被分离物质的相对分子质量密切相关：相对分子质量（Mr）在 10 000～50 000 时，宜用 15%的凝胶；Mr 在 15 000～100 000 时，宜用 10%的凝胶；Mr 在 30 000～200 000 时，宜用 5%的凝胶。

SDS-PAGE 不仅能测定未知蛋白质的相对分子质量，也能检测样品中蛋白质的组成情况，根据电泳图谱中区带的存在与否、颜色深浅以及所处的相对分子质量范围，可以判断样品中是否含有某种蛋白质，有哪些杂蛋白组分，各蛋白质组分的相对含量等信息。本实验采用垂直板 SDS-PAGE 检测从绿豆芽中提取的酸性磷酸酯酶以及杂蛋白的组成情况，并测定酸性磷酸酯酶的相对分子质量。酸性磷酸酯酶的相对分子质量约为 55 000，因此选择 10% 的凝胶。

三、仪器、试剂与材料

1. 仪器

DYY-12 型电泳仪、DYCZ-24DN 电泳槽、吹风机、恒温振荡器、pHS-3C 型 pH 计、制胶器、玻璃板、试样格、斜插板、移液器等。

2. 试剂

1）凝胶贮备液。30 g 丙烯酰胺，0.8 g 亚甲基双丙烯酰胺，溶于重蒸馏水定容至 100 mL，过滤后置棕色瓶或外包锡纸于 4℃ 贮存，一个月内使用。

2）分离胶缓冲液（1.5 mol/L Tris-HCl，pH8.8）。Tris 181.5 g 溶于 800 mL 重蒸馏水，用浓 HCl 调至 pH8.8，以重蒸馏水定容至 1000 mL。

3）浓缩胶缓冲液（1.0 mol/L Tris-HCl，pH6.8）。Tris 121 g 溶于 600 mL 重蒸馏水，用浓 HCl 调至 pH6.8，以重蒸馏水定容至 1000 mL。

4）10%（m/V）SDS。10 g 的 SDS 定容于 100 mL 重蒸馏水中，SDS 用分析纯。

5）10%（m/V）过硫酸铵（AP）。10 g 过硫酸铵定容于 100 mL 重蒸馏水中，使用当天现配现用。

6）四甲基乙二胺（TEMED）。

7）电极缓冲液（pH8.3）。Tris 30.3 g，甘氨酸 144.2 g，SDS 10 g，溶于重蒸馏水并定容至 1000 mL，使用时稀释 10 倍。

8）0.1% 溴酚蓝。溶于无水乙醇或者 1.0 mol/L Tris-HCl 缓冲液。

9）2 倍样品稀释液。10% 的 SDS 4.5 mL、β-巯基乙醇 1 mL、甘油 2 mL、0.1% 溴酚蓝 1 mL、1 mol/L Tris-HCl（pH6.8）1.5 mL，总体积为 10 mL。按每份 1 mL 分装于 EP 管中，−20℃ 贮存。用此液制备样品时，样品若为固体，则应稀释 1 倍使用；样品若为液体，则加入与样品等体积的溶液混合即可。

10）Marker 预染标准蛋白质。分装后贮存于 −20℃ 冰箱中备用。

11）脱色液。250 mL 乙醇，80 mL 冰醋酸，用重蒸馏水定容至 1000 mL。

12）染色液。0.29 g 考马斯亮蓝 R-250 溶解在 250 mL 脱色液中。

13）自制的粗酶溶液。

3. 材料

EP 管、泡沫架、酒精棉球。

四、实验内容及步骤

1. 制板

洗净玻璃板、试样格（加样梳），用蒸馏水冲洗后将其晾干或吹干。将玻璃板正确放入电泳槽主体内，插上斜插板；将其放在制胶器上，安装拧紧。

2. 制胶

（1）制备 10% 的分离胶

根据凝胶板的大小和厚度，计算出所需分离胶的体积，按照 SDS-PAGE 分离胶配方在小烧杯中按照添加顺序配制一定体积的 10% 分离胶，混匀。

迅速用移液器吸取胶液，加至平、凹玻璃板间的间隙中，注意加胶要迅速，当分离胶液面距离试样格齿下缘 0.8 cm 处时停加胶液。然后轻而快地向胶面上注入重蒸水，以便去除气泡、隔绝空气，并利用水的压力将分离胶压成一条直线。在室温下放置 40~60 min，凝胶与水之间出现清晰的界面时，表明分离胶已完全凝聚。然后倒掉胶面上的重蒸水，用小滤纸条吸干。

（2）制备 5% 的浓缩胶（堆积胶，积层胶）

计算出所需浓缩胶的体积，按照 SDS-PAGE 浓缩胶配方在小烧杯中按照添加顺序配制一定体积的 5% 浓缩胶，混匀。

迅速用移液器吸取胶液，灌注在分离胶上，直至浓缩胶的液面快到凹玻璃板顶部，插入试样格，直到浓缩胶完全、充分聚合（一般为 30~40 min）。

等浓缩胶充分凝聚后放松制胶器手柄，将内槽整体取出。把内槽放入外槽中，分别向内槽、外槽中慢慢加入电极缓冲液，内槽中的电极缓冲液应该没过凝胶板短板上沿。垂直向上均匀用力拔出试样格。

3. 样品处理

取自制的酶液 0.1 mL，在 EP 管中与 2× 样品稀释液等体积混匀，密闭，插到泡沫架上，将泡沫架放到沸水浴中加热 5 min，取出，冷却至室温备用。

4. 点样

用移液器吸取 1.5 μL 预染的（Marker）分子标记，点在中央点样孔中；取 10~15 μL 处理过的样品溶液，点在其他点样孔中，保证每孔点样 10~20 μg 蛋白质。记住点样孔的位置。

5. 电泳

对准电泳槽芯的正负电极，盖上电泳槽的盖子。将电极插到电泳仪上的正、负极插孔中，插上电泳仪的电源插头。打开电源开关，设置电泳模式（一般设置为标准模式、稳压电泳）。开始时将电压设置为 60～80 V，按"启动"键开始电泳。当溴酚蓝指示剂进入分离胶后，将电压调到 100～120 V，继续电泳，直至蓝色迁移至距离凝胶下端约 1 cm 时，停止电泳。

6. 染色

打开电泳槽盖子，取出凝胶板。用塑料撬片在两块玻璃板之间轻轻撬动，将胶面与平面玻璃板分开；用塑料撬片将凝胶与毛玻璃边割离，切掉浓缩胶；轻轻掀起凝胶底端，将凝胶板翻过来，放入有水的塑料盒中，轻轻抖动凝胶板，让凝胶在重力的作用下自然落入水中。倒掉蒸馏水，加入适量的染色液，置于 60℃恒温振荡器中密闭染色 10～15 min，回收染色液。

7. 脱色

先用蒸馏水洗去凝胶表面的残余染色液，加入脱色液浸没凝胶，加盖密闭，置于 60℃恒温振荡器中脱色过夜，根据脱色情况可更换脱色液几次，至凝胶背景无色透明。

五、实验结果及分析

酸性磷酸酯酶的相对分子质量约为 55 000，根据 Marker 蛋白的相对分子质量在电泳图谱中判断样品中是否含有酸性磷酸酯酶，是否含有杂蛋白，并由区带颜色的深浅推测酸性磷酸酯酶和杂蛋白的相对含量。

由 Marker 蛋白的相对分子质量及其迁移率，绘制 lgMr-μ_R 图。根据酸性磷酸酯酶的迁移率计算出它的相对分子质量。

六、注意事项

1）PAGE 对水的要求非常高，必须用重蒸水或者某些市售的纯净水，切勿使用一般的蒸馏水和矿泉水。

2）丙烯酰胺和亚甲基双丙烯酰胺是神经性毒剂，对皮肤也有刺激作用，配制试剂和实验中都要戴手套。

3）丙烯酰胺和 SDS 的纯度直接影响实验结果的准确性。因此对不纯的丙烯酰胺和 SDS 试剂应进行重结晶处理。

4）SDS 在低温保存时产生沉淀，因此，SDS 电泳应在室温条件下进行。

5）温度对聚合速度影响显著，为保证凝胶质量，需根据室温变化适当调整凝胶浓度及催化剂用量。

6）温度升高（电泳时产生热量）会使区带扩散，可采用冷却装置。

七、思考题

1）为什么样品要在电泳前进行高温处理？

2）浓缩胶在电泳中起什么作用？

3）为什么要先加电极缓冲液后点样？

实验十二　酵母蔗糖酶的提取与活性功能基团的化学修饰

自 1860 年 Bertholet 从酿酒酵母（*Saccharomyces cerevisiae*）中发现了蔗糖酶以来，针对该酶已进行了广泛的研究。蔗糖酶（EC3.2.1.26）可特异地催化非还原糖中的 α-呋喃果糖苷键水解，具有相对专一性。它不仅能催化蔗糖水解生成葡萄糖和果糖，也能催化棉子糖水解，生成蜜二糖和果糖。

该酶以两种形式存在于酵母细胞膜的外侧和内侧，在细胞膜外细胞壁中的称为酵母外蔗糖酶（external yeast invertase），其活力占蔗糖酶活力的大部分，是含有 50%～70%（质量分数）糖成分的糖蛋白；在细胞膜内侧细胞质中的称为酵母内蔗糖酶（internal yeast invertase），该酶含有少量的糖。两种酶的蛋白质部分均为双亚基（二聚体）结构，两种形式的酶的氨基酸组成不同，外酶的每个亚基比内酶多两种氨基酸——丝氨酸和甲硫氨酸，它们的分子质量也不同，外酶约为 270 kDa（或 220 kDa，与酵母的来源有关），内酶约为 135 kDa。尽管这两种酶在组成上有较大的差别，但是其底物专一性和动力学性质仍十分相似，但由于内酶含量很少，极难提取。

本实验以酵母蔗糖酶为研究对象，研究其提取、分离、纯化的方法，并对获得的酶进行固定化与化学修饰，研究其活性与特性。

实验 12-1　酵母蔗糖酶的提取、分离与纯化

一、实验目的

了解酵母蔗糖酶的提取、分离与酶的初步纯化过程。

二、实验原理

酵母中含有丰富的蔗糖酶。本实验以酵母为原料，通过破碎细胞方式得到粗酶，并用热变性方法除杂蛋白进行纯化。还原糖在碱性条件下加热被氧化成糖酸及其他产物，3,5-二硝基水杨酸则被还原为棕红色的 3-氨基-5-硝基水杨酸。在一定范围内，还原糖的量与棕红色物质颜色的深浅成正比关系，利用分光光度计，

在 540 nm 波长下测定吸光度，查标准曲线并计算，便可求出样品中还原糖和总糖的含量。

三、仪器、试剂与材料

1. 仪器

电子天平、离心机、分光光度计、水浴锅、电炉、研钵、试管、三角瓶、量筒、移液管等。

2. 试剂

石英砂、1 mol/L HAc 溶液、2 mol/L NaOH 溶液、乙酸缓冲液（pH4.6）、5%蔗糖溶液、DNS（3,5-二硝基水杨酸）试剂等。

3. 材料

干酵母。

四、实验内容及步骤

1. 破碎细胞

取 2 g 干酵母于研钵中，加入 2 g 石英砂，加 30 mL 去离子水，研磨 15 min，放入冰箱（−20℃）冰冻约 20 min（研磨液面上刚开始结冰为宜）。

取出冷冻酵母，再研磨 5 min 后，在 5000 r/min 条件下离心 12 min，小心取出上清液（组分一）并量出体积 V_1，分别取 0.5 mL 上清液到试管 A、B 中，余者倒入三角瓶。

2. 纯化

把三角瓶中的上清液用 1 mol/L 乙酸溶液调 pH5.0。然后迅速放入 55℃的水浴中，保温 30 min。之后在冰浴中迅速冷却。在 5000 r/min 条件下离心 12 min。取出上清液（组分二）并量出体积 V_2，分别取 0.5 mL 上清液到试管 C、D 中。

3. 酶反应

取 4 支试管，分别按顺序加入反应物，具体见表 12-1-1。

试管中反应物在 55℃水浴中反应 5 min（秒表计时）后，B、D 管立即分别加入 1 mL NaOH 溶液（2 mol/L）终止反应，A、C 管中各加入 1 mL 蒸馏水。

表 12-1-1　酶促反应体系

试管编号	①酶液	②NaOH 溶液	③乙酸缓冲液	④蔗糖溶液
A（对照管）	0.5 mL	1 mL	1 mL	1 mL
B	0.5 mL	—	2 mL	1 mL
C（对照管）	0.5 mL	1 mL	1 mL	1 mL
D	0.5 mL	—	2 mL	1 mL

表 12-1-2　酶促反应体系

试管编号	反应液	DNS 试剂
1	0.5 mL A	0.5 mL
2	0.5 mL B	0.5 mL
3	0.5 mL C	0.5 mL
4	0.5 mL D	0.5 mL
5（空白）	0.5 mL 蒸馏水	0.5 mL

4. 酶催化产物检测

取 5 支试管，分别加入反应物，具体见表 12-1-2。

试管中反应物在沸水浴中反应 5 min，然后冷却。加入 4 mL 蒸馏水。将各试管摇匀，用空白管溶液（5 号管）调零点，测定它们的吸光度 A_{540}。

五、实验结果及分析

1. 酶活力单位的定义

本实验中，蔗糖酶的酶活力单位指在 55℃ 条件下，每分钟催化底物转化为 1 mg 还原糖所需的酶量。

2. 酶活计算

粗酶的酶活（组分一）：$\dfrac{\left(B_{ABS}-A_{ABS}\right)\times\dfrac{5}{4}\times 5}{5}\times\dfrac{4.5}{0.5}$

纯化后酶的酶活（组分二）：$\dfrac{\left(D_{ABS}-C_{ABS}\right)\times\dfrac{5}{4}\times 5}{5}\times\dfrac{4.5}{0.5}$

式中，B_{ABS} 为 B 号试管的 A_{540}，A_{ABS} 为 A 号试管的 A_{540}，C_{ABS} 为 C 号试管的 A_{540}，

D_{ABS} 为 D 号试管的 A_{540}。

3. 总酶活的计算

总酶活 1（组分一，粗酶）：酶活×稀释倍数 $\left(\dfrac{V_1}{0.5}\right)$

总酶活 2（组分二，纯化后的酶）：酶活×稀释倍数 $\left(\dfrac{V_2}{0.5}\right)$

4. 酶活回收率的计算

$$酶活回收率 = \frac{总酶活2}{总酶活1}\times100\%$$

六、注意事项

由于酶蛋白在分离纯化过程中易变性失活，为了能获得尽可能高的产率和纯度，在提纯操作中要始终保持酶的活性，如在低温下操作等，这样才能收到较好的分离效果。

七、思考题

1）酶分离纯化过程中需要注意什么问题？酵母蔗糖酶热变性纯化方法的原理是什么？

2）酶分离纯化过程中为什么进行酶活力的测定？

3）酵母蔗糖酶在逐级纯化过程中，总酶活力与酶比活力的变化趋势如何？

实验 12-2 酵母蔗糖酶的包埋及固定化酶活性测定

一、实验目的

了解凝胶包埋法及固定化酶活性测定方法。

二、实验原理

通过物理或化学的方法，将水溶性的酶与水不溶性载体结合，使酶固定在载体上，并在一定的空间范围内进行催化反应的酶称为固定化酶。与游离酶相比，固定化酶有以下优点：①酶的稳定性提高；②易与产物分离；③可反复利用。酶的固定化方法有：吸附法、共价偶联法、交联法、包埋法。本实验中海藻酸钠在遇到 Ca^{2+} 时成胶，从而把酶包埋在其中。

三、仪器、试剂与材料

1. 仪器

电子天平、分光光度计、水浴锅、电炉、烧杯、玻璃棒、量筒、试管、移液管等。

2. 试剂

海藻酸钠、$CaCl_2$、5%蔗糖溶液、DNS（3,5-二硝基水杨酸）试剂等。

3. 材料

干酵母、注射器（带 7 号针头）、纱布。

四、实验内容及步骤

1. 配 A 液

取 0.75 g 海藻酸钠溶于 25 mL 蒸馏水中，沸水浴（勿用电炉直接加热）充分溶胀。自然冷却。

2. 配 B 液

取 1 g 干酵母溶于 25 mL 蒸馏水中（室温），搅匀。

3. 配 C 液

A 液冷却后，将 B 液倒入其中，搅匀。

4. 配 $CaCl_2$ 液

取 2.2 g 无水 $CaCl_2$ 溶于 200 mL 蒸馏水中。

5. 制备胶珠

用注射器(7 号针头)将 C 液滴入 $CaCl_2$ 溶液,滴时不断搅拌溶液.静置 20 min,固化胶珠。纱布过滤得到胶珠,用蒸馏水清洗胶珠,称取湿胶珠质量,并记录。

6. 催化

取 1 g 湿胶珠置于烧杯中，加入 20 mL 5%蔗糖溶液，37℃反应 10 min，取出反应液，与胶珠分离，反应终止。

7. 酶催化产物检测

将反应液定容至 20 mL，取 0.5 mL 稀释至 5 mL，得 D 液。

取 2 支试管，分别加入反应物，见表 12-2-1。

表 12-2-1　反应体系

试管编号	反应液	DNS 试剂
1	0.5 mL D 液	0.5 mL
2（空白）	0.5 mL 蒸馏水	0.5 mL

试管中反应物在沸水浴中反应 5 min，然后冷却。加入 4 mL 蒸馏水。将各试管摇匀，用空白管溶液调零点，测定它们的吸光度 A_{540}。

五、实验结果及分析

1. 酶活力单位的定义

本实验中，蔗糖酶的酶活力单位指在 37℃ 条件下，每分钟催化得到 1 mg 还原糖所需的酶量。

2. 酶活计算

1 g 固定化酶的酶活：$\dfrac{A_{540} \times \dfrac{5}{4} \times 5}{10} \times \dfrac{5}{0.5} \times \dfrac{20}{0.5}$

六、注意事项

1）海藻酸钠溶化过程中主要控制温度并不断搅拌。

2）制备胶珠时，用注射器（7 号针头）将 C 液滴入 $CaCl_2$ 溶液，应不断搅拌溶液且离液面不宜太高，防止胶珠不圆或胶珠内产生气泡。

七、思考题

1）海藻酸钙包埋法中 Ca^{2+} 起什么作用？与豆腐制作中 Ca^{2+} 的作用有何关系？

2）除了凝胶包埋法，还有哪些包埋方法？其原理是什么？

实验 12-3　酵母蔗糖酶活性功能基团的化学修饰

一、实验目的

学习和掌握酶分子的化学修饰方法；了解化学修饰对酶活性的影响。

二、实验原理

酶分子中的许多侧链基团可以被化学修饰。这种修饰可以帮助人们了解哪些基团是保持酶活性所必需的，哪些基团对维持酶的催化反应并不重要。当化学修饰试剂与酶分子上的某种侧链基团结合后酶的活性降低或者丧失，表明这种被修饰的残基是酶活性所必需的。反之亦然。

N-溴代琥珀酰亚胺（NBS）能特异地修饰蛋白质分子中色氨酸残基的吲哚基团，使吲哚基氧化成羟吲哚衍生物，从而改变吲哚基的化学性质。如果色氨酸残基是酶活性中心的必需基团，那么经 NBS 修饰后，酶活性丧失的程度与修饰剂的浓度有化学计量关系，且在底物存在的情况下，修饰剂 NBS 不影响酶活力。

本实验以酵母蔗糖酶为材料，以 NBS 为化学修饰剂，研究酵母蔗糖酶活性所必需的残基。

三、仪器、试剂与材料

1. 仪器

分光光度计、恒温水浴锅、移液器等。

2. 试剂

1 mmol/L 的 N-溴代琥珀酰亚胺（NBS）溶液、1% 3,5-二硝基水杨酸（DNS）试剂、1 mol/L NaOH、10% 蔗糖溶液、0.2 mol/L pH4.5 乙酸缓冲液等。

3. 材料

实验 12-1 纯化得到的酵母蔗糖酶酶液。

四、实验内容及步骤

取 8 支试管，编号，按表 12-3-1 操作。

表 12-3-1　反应体系

管号	1	2	3	4	5	6	7	8
酵母蔗糖酶酶液/μL	—	100	100	100	100	100	100	100
乙酸缓冲液/μL	200	—	20	40	60	80	100	—
1 mmol/L 的 NBS/μL	—	100	80	60	40	20	—	100
NBS 终浓度/（mmol/L）	0	1	0.8	0.6	0.4	0.2	0	1
37℃水浴中修饰 20 min								—
蔗糖溶液/μL	100	100	100	100	100	100	100	100
37℃准确反应 20 min，100 μL 1 mol/L NaOH 终止酶促反应								
DNS 试剂/μL	100	100	100	100	100	100	100	100
沸水浴精确反应 5 min，冷却后加入 4.5 mL ddH₂O								
A_{540}								
相对活力/%（以 7 号管酶活力为 100%）								

五、实验结果及分析

以 NBS 浓度为横坐标，相对活力为纵坐标绘制折线图，并分析不同浓度的 NBS 对酵母蔗糖酶活力的影响，得出结论。

六、注意事项

1）酶活力低时，可适当增加酶液体积，相应减少缓冲液体积。

2）酶活性测定的反应时间及与 DNS 共沸的时间一定要精准。

七、思考题

1）简述酶分子化学修饰的方法。

2）分析酵母蔗糖酶活性所必需的残基。

实验十三 产纤维素酶微生物筛选、产酶条件优化、纤维素酶基因的克隆分析

纤维素占植物干重的 35%～50%，是地球上分布最广的碳水化合物。纤维素分子是由葡萄糖通过 β-1,4-糖苷键连接起来的链状高分子，分子量 50 000～2 500 000，相当于 300～15 000 个葡萄糖基，不形成螺旋构象，没有分支结构，易形成晶体。

纤维素酶是能将纤维素水解成还原糖的一类酶系的总称。目前普遍认为要完全降解纤维素，至少需要 3 种功能不同的酶协同作用，即内切葡聚糖酶（EG）、外切葡聚糖酶（CBH）和 β-葡萄糖苷酶（CB）。纤维素酶已被广泛地应用于食品、酿造、农业、纺织、洗衣等多个领域中。

纤维素酶作为能够有效降解纤维素的酶类，无论在动物生产还是环境保护中都确实起到了一定的作用，有非常好的应用前景。至关重要的是能够生产出更有效水解预处理过的纤维素物质的重组型纤维素酶。目前纤维素酶在大规模工业化生产应用中很大程度上受到其活性和成本的限制。目前，对于纤维素酶的研究也仍然存在菌株产酶效率低、生产成本高、作用于动物的机制尚未完全清楚等问题，这些问题严重制约着纤维素酶的推广应用。

自然界中存在着诸多天然产纤维素酶的菌株，所以对产纤维素酶菌株的选育也是研究纤维素酶的一个热点。产纤维素酶的菌株主要可以分为以下几类。

1）真菌类。丝状真菌是目前研究最多的纤维素降解类群，该类微生物能产生大量的纤维素酶，研究较多的有木霉属、曲霉属、青霉属、根霉属和漆斑霉属。其中尤以木霉属的产量居上，如里氏木霉（*Trichoderma reesei*）、康氏木霉（*Trichoderma koningii*）拟康氏木霉（*Trichoderma pseudokoningii*）、绿色木霉（*Trichoderma viride*）等是其中活性较高的代表菌种。

2）细菌类。目前研究较多的产纤维素酶细菌类主要有纤维粘菌属、生孢纤维粘菌属、纤维杆菌属和芽孢杆菌属，代表菌种有热纤梭菌（*Clostridium thermocellum*）、嗜酸纤维分解菌（*Acidathermus celluloluticus*、*Cellulomonas fimi*、*Pseudomonas fluorescens*、*Thermomonospora fusca*）等。细菌产生纤维素酶的量较少，主要是内切葡聚糖酶，一般不分泌到胞外，而是处于细胞壁"固定化"的状态，可在细胞壁上形成一种突起物。

3）其他类。放线菌中产量稍高的主要是黑红旋丝放线菌（*Actinomyces*

melanocyclus）、玫瑰色放线菌（*Actinomyces roseodiastaticus*）和纤维放线菌（*Actinomyces cellulosae*）等，分枝杆菌几乎不产纤维素酶或产量极低。酵母虽然很少产纤维素酶，但可以利用酵母表达系统表达纤维素酶基因，其产物高度糖基化，经正确加工修饰后直接分泌到培养基，表达水平高，并具有正常的生物学活性。也有利用 *E. coli* 表达系统表达纤维素酶基因的，但是纤维素酶在 *E. coli* 中的表达分泌水平很低，而且提取困难，所以目前很少使用。

纤维素酶的基因克隆为研究纤维素酶的生物合成和作用机制、纤维素酶遗传特性以及构建高效纤维素分解菌开辟了新的途径。国内外已开展了大量的相关研究，随着生物技术的发展和酶应用技术研究的深入，纤维素酶一定会在各类大规模工业化生产中大放异彩。

实验 13-1　产纤维素酶微生物的分离与初步鉴定

一、实验目的

了解产纤维素酶微生物分离的基本原理；掌握产纤维素酶微生物分离的操作方法。

二、实验原理

本实验以羧甲基纤维素钠（CMC-Na）为唯一碳源的培养基作为筛选培养基，只有能够将纤维素水解成单糖并加以利用的微生物才能在筛选培养基上生长，利用筛选培养基分离产纤维素酶的微生物。以羧甲基纤维素钠（CMC-Na）为唯一碳源，通过微生物分解利用 CMC-Na，分离出能产纤维素酶的菌种；刚果红是一种酸性染料，可与纤维素反应形成红色复合物。

三、仪器、试剂与材料

1. 仪器

试管、烧杯、移液管、锥形瓶、玻璃珠、电磁炉、电子秤、量筒、培养皿、酒精灯、移液器、接种环、高压灭菌锅等。

2. 试剂

（1）筛选培养基（500 mL）

10 g CMC-Na，1.4 g (NH$_4$)$_2$SO$_4$，0.3 g MgSO$_4$，2 g KH$_2$PO$_4$，1.6 mg MnSO$_4$，

5 mg $FeSO_4$，2.5 mg $ZnSO_4$，2.0 mg $CoCl_2$，20 g 琼脂，调节 pH7.0。

（2）保藏培养基（500 mL）

15 g CMC-Na，0.5 g $MgSO_4$，1.5 g K_2HPO_4，10 g 酵母粉，5 g NaCl，15 g 蛋白胨，20 g 琼脂，0.2 g 刚果红，调节 pH7.0。

3. 材料

取自学校山坡小树林 5～20 cm 深处的土样。

四、实验内容及步骤

1. 土样采集

取自学校山坡小树林 5～20 cm 深处。

2. 实验器材灭菌

平板、移液管的包扎及灭菌。

3. 无菌水的制备

量取 99 mL 自来水于 250 mL 锥形瓶中，并放入适量颗玻璃珠，塞上棉塞，用牛皮纸包扎，于 121℃条件下灭菌 20 min 备用。量取 9 mL 自来水于试管中，用试管塞塞好，用牛皮纸包扎，于 121℃条件下灭菌 20 min 备用。

4. 筛选培养基配制及倒平板

准确按筛选培养基配方称取各物质溶于 1000 mL 蒸馏水中，调节 pH7.0。在高压灭菌锅中于 121℃高温灭菌 20 min，取出于无菌环境中倒平板备用。

5. 保藏培养基配制及摆斜面

准确按保藏培养基配方称取各物质溶于 1000 mL 蒸馏水中，调节 pH7.0。分装于试管中，在高压灭菌锅中于 121℃高温灭菌 20 min，取出摆斜面备用。

6. 土样预处理及梯度稀释

（1）样品菌悬液的制备

先取 1 g 样品，加入到 99 mL 含有玻璃珠的无菌水中，振荡几分钟形成悬液。

（2）梯度稀释

在无菌条件下，用灭菌的移液管取 1 mL 样品悬液到装有 9 mL 无菌水的试管中，依次稀释 10^{-3}、10^{-4}、10^{-5}、10^{-6} 的梯度备用。

7. 倒平板涂布

分别取 10^{-4}、10^{-5}、10^{-6} 三个浓度的菌悬液接种到倒好了的平板中，并涂布均匀。

8. 培养、观察、记录

边培养边观察，并做好相应记录，以便于菌株初步形态鉴定。

五、实验结果及分析

菌株的鉴定初步采用形态鉴定方法。观察菌株的菌落特征，并制片观察菌丝、分生孢子梗、分生孢子链、分生孢子等形态，参考有关产纤维素酶菌株的菌种鉴定文献，同时结合《真菌鉴定手册》，初步给出菌株的属名。

六、注意事项

采样的方法：取采样地点的表层土或地面 15 cm 下的土样约 10 g，装入无菌信封，立刻到实验室分离纯化。

七、思考题

分析产纤维素酶菌株的鉴定方法。

实验 13-2　产纤维素酶菌种的筛选与保藏

一、实验目的

掌握平板接斜面的操作；掌握筛选原则与选择方法。

二、实验原理

刚果红能和纤维素结合，纤维素酶能水解纤维素，使刚果红在产纤维素酶菌株周围结合到纤维素而形成透明圈，从而选择目标菌落。微生物繁衍具有容易变异的特性，同时微生物的生长一般离不开生长所需的营养、水分、氧气及环境温度等，在营养缺乏、干燥、隔绝空气、温度低等条件下均可使微生物的代谢处于最不活跃或相对静止的状态而便于保存微生物的特性。利用微生物的纯培养以确定分离所得的最佳产酶微生物，并进行保存与进一步研究。通过酶活测定确定初筛菌株的产酶性能；通过控制培养条件使菌种休眠来实现保藏。

三、仪器、试剂与材料

1. 仪器

试管、烧杯、电磁炉、电子秤、量筒、培养皿、酒精灯、移液器、接种环、恒温箱等。

2. 试剂

摇瓶培养基：10 g CMC-Na，4.0 g $(NH_4)_2SO_4$，0.5 g $MgSO_4\cdot7H_2O$，1.5 g K_2HPO_4，2 g 牛肉膏，4 g 蛋白胨（pH 自然，定容到 1 L）。

3. 材料

前期实验分离的菌种。

四、实验内容及步骤

1）在分离产纤维素酶的真菌的平板上，选择透明圈明显、透明圈直径与菌落直径比值较大的、分离效果最好的单菌落，并做好标记。

2）左手拿平板，右手拿接种环，先将金属环烧灼灭菌，再将接种环置于空白培养基处冷却，挑取菌落，在火焰旁稍等片刻。

3）左手将平板放下，拿起斜面培养基。在火焰旁用右手小指和手掌边缘拔下棉塞并夹紧，迅速将接种环伸入空白斜面，在斜面培养基上轻轻划线，将菌体接于其上。划线时由底部向上划一直线，一直划到斜面的顶部。

4）灼烧试管口，在火焰旁将棉塞塞上，接种完毕，必须灼烧灭菌接种环将其上的余菌除尽后才能将其放下。

5）倒置于 28～30℃恒温箱中，培养 3～7d 观察结果。

五、实验结果及分析

以刚果红为显色剂，采用 CMC-Na 固体培养基初步筛选产酶的微生物，然后将透明圈直径与菌落直径比值较大的菌株进一步分离纯化。

六、注意事项

1）定期对接种室作无菌程度的检查。进入接种室前，应先做好个人卫生工作，在缓冲间内要更换工作鞋帽、工作衣，戴口罩。工作衣、工作鞋帽、口罩只准在接种室内使用。不准穿到其他地方去，并要定期更换、消毒。

2）接种的试管、三角瓶等应做好标记，注明培养基、菌种的名称、日期。

3）移入接种室内的所有物品，均须在缓冲室用 70%乙醇擦拭干净。

4）接种前，双手用 70%乙醇或新洁尔灭消毒，操作过程不离开酒精灯火焰；棉塞不乱放；接种工具使用前后均需火焰灭菌。

5）培养箱应经常清洁消毒。

七、思考题

1）微生物接种应注意什么？

2）微生物接种有哪些常用的方法？

实验 13-3　酶活测定与传代保藏

一、实验目的

了解纤维素酶总酶活测定原理；掌握纤维素酶的酶活力检测方法；学习传代保藏的操作方法。

二、实验原理

纤维素酶在合适的条件下可以分解纤维素，产生葡萄糖等还原糖，与 3,5-二硝基水杨酸（DNS）显色剂作用，可生成橙黄色络合物。终止反应法，是指在恒温反应体系中，每隔一定时间，取出一定体积的反应液，用强酸、强碱或 SDS 以及加热等使反应立即停止，然后用放射性化学法或酶偶联法分析产物的形成或底物的消耗量。这是经典的酶活力测定方法，几乎所有的酶都可以根据这一原理设计出具体的测定方法。

本实验使用强碱终止分解反应，通过 DNS 法进行吸光度的测定。根据相应的标准曲线，运用比色法可以推算出反应液中葡萄糖的生成量，进而计算出酶活力。

酶活力单位的定义：在 37℃ pH5.5 的条件下 60 min 水浴，每分钟释放出

1 μmol 单糖所需的酶量为一个酶活力单位（IU）。

三、仪器、试剂与材料

1. 仪器

离心机、试管、烧杯、电磁炉、电子天平、量筒、培养皿、酒精灯、移液器、接种环、旋转式摇床、分光光度计、恒温水槽等。

2. 试剂

柠檬酸、柠檬酸钠、柠檬酸缓冲液、葡萄糖、DNS 等。

3. 材料

前期筛选到的菌种、滤纸。

四、实验内容及步骤

将筛选到的菌种接入摇瓶，37℃、200 r/min 条件下培养 3 d，制成种子液，取 1 mL 的接种量接入第二次摇瓶培养基中 7℃、200 r/min 条件下培养。

纤维素酶稀释酶液的制备方法：取培养液 3 mL，8000 r/min 离心 10 min，上清液即为粗酶液。取 1 mL 粗酶液，加 9 mL pH5.0 柠檬酸缓冲液，即得纤维素酶稀释酶液。

1. 纤维素酶的测定

还原糖的测定采用 DNS 试剂法，在 540 nm 波长处有最大吸收峰，在一定范围内还原糖的量与反应液的颜色强度成比例关系，利用比色法测定其还原糖生成量就可测定纤维素酶的酶活力。

（1）纤维素酶活性测定

1）按表 13-3-1 比例稀释成不同浓度葡萄糖溶液。

2）显色反应：在上述试管中分别加入 DNS 试剂 2.0 mL，于沸水浴中加热 5 min 进行显色，取出后用流动水迅速冷却，各加入蒸馏水 9.0 mL，摇匀，在 540 nm 波长处测定吸光度。以葡萄糖浓度（mg/mL）为横坐标，吸光度为纵坐标，绘制标准曲线。

（2）滤纸酶活性（FPA）测定

取干净的试管若干，各加入 0.5 mL 纤维素酶稀释酶液和 0.5 mL 0.05 mol/L，

表 13-3-1　按比例稀释的不同浓度葡萄糖溶液体系

管号	葡萄糖标准溶液/mL	蒸馏水/mL	DNS/mL	A_{540}
0	0	1.0	2.0	
1	0.1	0.9	2.0	
2	0.2	0.8	2.0	
3	0.3	0.7	2.0	
4	0.4	0.6	2.0	
5	0.5	0.5	2.0	
6	0.6	0.4	2.0	
7	0.7	0.3	2.0	
8	0.8	0.2	2.0	

pH5.0 的柠檬酸缓冲液，向对照管中加入 0.5 mL DNS 溶液终止反应。将试管先在 50℃水浴中预热 10 min，再各加入滤纸条 50 mg，50℃水浴中保温 60 min 后取出，立即向上述试管中分别加入 DNS 试剂 2.0 mL，于沸水浴中加热 5 min 进行显色，取出后用流动水迅速冷却，各加入蒸馏水 9.0 mL，摇匀，在 540 nm 波长处测定吸光度。

2. 菌种传代保藏

将菌种接种到适宜的固体斜面培养基上，待菌充分生长后，棉塞部分用油纸包扎好，移至 2~8℃的冰箱保藏。保藏时间依微生物的种类而不同，霉菌、放线菌及有芽孢的细菌保存 2~4 个月，移种一次。此法为实验室和工厂菌种室常用的保藏方法，优点是操作简便，使用方便，不需特殊设备，能随时检查所保藏的菌株是否死亡、变异与污染杂菌等。缺点是容易变异，因为培养基的物理、化学特性不是严格恒定的，屡次传代会使微生物的代谢改变，而影响微生物的性状，污染杂菌的机会也会较多。

五、实验结果及分析

以上酶活测定时间均扣除发酵液中的还原糖后计算，采用国际单位，即在上述条件下 1 min 产生 1 μmol 葡萄糖所需的酶量为一个酶活力单位（IU）。

六、注意事项

1）待测酶液用缓冲液稀释到一定倍数（控制测定吸光度在 0.2~0.4）。
2）每个样品同时做两支平行试管，其相对误差=±10%，超过此范围，实验应重做。

七、思考题

1）采用 DNS（3,5-二硝基水杨酸）法测定还原糖含量的优缺点是什么？

2）为什么要将待测酶液用缓冲液稀释到一定倍数（控制测定吸光度在 0.2～0.4）？

实验 13-4　产纤维素酶菌种的紫外诱变育种

一、实验目的

了解紫外诱变育种的原理；掌握紫外诱变育种的操作方法。

二、实验原理

诱变育种是指用物理、化学因素诱导动植物的遗传特性发生变异，再从变异群体中选择符合人们某种要求的单株/个体，进而培育成新的品种或种质的育种方法。它是继选择育种和杂交育种之后发展起来的一项现代育种技术。常规杂交育种基本上是染色体的重新组合，这种技术一般并不引起染色体发生变异，更难以触及基因。当通过辐射将能量传递到生物体内时，生物体内各种分子便产生电离和激发，接着产生许多化学性质十分活跃的自由原子或自由基团。它们继续相互反应，并与其周围物质特别是大分子核酸和蛋白质反应，引起分子结构的改变。由此又影响到细胞内的一些生化过程，如引起 DNA 合成的终止、各种酶活性的改变等，使各部分结构进一步深刻变化，其中尤其重要的是染色体损伤。由于染色体断裂和重接而产生的染色体结构及数目变异即染色体突变，而 DNA 分子结构中碱基的变化则造成基因突变。那些带有染色体突变或基因突变的细胞，经过细胞世代将变异了的遗传物质传至性细胞或无性繁殖器官，即可产生生物体的遗传变异，获得不可控的突变性状，进而筛选出单个目的的个体。

本实验通过紫外线照射，使菌种基因发生突变，然后从变异的菌种中选取功能符合要求的菌种，进行培养，得到我们所需的菌种。

三、仪器、试剂与材料

1. 仪器

电子天平、量筒、培养皿、酒精灯、移液器、接种环、玻璃棒、高压灭菌锅、超净工作台、恒温箱等。

2. 试剂

羧甲基纤维素钠（CMC-Na）、$(NH_4)_2SO_4$、$MgSO_4$、K_2HPO_4、刚果红、察氏培养基、琼脂、NaCl 等。

3. 材料

前期筛选得到的产纤维素酶菌种。

四、实验内容及步骤

用无菌刮铲轻轻刮下成熟孢子，加入 10 mL 无菌蒸馏水配成孢子悬液，取1 mL 孢子悬液进行梯度稀释至 10^{-4}，各取 0.05 mL 涂布于筛选培养基平板表面，除对照组外垂直置于 20 W 紫外灯下，20 cm 距离，照射时间分别为 30 s、60 s、90 s、120 s、150 s、180 s、210 s、240 s，照射后，倒置于 28℃恒温箱中避光培养3～4 d。

1. 致死率的研究

选取酶活最高的菌株 A1，对其进行紫外诱变，并与对照组参比计算致死率。并测定 CMC-Na 透明圈与最佳条件酶活验证突变效果，产酶量高于出发菌株 10%为正突变，低于出发菌株 10%为负突变。

2. 菌株稳定性的研究

菌株稳定性研究如表 13-4-1 记录。

表 13-4-1　菌株稳定性研究记录表

照射时间/s	致死率/%	正突变率/%	照射时间/s	致死率/%	正突变率/%
0			150		
30			180		
60			210		
90			240		
120					

3. 刚果红平板染色

将在 32℃条件下 CMC-Na 平板上培养两天的菌种（A1）取出，等菌落形成后，把菌体刮离，然后加入刚果红染色 60 min，再用生理盐水冲洗 4～6 次，产生透明圈的就是能水解纤维素的菌。透明圈的大小说明了 CMC 分解酶（1,4-β-葡萄糖苷酶）酶活力的大小。

4. 菌种鉴定

将纯化后的菌种接入察氏培养基 37℃ 条件下培养，通过乳酚棉兰染色观察孢子、菌丝与孢子囊结构。同时根据观察筛选得到的菌株在培养基上菌落的形态、颜色、气味、菌丝粗细、生长密度等，对照《真菌鉴定手册》筛选得到的菌株，做出形态学初步鉴定。

五、实验结果及分析

以紫外线作为诱变剂，通过紫外线照射，使菌种基因发生突变，然后从变异的菌种中选取功能符合要求的菌种与最佳诱变条件，并根据观察筛选得到的菌株在培养基上菌落的形态、颜色、气味、菌丝粗细、生长密度等，对菌株做出形态学初步鉴定。

六、注意事项

1）紫外线对人体的细胞，尤其是人的眼睛和皮肤有伤害，长时间与紫外线接触会造成灼伤。故操作时要戴防护眼镜，操作尽量控制在防护罩内。

2）空气在紫外灯照射下，会产生臭氧，臭氧也有杀菌作用。臭氧浓度过高，会引起人不适，同时也会影响菌体的成活率。

七、思考题

1）常见的诱变育种方法有哪些？
2）以紫外线作为诱变剂有哪些优缺点？

实验 13-5　正交试验设计优化产纤维素酶菌种的产酶条件

一、实验目的

掌握菌种条件优化的原理；掌握产纤维素酶菌种的产酶条件优化的方法。了解正交分析的方法，根据实验数据进行结果分析。

二、实验原理

发酵产酶过程中，培养基中的碳、氮作为菌种生长的必需元素，同时也是纤维素酶的骨架。金属离子影响到产酶代谢及纤维素酶的活性中心，发酵温度、时间、pH 等影响到产酶代谢从而影响产酶。本实验以酶活力为指标，通过单因子实验及正交试验，确定各因素对产酶影响的大小及最佳发酵产酶条件。

正交试验设计（orthogonal experimental design），是指研究多因素多水平的一种试验设计方法。根据正交性从全面试验中挑选出部分有代表性的点进行试验，这些有代表性的点具备均匀分散、齐整可比的特点。正交试验设计是分式析因设计的主要方法。当试验涉及的因素在 3 个或 3 个以上，而且因素间可能有交互作用时，试验工作量就会变得很大，甚至难以实施。针对这个困扰，正交试验设计无疑是一种更好的选择。正交试验设计的主要工具是正交表，试验者可根据试验的因素数、因素的水平数以及是否具有交互作用等需求查找相应的正交表，再依托正交表的正交性从全面试验中挑选出部分有代表性的点进行试验，可以实现以最少的试验次数达到与大量全面试验等效的结果，因此应用正交表设计试验是一种高效、快速而经济的多因素试验设计方法。

三、仪器、试剂与材料

1. 仪器

试管、烧杯、移液器、量筒、电子天平、电磁炉、培养皿、酒精灯、接种环、培养箱、三角瓶、高压蒸汽灭菌锅、旋转式摇床等。

2. 试剂

CMC-Na、$(NH_4)_2SO_4$、$MgSO_4$、K_2HPO_4、牛肉膏、玉米浆干粉、尿素、蛋白胨、NaCl、麦芽糖、甘油、可溶性淀粉、蔗糖、乳糖、$FeSO_4$、$CaCl_2$、$ZnSO_4$、$CoCl_2$、MnO_4、NaOH、HCl 等。

3. 材料

产纤维素酶正交突变株种子液。

四、实验内容及步骤

1. 菌种活化及摇瓶种子制作

将保藏的菌种接种到斜面培养基上面，在 30℃ 培养箱中活化 24 h，然后接种到装有 100 mL 种子培养基的 500 mL 三角瓶中，在 30℃，150 r/min 培养 2 d 至对数生长期，然后接种至相应的发酵瓶中进行产酶发酵研究。

2. 产酶培养基选择

在控制培养基初始 pH 为 7.0，接种量为 10%，温度为 30℃，摇床转速为 150 r/min 的条件下，发酵 3 d 取样测定酶活，考察培养基中单因素对产酶的影响，并使用正交试验来优化发酵产酶培养基配方。

3. 碳源的选择

保持发酵基础培养基其他成分不变，分别用等量的麦芽糖、甘油、可溶性淀粉、蔗糖、乳糖代替葡萄糖作为碳源，进行摇瓶发酵，检测酶活，确定最佳碳源。

在确定最佳碳源后，将其作为唯一碳源，改变其加入量为 0.5%、1.0%、1.5%、2.0%、2.5%、3.0%，进行摇瓶发酵，取样测定酶活，确定最佳碳源浓度。

4. 氮源的选择

保持发酵培养基其他成分不变，分别用等量的牛肉膏、蛋白胨、玉米浆干粉、硫酸铵、尿素代替酵母膏作为氮源，进行摇瓶发酵，检测酶活，确定最佳氮源。

在确定最佳氮源后，将其作为唯一氮源，改变其加入量为 0.5%、1.0%、1.5%、2.0%、2.5%、3.0%，进行摇瓶发酵，取样测定酶活，确定最佳氮源浓度。

5. 无机盐的选择

在确定最佳碳源和最佳氮源以及相应最佳浓度的基础上，在发酵培养基中分别单独添加 0.02 g/L $MgSO_4$、0.02 g/L $FeSO_4$、0.02 g/L $CaCl_2$、0.05 g/L $ZnSO_4$、0.05 g/L $CoCl_2$ 和 0.05 g/L MnO_4，发酵后检测酶活以确定最佳的无机盐配方。

6. 正交试验对发酵产酶培养基的优化

在明确了碳源、氮源及无机盐的单因子实验结果的基础上，选择对发酵产酶影响较大的因素进行 3 因素 3 水平的正交试验，确定各因素的影响大小和最佳条件，优化发酵培养基各组分的含量。

7. 产酶发酵条件选择

在优化了产酶发酵培养基的基础上，以初始 pH 为 7.0、温度为 30℃、摇床转速 150 r/min、装液量 20%、接种量 10%、发酵时间 3 d 为基础发酵条件，单独改变发酵培养的初始 pH、培养温度、摇床转速、培养时间等影响因素，进行发酵培养，通过测定不同因素各条件下的酶活，并根据检测结果，确定影响较大的几个因素，设计正交试验来优化发酵产酶条件。

8. 发酵产酶的培养基初始 pH 选择

用 10% NaOH 及 10% HCl 调节发酵培养基初始 pH 分别为 6.0、6.5、7.0、7.5、8.0、8.5，接种后进行摇瓶产酶发酵，取样测定酶活。

9. 发酵产酶的温度选择

分别在 22℃、26℃、30℃、34℃、38℃、42℃条件下进行菌株发酵产酶，接种后进行摇瓶产酶发酵，取样测定酶活。

10. 发酵产酶的摇床转速选择

分别以 70 r/min、110 r/min、150 r/min、190 r/min、230 r/min、270 r/min 的转速，接种后进行摇瓶产酶发酵，取样测定酶活。

11. 发酵产酶接种量的选择

分别采用 2%、4%、6%、8%、10%的接种量，接种后进行摇瓶产酶发酵，取样测定酶活。

12. 装液量对发酵产酶的影响

分别以 10%、20%、30%、40%、50%的装液量，接种后进行摇瓶产酶发酵，取样测定酶活。

13. 发酵产酶的发酵时间选择及其与菌体生长的关系

从接种发酵第 6 h 起，每隔 6 h，取样测一次酶活和生物量，直到发酵 96 h 结束。

五、实验结果及分析

1. 因素水平的确定

选择单因子实验中对产酶影响较大的因子进行正交试验，同时选择的因子不能具有已知变化规律。对选择的因子，其水平以单因子实验结果为依据，包括单因子实验最佳水平，并设计正交试验。

2. 正交表的选择

根据所选择的因素及水平数量，选用合适的正交设计表设计实验，以三因素三水平（$L_9(3^3)$）为例展示正交设计表，如表 13-5-1 和表 13-5-2 所示。

表 13-5-1 3 因素 3 水平正交设计因素水平表

因素	A	B	C
	1	1	1
水平	2	2	2
	3	3	3

表 13-5-2 3 因素 3 水平正交设计表

| 序号 | 因素 | | | |
	A	B	C	酶活
1	1	1	1	A_1
2	1	2	3	A_2
3	1	3	2	A_3
4	2	1	3	A_4
5	2	2	2	A_5
6	2	3	1	A_6
7	3	1	2	A_7
8	3	2	1	A_8
9	3	3	3	A_9

3. 统计分析

对以上实验的数据进行正交试验统计分析。

六、注意事项

1. 根据正交试验的原理，选择合适的正交试验设计表。
2. 通过正交试验获得的最佳因子、水平组合还应进一步通过实验验证。

七、思考题

1）正交表选择的依据是什么？
2）通过正交试验对产纤维素酶菌种产酶条件进行了研究，那么氮源、碳源和pH 对其影响的主次顺序是什么，判断的依据是什么？

实验 13-6 产纤维素酶细菌菌株酶基因克隆分析

一、实验目的

熟悉根据保守性序列设计引物方法；掌握使用 PCR 方法扩增相关酶基因、测序及分析序列特征，掌握分子酶工程的基本技术。

二、实验原理

如何水解自然界中最丰富的碳水化合物——纤维素是一个重要的研究课题，纤维素的水解依赖于内切葡聚糖酶（EC3.2.1.4）、外切葡聚糖酶（EC3.2.1.74）、纤维二糖水解酶（EC3.2.1.176）和 β-葡萄糖苷酶（EC3.2.1.21）的协同作用。通过人工操作，获得人们所需的酶，并通过各种方法使酶发挥其催化功能。新型酶研发应用的一个重要方法是克隆新的酶基因，通过重组表达，获得功能性酶蛋白，并加以改造和工业化应用。本实验根据保守性序列设计引物，通过 PCR 方法，扩增获得纤维素酶基因，以琼脂糖凝胶电泳技术，分析扩增结果，送生物公司进行测序，再利用生物信息学软件分析酶的序列特征。

三、仪器、试剂与材料

1. 仪器

恒温水浴振荡器、PCR 仪、低温冷冻离心机、水平电泳仪、凝胶成像观察仪、微量移液器、烧杯、冰箱等。

2. 试剂

PCR 引物、硼酸、琼脂糖、羧甲基纤维素、葡萄糖、Na_2HPO_4、NaH_2PO_4、TAE 电泳缓冲液、溴化乙锭、DNA 上样缓冲液等。

3. 材料

PCR 管、塑料离心管（1.5 mL、2 mL、5 mL）、枪尖（10 μL、200 μL、1000 μL）、大肠杆菌、冰等。

四、实验内容及步骤

1. 菌株基因组 DNA 的提取

提取各菌株基因组 DNA，作为 PCR 反应模板。

1）按 1%的接种量，接种细菌到装有 5 mL LB 培养基的试管中，30℃ 150 r/min 振荡培养过夜，使其长至对数期。次日取 1 mL 菌液于 1.5 mL 离心管，10 000 g 4℃离心 1 min 沉淀菌液。

2）弃上清，加 1 mL 0.9% NaCl 将沉淀重悬浮，10 000 g 4℃离心 3 min。

3）弃上清，加 450 μL 无菌蒸馏水，重悬浮，加 50 μL 20% SDS，轻轻多次吹打，并上下颠倒离心管，使沉淀混匀，75℃水浴 5 min（直至菌液裂解为澄清）。

4）加 500 μL 酚∶氯仿（3∶1）抽提蛋白质，轻轻（防止破坏 DNA 链）上下颠倒使之混匀，10 000 g 4℃离心 5 min。

5）轻轻吸取上清于另一新的 1.5 mL 离心管（注意不要吸到中间的蛋白质）并补足体积到 500 μL，加 500 μL 酚∶氯仿（3∶1），10 000 g 4℃离心 5 min。吸上清，如此反复，直至看不到中间的蛋白质为止（注意尽量防止 DNA 在抽提中发生断链降解）。

6）吸取上清于另一新的 1.5 mL 离心管并补足体积到 500 μL，加 500 μL 氯仿，轻轻混匀，10 000 g 4℃离心 5 min。

7）吸取上清于另一新的 1.5 mL 离心管，补充到 500 μL，加 1/10 体积 3 mol/L NaAc，然后加等体积的异丙醇，上下颠倒几次，此时应看到有絮状沉淀产生，10 000 g 4℃离心 5 min。

8）将上清吸出，加 1 mL 70%的乙醇清洗沉淀，10 000 g 4℃离心 5 min，去上清，室温干燥 5 min。

9）加 50 μL TE 缓冲液溶解沉淀，取 2 μL 电泳检测 DNA 质量及浓度（或用紫外分光光度计测定 DNA 浓度和纯度），使用 0.5%琼脂糖凝胶电泳检测基因组 DNA 的完整性。

2. 引物设计

根据序列保守性设计合成引物，如表 13-6-1 所示。

表 13-6-1　几种酶基因的引物序列

基因名称	引物名称	引物序列（5'-3'）
内切葡聚糖酶	Fegl-1	ATGAAACGGTCA ATCTCTAT
	Regl-2	CTA ATT TGGTTCTGT TCCCCA
纤维二糖水解酶	FCBH-1	CCATCGATATGATTGTCGGCATTCTCA
	RCBH-2	ACATGCATGCTTACAGGA ACGATGGGTTT
β-半乳糖苷酶	Fglu-1	ATTCGGATCCATGGATGCAAAAG
	Rglu-2	CGAAGCTTCTAATAACTAGTCAATTTAGCG

3. 酶基因扩增与序列分析

（1）β-葡萄糖苷酶基因扩增

反应体系是：10× PCR 反应缓冲液（含 Mg²⁺）5 μL，dNTP 4 μL，上游引物 F 1 μL，下游引物 R 1 μL，模板 DNA 1 μL，Taq DNA 聚合酶 0.5 μL，加 ddH₂O 补

足体积为 50 μL。

反应步骤是：①95℃预变性 5 min；②94℃变性 30 s；③57℃复性 60 s；④72℃延伸 90 s；⑤重复步骤②～④，25 个循环；⑥72℃延伸 10 min。

（2）基因与载体连接

胶回收基因 PCR 产物，与 pGMT 连接，转化大肠杆菌，筛选转化子。

（3）测序

测序确定 β-葡萄糖苷酶基因的序列。

（4）酶基因序列分析

利用生物信息学软件分析酶基因序列。

五、实验结果及分析

分析基因扩增的琼脂糖凝胶电泳结果，测序获得的酶基因序列。

六、注意事项

1）溴化乙锭具有强致癌性。
2）注意总 DNA 提取的完整性和 PCR 反应条件的优化。

七、思考题

1）分析纤维素酶基因引物设计和克隆的策略。
2）如何利用生物信息学软件分析纤维素酶基因序列？

实验十四　酶的固定化、酶传感器、酶反应器及其应用

生物传感器作为直接或间接检测生物分子、生理或生化过程相关参数的分析器件，由于具有灵敏度高、选择性好、响应快、操作简便、样品需要量少、可微型化、价格低廉、可以实现连续在位检测等特点，在生物医学、环境监测、食品医药工业等领域展现出十分广阔的应用前景。由于酶生物传感器最主要的一个元件是固定化的生物敏感膜，因此酶膜的固定一直是生物传感器研究的关键环节。

本实验是利用固定化有过氧化物酶的滤纸片作为酶传感器，在特定的显色条件下将待测样品中的 H_2O_2 转变为颜色信号，因而通过观察酶试纸条的显色程度即可测得样品中的 H_2O_2 浓度范围。

实验 14-1　酶的固定化及酶传感器的制备及应用

一、实验目的

学习和掌握酶的固定化原理和方法；学习和掌握酶法分析的原理及操作；初步掌握酶试纸的制备及应用。

二、实验原理

壳聚糖是一种生物相容性好、可生物降解、无毒、易得的天然功能高分子材料，被广泛用作固定化酶的载体。壳聚糖分子中 D-葡胺糖的—NH_2 可与双功能试剂戊二醛的一个—CHO 缩合，戊二醛的另一个—CHO 与酶的游离氨基缩合，从而形成壳聚糖-戊二醛-酶结构，即固定化酶。本实验采用以戊二醛为双功能试剂的载体交联法固定化辣根过氧化物酶。

酶法分析利用了酶催化反应的高度专一性的特点。酶将样品混合物中的待测物质转变为某一可观察或检测的信号，如颜色、电压等，从而达到检测分析专一（不受其他物质的干扰）、灵敏和快速的要求。其被广泛地用于生产和临床中的各种物质的检测分析。

H_2O_2 常用于配制各种消毒液。本实验是利用固定化有过氧化物酶的滤纸片，在特定的显色条件下将待测样品中的 H_2O_2 转变为颜色信号，因而通过观察酶试纸

条的显色程度即可测得样品中的 H_2O_2 浓度范围。该方法为半定量的方法，具快速简便的优点。

三、仪器、试剂与材料

1. 仪器

抽滤装置、恒温水浴振荡器、冰箱、摇床、吹风机、滤纸、反应板（96 孔平底）等。

2. 试剂

壳聚糖、1%冰醋酸溶液（取 2 mL 冰醋酸定容至 200 mL）、0.05 mol/L NaOH 溶液、37%的甲醛溶液、0.1 mol/L 磷酸缓冲液（pH7.2）、0.8%的戊二醛溶液（将 25%的戊二醛用磷酸缓冲液配制而成，现配现用）、8 μmol/L H_2O_2（取 184.48 μL 30% H_2O_2 溶液定容至 200 mL）、显色液（0.1 mol/L 苯酚 25 mL 和 30 mmol/L 4-氨基安替吡啉 25 mL 混合）、辣根过氧化物酶溶液（0.5 mg/10 mL：用 20 mmol/L，pH7.0 PBS 溶液溶解）、0.1 mol/L pH7.0 PBS 溶液（称取 $Na_2HPO_4 \cdot 12H_2O$ 22.196 g、$NaH_2PO_4 \cdot 2H_2O$ 5.928 g，定容至 1 L）等。

3. 材料

未知 H_2O_2 浓度的消毒液。

四、实验内容及步骤

1. 固定化过氧化物酶的滤纸片的制备

（1）滤纸的预处理

将滤纸剪成 3.0 cm×3.0 cm 大小，放入 1%的壳聚糖溶液中浸泡 10 min 后取出，沥干，在 0.05 mol/L 的 NaOH 溶液中浸泡 5 min 后，蒸馏水漂洗 1～2 次，接着在 0.8%的戊二醛溶液中浸泡 100 min，取出在蒸馏水中漂洗 2～3 次，用吸水纸吸干备用。

（2）辣根过氧化物酶的固定化

将辣根过氧化物酶溶液和显色液混合（1.5：1）（V/V），而后将上述滤纸片浸泡于其中约 30 min，取出用吹风机正反面吹干（注意：风筒不要离滤纸过近，滤纸不用吹得过干，最好稍微湿润），最后将其剪成 0.5 cm×3 cm 的 6 条细条备用。

2. 标准浓度梯度 H_2O_2 的试纸显色实验

取 8 µmol/L 的 H_2O_2 200 µL 加入反应板的第一个孔中，而在其他 3 个孔中加入 100 µL 蒸馏水，从第一孔中吸出 100 µL 8 µmol/L 的 H_2O_2 加入第二个孔中，并反复吸取混匀，即配得 4 µmol/L H_2O_2，再取 100 µL 加入第三孔中，依照同样的方法依次稀释得到 2 µmol/L、1 µmol/L、0.5 µmol/L 一系列浓度的 H_2O_2。用制备好的滤纸片依次蘸取 0.5 µmol/L、1 µmol/L、2 µmol/L、4 µmol/L、8 µmol/L 浓度的 H_2O_2，待 2~3 min 后观察所显现的颜色。

3. 未知消毒液 H_2O_2 浓度的分析

用制备好的滤纸片快速蘸取待测样品，2~3 min 后观察所显现的颜色，与标准 H_2O_2 溶液的显色结果对比，确定样品中 H_2O_2 的浓度范围。

五、实验结果及分析

1）对比待测样品与标准 H_2O_2 溶液的试纸显色结果，确定待测样品 H_2O_2 浓度的大致范围。

2）观察并思考实验中影响显色的各种可能因素。

六、注意事项

用酶试纸蘸取待测样品，切记不要将酶试纸条浸泡在标准液和待测溶液中，以免影响显色效果。

七、思考题

1）分析实验中影响显色的各种可能因素。

2）为什么说利用固定化有过氧化物酶的滤纸片作为酶传感器，在特定的显色条件下将待测样品中的 H_2O_2 转变为颜色信号，测得样品中的 H_2O_2 浓度范围属于一种半定量的检测方法？

实验 14-2　酶反应器设计及酪蛋白水解物的制备

一、实验目的

学习酶反应器的原理和掌握若干类型酶反应器的设计、组装及应用；比较各种类型反应器的特点。

二、实验原理

以酶作为催化剂进行反应所需的场所称为酶反应器,即游离酶、固定化酶或固定化细胞催化反应的容器。其作用是以尽可能低的成本,由反应物制备产物,因此,酶反应器是酶工艺的中心环节,是原料到产品的纽带。酶反应器主要有搅拌罐式反应器、超滤膜反应器、固定床式反应器、流化床型反应器、膜型反应器、鼓泡塔反应器等形式,各具优缺点,根据具体需要、具体条件选择不同反应器。

蛋白水解物在食品、医药和日用化妆品等领域具有广泛的用途,用蛋白酶水解各类蛋白质是较常用的方法。本实验将木瓜蛋白酶固定化后,进一步组装酶反应器,在酶反应器中制备酪蛋白水解物。

三、仪器、试剂与材料

1. 仪器

分光光度计、离心机、磁力搅拌器、超级循环恒温水浴、恒流泵等。

2. 试剂

1)0.1 mol/L 磷酸缓冲液(pH7.2)。

2)1%的酪蛋白溶液。称取酪素 1.0 g,加入适量的磷酸缓冲液约 80 mL,在 70℃的水浴中边加热边搅拌,直至完全溶解,冷却后,转入 100 mL 容量瓶中,用磷酸缓冲液稀释至刻度。此溶液应在冰箱内贮存。

3)激活剂。用 0.1 mol/L 磷酸缓冲液(pH7.2)配制含半胱氨酸 10 mmol/L、EDTA 1 mmol/L 的混合液。

4)10%(m/V)三氯乙酸(TCA)。

5)反应底物溶液。将 1%的酪蛋白溶液和激活剂按 1:1.5 的体积比混合即得。

3. 材料

固定化木瓜蛋白酶。

四、实验内容及步骤

1)连接好各反应器组件,打开超级循环恒温水浴,将温度设定在 35℃,并将所制备的固定化木瓜蛋白酶装入玻璃反应柱内。

2）在取样瓶中加入反应底物溶液 150 mL，并打开恒流泵启动反应，计时，每隔 5 min 从取样瓶中抽取反应样品，分别测定反应过程中底物的减少和产物的增加以了解反应进程。

3）底物的减少以反应液中蛋白质含量的减少来表示，其中蛋白质含量的测定用考马斯亮蓝 G-250 法，取 50 μL 的样品液加入 2.5 mL 的考马斯亮蓝 G-250 溶液，摇匀，在 595 nm 波长下测定 OD 值。产物的增加以反应物中酪氨酸和含酪氨酸的短肽的变化表示，测定方法为取 2 mL 的反应液加入 2 mL 的 10% 的 TCA 混匀，过滤，取滤液测定 OD_{275} 值。

具体操作步骤见表 14-2-1。

表 14-2-1　考马斯亮蓝 G-250 法测定蛋白质含量的体系

反应时间/min	0	5	10	15		备注
反应液/mL	2	2	2	2	……	以反应物中酪氨酸和含酪氨酸的短肽的增加来表示产物的生成
10% TCA/mL	2	2	2	2	……	
分别过滤或离心（4000 r/min、5 min），滤液或上清在 275 nm 波长处测 OD 值						
反应液/mL	0.05	0.05	0.05	0.05	……	用蛋白质含量的减少来表示底物的减少
考马斯亮蓝 G-250/mL	2.5	2.5	2.5	2.5	……	
混匀，放置 5 min 测定 OD_{595}						

五、实验结果及分析

1）用示意图表示反应器的结构与控制。
2）绘制反应进程表。
3）绘制反应进程曲线。
4）观察并比较不同底物流方向对反应器运行的影响。

六、注意事项

1）本装置所用的木瓜蛋白酶必须进行固定化。
2）实验过程中为了提高酶的催化效果，应维持反应温度恒定。

七、思考题

1）哪些因素会影响反应进程曲线？
2）不同底物流方向是如何影响反应器运行的？

实验 14-3 酶法澄清苹果果汁加工工艺优化

一、实验目的

掌握饮料加工工艺中酶法澄清的原理与操作方法。

二、实验原理

苹果汁中存在的果胶有很强的保护胶体的作用，能保持稳定的浑浊度。同时，果胶溶液黏度大，如果不加处理，过滤是困难的，而且即使过滤之后，在果汁中所存在的果胶和其他高分子物质在贮藏中由于分解、与金属离子结合及其他作用，也会产生凝固沉淀。因此，在过滤之前，必须先进行澄清。常用的澄清方法主要有自然澄清法、热处理法、冷冻法、酶法、加澄清剂法、离心分离法、超滤法等。酶法同其他方法比较，具有用量少、作用时间短、澄清效果好等诸多特点，且酶法的作用机制是生物降解。本实验利用果胶酶对苹果汁进行澄清，通过优化酶法澄清苹果汁的工艺参数，有助于理解饮料加工工艺中酶法澄清的原理和操作方法。

三、仪器、试剂与材料

1. 仪器

电子天平、榨汁机、循环水真空泵、可见分光光度计、色差计、水浴锅、离心机等。

2. 试剂

果胶酶、抗坏血酸溶液等。

3. 材料

新鲜苹果。

四、实验内容及步骤

1. 工艺流程

原料选择→清洗→破碎→榨汁（加抗坏血酸护色）→过滤→原汁→加入果胶酶澄清→灭酶→过滤→清汁。

2. 操作要点

（1）苹果汁制备

取新鲜苹果清洗后，去皮、去核，或不去皮、不去核，后切分成长约 2 cm 的小块，放入榨汁机。在榨汁时放入占苹果质量 0.1% 的抗坏血酸溶液护色（以蒸馏水代替抗坏血酸作对照），将榨出的苹果汁用滤布粗滤得原汁，使用离心机分离苹果渣中的果汁，与过滤的清汁混合。

（2）果胶酶澄清苹果汁的工艺条件优化

根据果胶酶对果胶等大分子物质的生物降解特性，本实验着重考察果胶酶浓度（0.10%、0.15%、0.20%）、酶作用温度（40℃、50℃、60℃）和时间（1 h、2 h、3 h）3 个主要影响因素。在单因素实验的基础上，选用 $L_9(3^4)$ 正交试验设计对酶法澄清苹果汁的工艺条件进行优化，从而确定果胶酶澄清苹果汁的最佳工艺条件。

（3）果汁澄清度的测定

采用可见分光光度法，以蒸馏水作参比，在 660 nm 波长下，测定苹果汁的透光率。用透光率表示苹果汁的澄清度。

五、实验结果及分析

1）果胶酶添加量对果汁澄清度（T）的影响见表 14-3-1。

表 14-3-1　果胶酶添加量对果汁澄清度的影响记录表

酶液量/mL	OD660		平均值（T）	空白（T_0）	$\Delta T=\|T-T_0\|$
	A 管	B 管			

2）分析不同 pH 对果汁澄清效果的影响。

3）分析不同反应温度对果汁澄清效果的影响。

六、注意事项

1）在榨汁的时候，应加入占苹果质量 0.1% 的抗坏血酸溶液进行护色，防止果汁褐变。

2）分析正交试验数据结果时，应通过显著性分析确定最佳工艺条件。

七、思考题

1）果胶酶澄清苹果汁的原理是什么？

2）苹果去皮、去核对于果汁的澄清度有何影响？

3）使用抗坏血酸护色对于果汁的色泽有何影响？

4）各单因素对苹果汁澄清效果有何影响？

5）通过正交试验得出果胶酶澄清苹果汁处理的最佳工艺条件是什么？

实验十五　多克隆抗体的纯化与检测

抗体是指机体由于抗原的刺激而产生的具有保护作用的一种免疫球蛋白。它是一种由浆细胞分泌产生，被免疫系统用来鉴别、中和外来物质如细菌、病毒等的蛋白质分子，存在于脊椎动物的血液等体液中和 B 淋巴细胞的细胞膜表面。抗体由于其独有的生物学特性，在疾病的分子诊断、免疫防治、疾病的靶向治疗、特定生物分子的检测及在生命科学和医学的基础研究中作为分子探针发挥重要作用。早在 19 世纪，科学家就开始使用特异抗原免疫动物并制备相应的含特异性抗体免疫球蛋白的血清。天然抗原分子中往往含有多种抗原表位，用该抗原免疫动物时可同时激活多种 B 淋巴细胞克隆，导致产生的抗体中会含有多种针对不同抗原表位的抗体，因此称为多克隆抗体。科研用的多克隆抗体主要从动物免疫血清中获得。多克隆抗体具有中和抗原、免疫调理、补体依赖的细胞毒作用等重要作用，而且来源广泛、制备简单。可用于免疫并制备多克隆抗体的动物很多，如小鼠、大鼠、鸡、羊、马和兔等。在实验室条件下，鼠和兔是最常用的制备多克隆抗体的免疫动物。其中，兔多克隆抗体由于具有制备周期短、识别表位多、可以进行沉淀反应及凝集反应等优点，一直是科学研究工作者的重要工具。

免疫动物产生的抗体主要存在于血清中，而血清中的成分十分复杂，需要从血清中分离纯化出抗体成分，以防止抗体外的其他血清成分对实验结果产生影响。因此只能根据不同目的的要求，从抗血清中除去容易造成干扰的有关成分或提取相应的免疫球蛋白。抗血清纯化的方法主要有粗提法和精制法。粗提法主要采用硫酸铵盐析法，精制法分非特异性和特异性两种类型。本部分将具体介绍兔血清的分离及从中纯化抗体免疫球蛋白分子的实验方法。

实验 15-1　兔血清的分离

一、实验目的

学会大白兔血样的采集及血清的分离。

二、实验原理

血清是指血液凝固后，血浆中的纤维蛋白原由可溶状态变为不溶状态，从而从血浆中分离出来，得到的淡黄色透明液体（或指纤维蛋白原已被除去的血浆）。血液由55%～60%的血浆和40%～45%的血细胞组成。血液由溶胶状态变为凝胶状态的血凝块，这一现象称为血液凝固。血液流出血管就会发生凝固，它是一系列复杂的化学连锁反应的结果，其最后阶段是由原来溶解于血浆中的纤维蛋白原转变为不溶性的纤维蛋白，使原来呈溶胶状态的血液逐渐变成凝胶状态的血凝块。血凝块形成以后，由于血小板收缩蛋白的收缩作用，血凝块回缩变硬，同时析出淡黄色透明的液体，即血清。血液在37℃左右最易凝固，4℃过夜条件下析出的血清最多。

三、仪器、试剂与材料

1. 仪器

吹风机、兔子固定器、培养皿、冰箱、恒温培养箱等。

2. 试剂

消毒乙醇等。

3. 材料

经免疫的新西兰大白兔、酒精棉球、注射器、15 mL 高速离心管、50 mL 离心管等。

四、实验内容及步骤

1. 取血

采用以下方法中的一种采集兔血。

（1）耳缘静脉取血

采集少量血液，可采用此法。将家兔放在兔子固定器内，拔去拟采血部位的毛，用酒精棉球擦拭后吹风机吹热（或用二甲苯棉球擦）耳郭，使耳部血管扩张。用针头插入耳缘静脉取血，其操作步骤基本与耳缘静脉注射相似。亦可用粗针头刺破耳缘静脉，让血液自然流出即可。取血后用棉球压迫止血。

（2）兔耳中央动脉取血

在兔耳的中央有一条较粗、颜色较鲜红的中央动脉，用左手固定兔耳，右手持注射器，在中央动脉末端，沿着动脉向心方向平行刺入动脉，此法一次可取血

10～15 mL。取血完毕后注意止血。

2. 血液的凝固与血清析出

将兔血 2～5 mL 加入到培养皿内，置于 37℃恒温培养箱中 1 h 左右，待血液完全凝固后，再转移到 4℃冰箱中过夜，用移液器小心吸取淡黄色的液体，即血清，并转移到 15 mL 高速离心管中。

3. 血清中杂质的去除

12 000 g 离心 30 min，弃血细胞或其他杂质沉淀，将淡黄色且透明的血清转移到一新的 50 mL 离心管中，4℃冰箱保存备用（如果需要保存更长时间，可向离心管中加入终浓度为 50%左右的甘油，−20℃冰箱中冻存）。

五、实验结果及分析

1）记录兔血采集的过程及采血量。
2）记录所获取血清的量并计算血清占全血总量的比例。

六、注意事项

1）耳缘静脉取血。一定要用吹风机吹热（或用二甲苯棉球擦）耳郭，使耳部血管充分扩张，否则不易取血。
2）耳中央动脉取血。由于兔耳中央动脉易发生痉挛性收缩，因此抽血前，必须先让兔耳充分充血，当动脉扩张，未发生痉挛性收缩时立即抽血。不要在近耳根处取血，因为耳根部软组织厚，血管位置较深，易刺透血管造成皮下出血。
3）血液中避免混入杂质，以防溶血。
4）血液在恒温培养箱中要充分凝固，且在 4℃冰箱中放置的时间不能少于 4 h，否则会影响血清的析出。
5）注意安全，防止被注射器扎伤。

七、思考题

1）比较耳中央动脉与耳缘静脉取血的差异。
2）如何防止取血过程中出现溶血？
3）血清如何保存？

实验 15-2　多克隆抗体的硫酸铵分级粗纯化

一、实验目的

学会利用不同浓度的硫酸铵将血清中的大部分杂质蛋白去除。

二、实验原理

硫酸铵沉淀法可用于从大量粗制剂中浓缩和部分纯化蛋白质。用此方法可以将主要的免疫球蛋白从样品中分离，是免疫球蛋白分离的常用方法。高浓度的盐离子在蛋白质溶液中可与蛋白质竞争水分子，从而破坏蛋白质表面的水化膜，降低其溶解度，使其从溶液中沉淀出来。各种蛋白质的溶解度不同，因而可利用不同浓度的盐溶液来沉淀不同的蛋白质，这种方法称为盐析。硫酸铵因其溶解度大、温度系数小和不易使蛋白质变性而应用最广。

三、仪器、试剂与材料

1. 仪器

移液器、高速离心机、磁力搅拌器、电泳仪、层析柜、旋转摇床、脱色摇床、微波炉、制胶板、制胶架、剥胶板、染色缸、500 mL 烧杯、水浴锅等。

2. 试剂

饱和硫酸铵溶液（pH7.0）、蒸馏水、PBS、30% Acr-Bis（29∶1）、1.5 mol/L Tris-HCl（pH8.8）、10% SDS、TEMED、1 mol/L Tris-HCl（pH6.8）、10%过硫酸铵、考马斯亮蓝染色液、脱色液、1×Tris-甘氨酸电泳缓冲液、5×SDS-PAGE 上样缓冲液、蛋白质分子量标准等。

3. 材料

巴氏吸管、透析袋（MWCO，10 kDa）、15 mL 高速离心管、血清样品。

四、实验内容及步骤

1. 配制饱和硫酸铵溶液

将 76.7 g 硫酸铵边搅拌边慢慢加到 100 mL 蒸馏水中。用氨水或硫酸调到

pH7.0。此即饱和度为 100% 的硫酸铵溶液（4.1 mol/L，25℃）。

2. 分级沉淀

（1）33% 硫酸铵沉淀

取 5 mL 去除杂质的血清，将血清加入到 15 mL 的高速离心管中，准确量取 2.5 mL 的饱和硫酸铵溶液并用巴氏吸管将硫酸铵溶液逐滴加入血清中，每加入一滴轻轻摇晃离心管数次，直至完全混合均匀。拧紧离心管的管盖并安放到旋转摇床，2～8℃层析柜中旋转过夜；12 000 g 离心 30 min，吸取并保留上清液。

（2）50% 硫酸铵沉淀

向上清中再用巴氏吸管将 2.5 mL 饱和硫酸铵溶液逐滴加入，每加入一滴轻轻摇晃离心管数次，直至完全混合均匀，拧紧离心管的管盖，安放到旋转摇床，2～8℃层析柜中旋转过夜。12 000 g 离心 30 min，吸取并保留沉淀。

3. 透析

将沉淀溶解于 10 mL PBS 中。将上述包含抗体的溶液置于透析袋中（截留分子质量小于 10 kDa），浸没于一装有 500 mL PBS 的烧杯中，2～8℃层析柜中每隔 4～8 h 换透析液一次，共更换 2～3 次，彻底除去硫酸铵。

4. 纯化样品的检测

（1）制样

将纯化过程中得到的样品（包括分离的血清、不同硫酸铵浓度下分级纯化的抗体蛋白质）各 40 μL 加入到不含还原剂的 5×SDS-PAGE 上样缓冲液中，混匀并于沸水浴中加热变性 5 min。另取去除杂质的血清、透析后的纯化蛋白各 40 μL 加入到含还原剂的 5×SDS-PAGE 上样缓冲液中，混匀并于沸水浴中加热变性 5 min。

（2）电泳

制备 10% 的 SDS-PAGE 胶。在加样孔中依次加入 10 μL 样品。连接电源，调电压至 80 V，待样品压成一条线，调电压至 120 V，待溴酚蓝距分离胶底部 1 cm 左右时，关闭电源，停止电泳。

（3）染色与脱色

用自来水冲洗胶-玻璃板三联体，用拆胶板将胶卸下，放入装有自来水的染色盒里。往染色盒中加入适量染色液，先微波炉高火加热至 70℃左右，再调至最小功率加热染色 10 min，回收染色液。用自来水冲洗残留染色液，再加入适量脱色液于脱色摇床上脱色，直至背景蓝色褪淡能见到清晰条带为止，其间应更换脱色液 2～3 次。

（4）拍照

利用成像仪扫描 SDS-PAGE 胶并进行分析。

五、实验结果及分析

比较纯化前后蛋白质条带的变化，标出抗体条带所处的位置，分析经分级纯化后抗体纯度的变化。

六、注意事项

1）将硫酸铵溶液逐滴加入血清中，每加入一滴轻轻摇晃离心管数次，直至完全混合均匀。

2）盖紧离心管的盖子，2～8℃层析柜中旋转过夜。

3）透析袋使用前要检查是否渗漏或破损。

4）透析时要定时更换透析液，最好在磁力搅拌器的搅拌下透析，加快透析的速度。

七、思考题

在还原条件下和非还原条件下，经 SDS-PAGE 分离后，抗体蛋白质的条带会发生什么变化？

实验 15-3　抗体的蛋白质 G 亲和纯化

一、实验目的

学会利用蛋白质纯化系统和蛋白质 G 柱对硫酸铵沉淀的抗体进行进一步的亲和纯化。

二、实验原理

蛋白质 G 是 C 型或 G 型链球菌表达的免疫球蛋白结合蛋白。蛋白质 G 能特异性地与哺乳动物免疫球蛋白结合，结合的部位通常为免疫球蛋白的 Fc 区，即可从样品中得到高纯度的抗体。免疫球蛋白 G（IgG）是血清主要的抗体成分，约占血清免疫球蛋白（Ig）总量的 75%。IgG 分子质量约 150 kDa，由两条重链（约 55 kDa）和两条轻链（约 25 kDa）经链间二硫键连接而成，因此在无还原剂的情况下，经 SDS-PAGE 分离和染色后的目标蛋白质条带分子质量约 150 kDa，呈单一条带；在还原条件下，SDS-PAGE 分离后，经染色的目标蛋白质变成两条分子质量分别为约 55 kDa 和 25 kDa 的条带。

三、仪器、试剂与材料

1. 仪器

超速离心机、蛋白质纯化系统、电泳仪、垂直电泳槽、灌胶模具、微量移液器等。

2. 试剂

结合缓冲液（PBS，pH7.4）、洗脱液（100 mmol/L 甘氨酸，pH2～3）、中和缓冲液（1 mol/L Tris-HCl，pH10）、保存液（20%乙醇）、30% Acr-Bis（29∶1）、1.5 mol/L Tris-HCl（pH8.8）、10% SDS、TEMED、1 mol/L Tris-HCl（pH6.8）、10%过硫酸铵、考马斯亮蓝染色液、脱色液、1×Tris-甘氨酸电泳缓冲液、5×SDS-PAGE 上样缓冲液、蛋白质分子量标准等。

3. 材料

蛋白质 G 柱、血清样品、蒸馏水、透析袋。

四、实验内容及步骤

1. 稀释

为确保样品溶液有合适的离子强度和 pH，上柱之前先用结合缓冲液至少按 4∶1 比例稀释硫酸铵粗纯化的抗血清。

2. 平衡

安装好预装柱，打开预装柱上面的帽子（上堵口），连接纯化系统的结合缓冲液，折断或剪断下口，用 10 倍柱体积的结合缓冲液洗涤并平衡预装柱。对于规格为 1 mL 的预装柱，流速可以控制为 1 mL/min。

3. 上样

混匀稀释的样品，避免产生气泡。把样品从预装柱的上端加入，建议流速为

1 mL/min（1 mL 预装柱），这样能保证目的蛋白质与琼脂糖凝胶充分接触，提高目的蛋白质的回收率。同时收集流出液，待检测。

4. 洗涤

样品结合后，用 20 倍柱体积的结合缓冲液洗涤预装柱以去除非特异性吸附的杂蛋白质，建议流速为 1 mL/min，收集洗涤液。洗涤过程中勿让预装柱缓冲液滴干。

5. 洗脱与中和

按每毫升洗脱液加入 100 μL 中和缓冲液的比例，在收集管中预先加入适量中和缓冲液。在上一步洗涤完成后，通常用 5 倍柱体积的洗脱缓冲液洗脱结合的抗体。收集洗脱液，每管 0.5～1 mL。

6. 预装柱的再生

1）用 5 倍柱体积的洗脱缓冲液洗涤预装柱。
2）用 5 倍柱体积的去离子水清洗预装柱。
3）用 5 倍柱体积的保存液平衡预装柱，最后保存在等体积的保存液中，下堵口旋紧后 4℃保存。

7. 纯化样品的检测

将纯化过程中得到的样品（包括原始样品、流出液、洗涤液及洗脱液）用 10% 的 SDS-PAGE 进行检测，判定其纯化效果。

五、实验结果及分析

1）打印拍下的照片，根据蛋白质分子量标准找到目标蛋白质条带并进行标注。
2）比较粗纯化与亲和纯化抗体纯度的变化关系。

六、注意事项

1）血浆样品在稀释过程中有可能由于血浆中的脂蛋白沉淀而浑浊，只需 10 000 g 离心 20 min 取上清即可。
2）如果样品的黏度比较大，若上样体积比较少，也会造成预装柱有很大的反压，所以如果样品黏度大，需要适当稀释。同时，上样量不能超过柱子的最大结合能力，一般不超过 80% 为宜，而且较大的样品体积也可能造成很大的反压，使得进样器较难使用。

3）为了获得更好的抗体结合效果，可将穿流液再上样，重复 2 遍（或将样品一次性加入层析柱后置于摇床上，轻轻摇动，结合 30 min）。

4）洗涤是否完全可以通过测定收集的洗涤液的 280 nm 吸光度而确定。

5）本预装柱再生后，重复使用多次几乎不影响其结合能力。

七、思考题

1）经蛋白质 G 柱纯化所得的抗体仍是多克隆抗体，不会增加抗体的特异性，如果要获得特异性更强的抗体，应采用什么样的亲和纯化方法？

2）为什么经酸洗脱的抗体蛋白必须要用 1 mol/L Tris-HCl（pH10）进行中和？

3）为什么 20% 的乙醇可用作蛋白质 G 柱的保存液？

实验十六　利用毕赤酵母制备重组蛋白

蛋白质是生命的物质基础，是构成细胞的基本有机物，亦是生命活动的主要承担者。许多具有重要功能的蛋白质在生物体中的含量低，提取困难，因此发展高效的重组蛋白生产技术是突破这一瓶颈的主要途径，主要应用了重组 DNA 技术从而获得重组蛋白质。体外重组蛋白的生产主要包括四大系统：原核蛋白表达，哺乳动物细胞蛋白表达，酵母蛋白表达，以及昆虫细胞蛋白表达。不同表达系统生产的重组蛋白在活性和应用方面均有所不同，因此往往需要根据下游应用选择合适的蛋白表达系统。

巴斯德毕赤酵母表达系统是近二十年来发展起来的最为成功的真核外源蛋白表达系统之一，与其他重组蛋白表达系统相比，毕赤酵母表达系统具有以下优点：①含有强有力的启动子，可调控外源基因的表达。②表达水平高，既可在胞内表达，又可分泌型表达。一般毕赤酵母中外源基因都带有指导分泌的信号肽序列，使表达的外源目的蛋白分泌到发酵液中，有利于分离纯化。③发酵工艺成熟，易放大。④培养成本低，产物易分离。培养基的碳源物质主要是甘油、葡萄糖或甲醇，其余为无机盐，培养基中不含蛋白质，有利于下游产品分离纯化。⑤外源蛋白基因遗传稳定。一般外源蛋白基因整合到毕赤酵母染色体上，不易丢失。⑥作为真核表达系统，毕赤酵母具有真核生物所具有的糖基化、脂肪酰化、蛋白磷酸化等翻译后修饰加工功能。到目前为止，有数千种外源其因实现了在毕赤酵母中的表达。

利用三磷酸甘油醛脱氢酶启动子（pGAP），可实现外源重组蛋白在毕赤酵母中的组成型表达，它不需要把碳源从甘油更换成甲醇，不但防止了储藏和运输甲醇的花费与危险，更避免了由于甲醇残留而产生的毒性作用；同时，采用组成型表达可大大缩短发酵生产的周期，提高生产效率。

实验 16-1　酵母转化子的活化及少量培养

一、实验目的

学会利用摇瓶少量培养获得外源基因在毕赤酵母中的最佳表达条件。

二、实验原理

构建组成型分泌的毕赤酵母表达供体，经同源重组，将目的基因导入毕赤酵母的染色体,经转化子的验证和筛选得到高水平表达外源基因的转化子。该转化子目标基因处于组成型启动子 pGAP 的调控下,只要菌体生长,该启动子就会启动并可能分泌表达目标蛋白。毕赤酵母的表达条件易放大,较小体积培养条件下目标蛋白的分泌表达情况与较大体积条件下的表达情况可能非常接近,因此获得少量培养条件下外源基因的表达情况,可以为大量生产该重组蛋白提供重要参考。

三、仪器、试剂与材料

1. 仪器

超净工作台、全温摇床、蛋白质电泳系统等。

2. 试剂

酵母浸出粉胨葡萄糖培养基(YPD)固体和液体培养基、12% SDS-PAGE 胶、考马斯亮蓝染色液、脱色液、1×Tris-甘氨酸电泳缓冲液、5×SDS-PAGE 上样缓冲液、蛋白质分子量标准等。

3. 材料

接种环、酒精灯、高水平分泌表达茯苓免疫调节蛋白(PCP)的组成型毕赤酵母转化子(目标蛋白分子质量约为 30 kDa,带有组氨酸纯化标签)。

四、实验内容及步骤

1. 配制 YPD 液体培养基

0.5 g 的酵母提取物,1 g 的胰蛋白胨,加水 45 mL,于 250 mL 三角瓶中 121℃湿热灭菌 15 min,待冷却至室温后,严格无菌条件下加入 20% 的灭菌葡萄糖 5 mL,备用。

2. 转化子的活化

在超净台内,严格无菌操作条件下,从 YPD 平板上挑取转化子单菌落接种至含有 2 mL 培养基的 15 mL 无菌离心管中,于 28℃、200 r/min 的摇床培养过夜。

3. 少量培养

将培养过夜的菌液在超净台内,严格无菌操作条件下,按 1% 的接种量接种至含有 50 mL YPD 液体培养基的三角瓶中,于 28℃、250 r/min 的摇床培养,每 24 h 取样一次,每次取样 1.8 mL,于 4℃冰箱中保存,共培养 72 h,即取样 3 次。

4. 电泳样品的制备

将样品于 12 000 g 离心 5 min，保留上清。取 40 μL 样品加入到含还原剂的 5×SDS-PAGE 上样缓冲液中，混匀，并于沸水浴中加热变性 5 min。

5. 12% SDS-PAGE 分析

在加样孔中依次加入 10 μL 样品。连接电源，调电压至 80 V，待样品压成一条线，调电压至 120 V，待溴酚蓝距分离胶底部约 1 cm 时，关闭电源，停止电泳。拆胶、染色并脱色后，拍照。

五、实验结果及分析

脱色后利用胶扫描仪进行拍照，标注出目标蛋白条带的位置，并分析目标蛋白的表达情况与培养时间之间的关系。

六、注意事项

1）采用严格的无菌操作，否则在培养的过程中会染上杂菌。
2）注意电泳电压和电泳时间。
3）脱色要刚刚脱至背景基本无色而目标蛋白条带清晰。

七、思考题

1）如何确定培养液是否污染杂菌？
2）解释目标蛋白表达情况与培养时间之间的关系。
3）除 SDS-PAGE 外，还有哪些方法可以用于确定目标蛋白的表达？

实验 16-2 重组茯苓免疫调节蛋白的镍亲和纯化

一、实验目的

学习利用镍亲和层析柱纯化带有组氨酸标签的重组蛋白。

二、实验原理

金属螯合亲和层析，又称固定金属离子亲和色谱，其纯化原理是利用蛋白质表面的组氨酸与多种过渡金属离子如 Cu^{2+}、Zn^{2+}、Ni^{2+}、Co^{2+}、Fe^{3+} 形成配位相互作用，从而能够吸附富含这类氨基酸的蛋白质，以达到分离纯化的目的。本实验的重组蛋白含有一个 6×His 标签，因此可以利用镍亲和层析柱纯化重组蛋白。

三、仪器、试剂与材料

1. 仪器

超净台、全温摇床、蛋白质电泳系统等。

2. 试剂

YPD 液体培养基、pH8.0 的 PBS、2 mol/L 咪唑、超纯水、12% SDS-PAGE 胶、考马斯亮蓝染色液、脱色液、1×Tris-甘氨酸电泳缓冲液、5×SDS-PAGE 上样缓冲液、蛋白质分子量标准等。

3. 材料

接种环、酒精灯、PCP 毕赤酵母转化子、简装层析柱及镍亲和树脂。

四、实验内容及步骤

1. 扩大培养

将培养过夜的酵母转化子菌液在超净台内，严格无菌操作条件下，按 1% 的接种量接种至含有 300 mL YPD 液体培养基的 1 L 三角瓶中，28℃、250 r/min 摇床培养 48 h。

2. 调节 pH

将培养 48 h 的发酵液用 NaOH 调 pH 至 8.0，然后于 4℃，12 000 r/min 离心 30 min，离心后将上清液倒入干净的烧杯中，此为纯化前的样品，另取 1 mL 并标明为过柱前的样品。

3. 柱平衡

用蒸馏水漂洗亲和柱一遍后，再用 PBS 平衡缓冲液平衡亲和纯化柱。

4. 过柱与漂洗

将样品 50 mL 加入到层析柱中，重复过柱 2 遍，取 1 mL 作为过柱后的样品。待样品过完后用 PBS 平衡缓冲液漂洗柱 1 次。然后用 20 mmol/L 的咪唑漂洗缓冲液洗柱 2 次。

5. 洗脱

用 2 mL 50 mmol/L、100 mmol/L、200 mmol/L 和 400 mmol/L 的咪唑洗脱缓冲液从低浓度到高浓度分别洗脱蛋白质并用离心管收集。

6. 电泳样品的制备

取 40 μL 样品（过柱前、过柱后和不同浓度咪唑洗脱下的纯化蛋白质）加入到含还原剂的 5×SDS-PAGE 上样缓冲液中，混匀并于沸水浴中加热变性 5 min。

7. 12% SDS-PAGE 分析

在加样孔中依次加入 10 μL 样品。连接电源，调电压至 80 V，待样品压成一条线，调电压至 120 V，待溴酚蓝距分离胶底部约 1 cm 时，关闭电源，停止电泳。拆胶、染色并脱色后，拍照。

五、实验结果及分析

脱色后利用胶扫描仪进行拍照，标注出目标蛋白条带的位置，并分析目标蛋白纯度与洗脱缓冲液中咪唑浓度之间的关系。

六、注意事项

1）调 pH 至 8.0 后再离心，上清液中绝对不能含有杂质。
2）蛋白洗脱时按咪唑浓度从低到高分别洗脱蛋白。

七、思考题

1）为什么要将纯化前的样品的 pH 调节至 8.0 左右？
2）除利用咪唑外，还有哪些洗脱目标蛋白的方法？

实验 16-3 重组茯苓免疫调节蛋白的 DEAE 离子交换纯化

一、实验目的

学习利用蛋白纯化系统和 DEAE 弱阴离子交换预装柱进一步纯化重组蛋白。

二、实验原理

离子交换层析是目前在生物大分子提纯中应用最广泛的方法之一。离子交换层析分离蛋白质是根据在一定 pH 条件下,蛋白质所带电荷不同而进行的分离方法。离子交换层析中,基质由带有电荷的树脂或纤维素组成。带有正电荷的称为阴离子交换树脂;而带有负电荷的称为阳离子交换树脂。离子交换层析同样可以用于蛋白质的分离纯化。由于蛋白质有等电点,当蛋白质处于不同的 pH 条件下,其带电状况也不同。阴离子交换基质结合带有负电荷的蛋白质,所以这类蛋白质被留在柱子上,然后通过提高洗脱液中的盐浓度等措施,将吸附在柱子上的蛋白质洗脱下来。结合较弱的蛋白质首先被洗脱下来。反之阳离子交换基质结合带有正电荷的蛋白质,结合的蛋白质可以通过逐步增加洗脱液中的盐浓度或是提高洗脱液的 pH 洗脱下来。

三、仪器、试剂与材料

1. 仪器

蛋白纯化系统、抽滤设备、蛋白质电泳系统等。

2. 试剂

0.1 mol/L HCl、1 mol/L NaOH、3 mol/L NaCl、超纯水、12% SDS-PAGE 胶、考马斯亮蓝染色液、脱色液、1×Tris-甘氨酸电泳缓冲液、5×SDS-PAGE 上样缓冲液、蛋白质分子量标准等。

3. 材料

经镍亲和纯化的重组蛋白洗脱液、1 mL 预装 DEAE 柱、0.22 μm 滤膜。

四、实验内容及步骤

1. 透析

将经镍亲和纯化所得到的蛋白质于透析袋内 pH8.5 的 10 mmol/L 的 Tris-HCl 中透析 3 次,每 4～8 h 更换透析液一次(4℃层析柜或冰箱)。

2. 除杂

将透析后的蛋白溶液于 4℃,12 000 g 离心 10 min。0.22 μm 滤膜抽滤再次去除杂质。

3. 柱平衡

用蒸馏水冲洗 DEAE 预装柱，用 10 mL 的 pH8.5 的 10 mmol/L Tris-HCl 平衡纯化预装柱。

4. 上样

将样品上柱，流速要慢，1 mL/min。

5. 漂洗

用 30 倍柱体积的结合缓冲液洗脱不能结合的杂蛋白。

6. 洗脱

当 280 nm 的吸光度回到基线时，加洗脱缓冲液（含 0.2 mol/L NaCl 的 pH8.5 的 10 mmol/L Tris-HCl）。当吸光曲线表明蛋白质开始流出柱子时（此为纯化蛋白），开始收集样品（A_{280}>50 mAU，AU 为 HPLC 吸收度单位）。

7. 透析与浓缩

纯化完成后，应采用 PBS 溶液对纯化的蛋白质进行透析。透析后蛋白质有可能需要进行浓缩，因为透析可能导致抗体被稀释。

8. 再生纯化柱

分别用 10 倍柱体积 0.1 mol/L 的 HCl、超纯水、0.1 mol/L 的 NaOH 冲洗 DEAE 纯化柱，重复冲洗 3 次，再用 10 倍柱体积的超纯水清洗纯化柱，之后用 10 倍柱体积的 20%乙醇清洗纯化柱，最后将 DEAE 柱保存在 20%乙醇中，放 4℃冰箱。

9. SDS-PAGE 检测纯化的效果

在加样孔中依次加入 10 μL 制备好的样品。连接电源，调电压至 80 V，待样品压成一条线，调电压至 120 V，待溴酚蓝距分离胶底部约 1 cm 时，关闭电源，停止电泳。拆胶、染色并脱色后，拍照。

五、实验结果及分析

1）扫描脱色后的凝胶，根据蛋白质分子量标准找到目标蛋白条带并进行标注。
2）比较蛋白纯化前、镍亲和纯化后和离子交换纯化后目标蛋白纯度的变化。

六、注意事项

1）透析除盐并改变溶液的 pH，此过程中部分蛋白质会变性产生沉淀，为防止堵塞，必须离心和过滤。

2）上样时观察离子强度的变化，如果离子强度大于 10 mmol/L 氯化钠的离子强度，说明离子强度过强，会影响蛋白质与柱的结合。

3）为了获得更好的结合效果，可将穿流液再上样，重复 2 遍。

4）本预装柱再生后，必须于保存液中在 4℃低温下保存。

七、思考题

1）利用蛋白纯化系统纯化蛋白质需要谨记哪些重要的操作注意事项？

2）离子强度（盐浓度）对蛋白质的挂柱与洗脱有什么影响？

3）针对不同等电点的蛋白质如何选择合适的离子交换树脂？

4）采用 A_{280} 来检测目标蛋白是否被洗脱的原理是什么？蛋白质浓度的测定还有哪些方法？

实验十七　外源基因在哺乳动物细胞中的表达

基因工程的核心技术是基因表达技术。通过将分离、修饰后的 DNA、基因导入生物细胞，使目的基因在细胞中高效表达，可使原有生物体的性状发生变化，获得优良性状，或者产生人们所需的蛋白质、多肽类药物等。目前，该技术已广泛应用于医药、工业、农业、食品、环保等领域；同时外源基因表达也是研究基因功能的重要手段。

实验 17-1　脂质体介导的外源基因细胞转染

一、实验目的

学习和掌握脂质体介导外源基因转染体外培养的哺乳动物细胞技术；掌握利用荧光显微镜观察外源蛋白（绿色荧光蛋白）的表达技术。

二、实验原理

转染，是将外源分子如 DNA、RNA 等导入真核细胞的过程。转染是目前研究基因与蛋白质功能经常涉及的基本方法。转染大致可分为物理介导、化学介导和生物介导三类途径。电穿孔法、显微注射和基因枪属于通过物理方法将基因导入细胞的范例；化学介导方法很多，如经典的磷酸钙共沉淀法、脂质体转染方法和多种阳离子物质介导的技术；生物介导方法，如原生质体转染以及现在比较多见的各种病毒介导的转染技术。本实验主要介绍脂质体这一常用细胞转染方法的原理和操作步骤。

脂质体转染因其操作简单且转染效率高，已成为体内和体外输送外源基因的有力工具。其原理是阳离子脂质体表面带正电荷，能与 DNA 的磷酸根通过静电作用将分子包裹入内，形成 DNA-阳离子脂质体复合体，再被表面带负电荷的细胞膜吸附，并通过融合、细胞内吞作用或者与细胞质膜进行脂质交换，将外源 DNA 传递入细胞，部分 DNA 会被溶酶体降解；然而部分 DNA 能逃逸，进入细胞质，再进入细胞核内转录表达（图 17-1-1）。

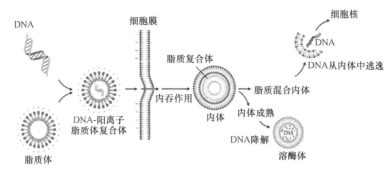

图 17-1-1　脂质体介导的细胞转染原理图

三、仪器、试剂与材料

1. 仪器

倒置荧光显微镜、微量移液器、离心管架、细胞培养皿、生物安全柜、二氧化碳培养箱等。

2. 试剂

脂质体 Lipofectamine^{TM} 2000、DMEM 培养基、青霉素-链霉素、胎牛血清、0.25% 胰蛋白酶、Opti-MEM 无血清培养基。

3. 材料

293T 细胞、增强绿色荧光蛋白（enhanced green fluorescent protein，EGFP）哺乳动物细胞表达质粒、1.5 mL 离心管、枪头。

四、实验内容及步骤

下列步骤适用于 35 mm 培养皿培养的 293T 细胞，不同培养规模可根据表 17-1-1 中各培养容器的面积进行调整，其他细胞材料需要进行优化调整。

表 17-1-1　不同培养规格转染推荐用量

培养容器	每孔的表面积/cm²	铺板培养基体积	DNA/Opti-MEM 培养基	Lipofectamine^{TM} 2000/Opti-MEM 培养基
96 孔板	0.3	100 μL	0.2 μg/25 μL	0.5 μL/25 μL
24 孔板	2	500 μL	0.8 μg/50 μL	2.0 μL/50 μL
12 孔板	4	1 mL	1.6 μg/100 μL	4.0 μL/100 μL
35 mm 培养皿	10	2 mL	4.0 μg/250 μL	10 μL/250 μL
6 孔板	10	2 mL	4.0 μg/250 μL	10 μL/250 μL
60 mm 培养皿	20	5 mL	8.0 μg/0.5 mL	20 μL/0.5 mL
10 cm 培养皿	60	15 mL	24 μg/1.5 mL	60 μL/1.5 mL

1）转染前一日，将 293T 细胞按照 $1×10^6$ 个/皿接种于 2 mL 不含抗生素的 DMEM 培养基中，使其在转染时细胞密度在 80%以上。

2）转染试剂准备：取两个经高温高压灭菌的 1.5 mL 离心管，分别标为 A 和 B。

A 管：取 4 μg EGFP 表达质粒，用 250 μL Opti-MEM 无血清培养基稀释混匀。

B 管：取 10 μL Lipofectamine^{TM} 2000 脂质体试剂，用 250 μL Opti-MEM 无血清培养基稀释混匀，静置 5 min。

3）将 A、B 管液体混合并轻轻混匀，静置 15 min。

4）转染准备：将前一日铺好的细胞换成 1.5 mL 不含血清的 DMEM 培养基。

5）转染：将 A、B 混合液缓慢加入待转染的细胞培养基中，摇匀，培养 4～6 h 后换成正常生长培养基继续培养 24 h。

6）使用倒置荧光显微镜在 488 nm 波长条件下显微拍照观察。

五、实验结果及分析

随机拍摄 5 个以上视野，计算转染效率。

转染效率=（绿色荧光蛋白细胞数/计数的细胞总数）× 100%。

六、注意事项

1）注意无菌操作。

2）A 管和 B 管中试剂（表 17-1-1）混合好后需在 30 min 之内完成细胞转染，否则将影响转染效率。

七、思考题

1）为什么转染过程中细胞用不含血清的培养基培养？

2）影响转染效率的因素有哪些？

实验 17-2　蛋白质免疫印迹法检测外源基因在细胞中的表达

一、实验目的

了解蛋白质免疫印迹法的基本原理及其操作；掌握利用蛋白质免疫印迹法检测细胞中外源基因的表达情况。

二、实验原理

蛋白质免疫印迹法（Western blot），是一种首先通过 SDS-聚丙烯酰胺凝胶电泳（SDS-PAGE）将蛋白质样本按分子量大小分离，然后再利用电泳方法将蛋白质转移到固相载体［如聚偏二氟乙烯（polyvinylidene fluoride，PVDF）膜和硝酸纤维素膜（nitrocellulose filter membrane，NC）］上，固相载体以非共价键的形式吸附蛋白质。常用的两种电转移方法分别为：①半干法，凝胶和固相载体被夹在用缓冲溶液浸湿的滤纸之间，通电时间为 10～30 min。②湿法，凝胶和固相载体夹心浸放在转移缓冲溶液中，转移时间可从 45 min 延长到过夜进行。由于湿法的使用弹性更大，且需要的仪器设备相对简单，因此，在这里主要描述湿法的基本操作过程。对于目的蛋白的识别是利用抗目的蛋白的非标记抗体（一抗）与转印后膜上的目的蛋白进行特异性结合，再与经辣根过氧化物酶标记的二抗（一抗的抗体）结合，最后用电化学发光（electrochemiluminescence，ECL）试剂检测。如果印迹膜上含有目的蛋白，经 X 光片曝光显影后，则会在 X 光片上出现与目的蛋白相对应的条带（图 17-2-1）。

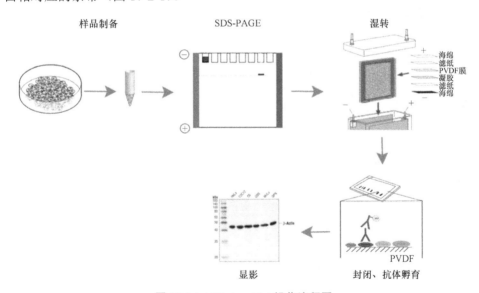

图 17-2-1　Western blot 操作流程图

三、仪器、试剂与材料

1. 仪器

电泳仪、垂直电泳槽、电转移装置、电泳仪电源等。

2. 试剂

1）膜转移缓冲溶液（1 L）。称取 5.8 g Tris、2.9 g 甘氨酸、0.37 g SDS，加蒸馏水至 800 mL，搅拌溶解，加入 200 mL 甲醇，室温保存。

2）TBST 缓冲液。称量 NaCl 8.8 g、1 mol/L Tris-HCl（pH8.0）20 mL，加入 800 mL 蒸馏水，充分搅拌溶解，再加入 0.5 mL Tween 20，最后定容至 1 L，4℃保存。

3）封闭缓冲液。称取 5 g 脱脂奶粉，加入 100 mL TBST 缓冲液中，充分搅拌溶解，4℃保存待用（本封闭缓冲液现用现配）。

4）细胞裂解液。50 mmol/L Tris-HCl（pH8.0），1% NP40，150 mmol/L NaCl，0.5%去氧胆酸钠，0.1% SDS 和 1 mmol/LPMSF（苯甲基磺酰氟）。

5）一抗。兔抗待测蛋白抗体（多克隆抗体），按一抗说明书上的推荐比例用含 5%牛血清白蛋白（BSA）的 TBST 缓冲液稀释。

6）二抗。辣根过氧化物酶标记羊抗兔，按二抗说明书上的推荐比例用含 5% BSA 的 TBST 缓冲液稀释。

7）甲醇。

8）ECL 试剂盒。

9）显影液。

10）定影液。

11）预染蛋白质分子量标准品。

12）丽春红染色液。

3. 材料

未转染和转染外源基因的哺乳动物细胞、X 光片、PVDF 膜、滤纸、压片盒。

四、实验内容及步骤

1. 细胞样品制备

细胞转染外源基因 24 h 后弃去培养基，用 PBS 漂洗 2 次，再加入适当体积的细胞裂解液于冰上用细胞刮将细胞刮下并收集到 1.5 mL 离心管中，置于冰上裂解 30 min。裂解后于 4℃，12 000 r/min 离心 30 min，吸取上清，即为细胞蛋白提取液。（根据实验需要决定是否要进行蛋白质定量分析。）

2. 蛋白质 SDS-PAGE 分离

细胞样品 SDS-PAGE 过程参照实验 11-4。

3. 转膜

根据胶的大小剪出一片 PVDF 膜，膜的大小应略微小于胶的大小。将膜置于甲醇中浸泡 2 min，再移至转移缓冲溶液中待用。在一干净盘中打开转移盒，将一个预先用膜转移缓冲溶液浸泡过的海绵垫放在转移盒的黑色筛孔板上，海绵垫的上方放置经膜转移缓冲溶液浸湿的滤纸，小心地将凝胶放在滤纸上，并注意排除气泡。将 PVDF 膜放在胶的上方，同时注意排除气泡，再在膜的上方放上一张同样用转移缓冲溶液浸湿过的滤纸并赶出气泡，放置另一张浸泡过的海绵垫，关闭转移盒。将转移盒按照正确的方向放入转移槽中，转移盒的黑色筛孔板贴近转移槽的黑色端，转移盒的白色筛孔板贴近转移槽的红色端，加满转移缓冲溶液，同时防止出现气泡。连接电源，在 4℃ 条件下维持恒压 100 V，转膜时间需根据目的蛋白分子质量做相应调整，分子质量在 60 kDa 以下则 60 min 即可，分子质量在 60 kDa 以上则时间在 60～150 min。

4. 膜的封闭

断开电源，将转移盒从转移槽中移出，将转移盒的各个部分分开。用镊子将 PVDF 膜取出并将转有蛋白质的一面标记，小心地将膜放入一个干净的容器中，用 TBST 缓冲液清洗一次。将 PVDF 膜用丽春红染色液染色，观察蛋白质转印效果，并根据标准蛋白指示剪取目的蛋白对应的 PVDF 区域（适当扩大剪取范围）。剪取的膜用 TBST 缓冲液将丽春红染色液洗净，加入封闭液室温封闭 2 h。

5. 一抗孵育

弃去封闭液，用 TBST 缓冲液洗涤三次，每次 5 min。加入适量的一抗，室温轻轻摇动孵育 1～2 h，或 4℃ 条件孵育过夜。

6. 二抗孵育

回收一抗，用 TBST 缓冲液洗涤三次，每次 5 min。加入适量的一抗，室温轻轻摇动孵育 1 h。

7. 显影检测

弃去二抗，用 TBST 缓冲液清洗三次，每次 5 min。取等量的 ECL A、B 液，混匀，将混合液加于膜上反应 3 min。用保鲜膜将膜包好置于暗盒中，于暗室将 X 光片置于膜上，可先试着曝光 5 min。曝光完毕后将 X 光片置于显影液中显影，待 X 光片上出现暗带后，于自来水下洗净显影液。再将 X 光片置于定影液中定影 2～5 min，定影完毕后晾干保存（根据显影及定影后目的条带显示效果调整 X 光片曝光时间）。

五、实验结果及分析

根据标准蛋白的指示在 X 光片上标示出目的蛋白的分子量范围，并扫描 X 光片保存结果。

六、注意事项

1）转膜时注意排尽胶与膜之间的气泡。

2）注意标示转膜后 PVDF 膜上的蛋白质面。

3）X 光片曝光显影需要在暗室进行，避免 X 光片被外界光源曝光。

4）压片时必须戴手套，且手上不能有水，否则 X 光片会出现非特异性黑斑。

七、思考题

1）为什么要排除凝胶与膜之间的气泡？

2）用丽春红染色液对电转移后的 PVDF 膜染色的目的是什么？

3）封闭液的作用是什么？

实验十八 基于细胞水平的药物筛选

细胞体外培养技术用于药物筛选是目前新药研发的重要环节，其在活细胞条件下比较接近体内的生化过程，可以比较准确地了解药物的生物学特性；同时还可以避免用动物进行活体研究时出现效应细胞针对性不强、药物发生体内代谢反应、个体间及种间的耐药性存在差异等缺点。且由于细胞体外培养条件和来源较实验动物更经济方便，可以应用于大规模药物筛选，是高通量药物筛选的重要手段。

实验 18-1 MTT 法检测药物对细胞活力的影响

一、实验目的

学习细胞消化、细胞计数及无菌操作方法；掌握 MTT 法检测细胞存活率。

二、实验原理

MTT 全称为 3-(4,5-dimethylthiazol-2-y1)-2,5-diphenyltetrazoliumbromide，中文名为 3-(4,5-二甲基-2-噻唑)-2,5-二苯基四氮唑溴盐，商品名为噻唑蓝。MTT 是一种黄色的染料。MTT 比色法是一种检测细胞存活和生长的方法，其检测原理为活细胞线粒体中的琥珀酸脱氢酶能使外源性 MTT 还原为水不溶性的蓝紫色结晶甲䐶（formazan）并沉积在细胞中，而死细胞无此功能。二甲基亚砜（DMSO）能溶解细胞中的甲䐶，用酶联免疫检测仪在 490 nm 波长处测定其光密度值（OD），可间接反映活细胞数量。在一定细胞数范围内，MTT 结晶形成的量与细胞数成正比。该方法已广泛用于一些生物活性因子的活性检测、大规模的抗肿瘤药物筛选、细胞毒性试验以及肿瘤放射敏感性测定等，它的特点是灵敏度高、经济。

MTT 比色法的缺点是，由于 MTT 经还原所产生的甲䐶产物不溶于水，需被溶解后才能检测，这不仅使工作量增加，也会对实验结果的准确性产生影响，而且溶解甲䐶的有机溶剂对实验者也有损害。MTT 溶液的配制方法：称取 0.5 g MTT，溶于 100 mL 的磷酸盐缓冲液（PBS）或无酚红的培养基中，用 0.22 μm 滤膜过滤以除去溶液里的细菌，放 4℃避光保存即可。在配制和保存的过程中，容器最好用铝箔纸包住。实验时，一般关闭超净工作台上的日光灯以避光。

三、仪器、试剂与材料

1. 仪器

倒置光学显微镜、血细胞计数板、二氧化碳培养箱、超净工作台、摇床、酶联免疫检测仪、细胞培养皿、全波长酶标仪、96 孔细胞培养板、移液器、加样槽等。

2. 试剂

75%乙醇、PBS 缓冲液（称取 8 g NaCl、0.2 g KCl、1.44 g Na_2HPO_4 和 0.24 g KH_2PO_4，加 800 mL 去离子水溶解并调至 pH7.4，最后定容至 1 L）、0.25%胰蛋白酶（含 EDTA）、MEM 培养基、胎牛血清、青霉素、链霉素、DMSO、MTT（配制 MTT 时用 pH7.4 的 PBS 溶解）等。

3. 材料

茯苓乙醇提取物、Neuro-2a 细胞（用 MEM 培养基，加 10%胎牛血清，100 U/mL 青霉素和 100 mg/mL 链霉素，置于 5% CO_2，37℃细胞培养箱中培养）。

四、实验内容及步骤

1）通过 0.25%胰蛋白酶消化收集对数期 Neuro-2a 细胞，用血细胞计数板计数后，调整细胞悬液浓度，按 5000 个细胞/孔铺板，每孔加入 100 μL 培养体系。

2）细胞于 5% CO_2，37℃培养箱孵育 24 h 后即可加茯苓乙醇提取物（一般 5～7 个给药浓度梯度），每个处理设置 3～5 个复孔。

3）置于 5% CO_2，37℃再培养 20 h。

4）每孔加入 10 μL MTT 溶液（5 mg/mL，即 0.5% MTT），继续培养 4 h。若药物与 MTT 能够反应，可先吸去培养液，小心地用 PBS 冲 2～3 遍后，再加入含 MTT 的培养液。

5）终止培养，小心吸去孔内培养液。

6）每孔加入 100 μL DMSO，置摇床上低速振荡 10 min，使结晶物充分溶解。在酶联免疫检测仪 490 nm 处测量各孔的 OD 值。

7）同时设置调零孔（培养液、MTT、二甲基亚砜）和对照孔（细胞、相同浓度的药物溶解介质、培养液、MTT、二甲基亚砜）。

五、实验结果及分析

各组 OD 值取平均值后，根据下列公式计算细胞存活率：

存活细胞=(实验组 OD 值/对照组 OD 值)× 100%

六、注意事项

MTT 法只能用来检测细胞相对数和相对活力，但不能测定细胞绝对数。在用酶标仪检测结果的时候，为了保证实验结果的线性，MTT 吸光度最好在 0～0.7 范围内。MTT 一般现用现配，过滤后 4℃避光保存两周内有效，或配制成 5 mg/mL 在-20℃长期保存。

MTT 有致癌性，使用时须注意防护。

七、思考题

实验设置调零孔和对照孔的目的是什么？

实验 18-2　平板克隆形成实验检测药物对细胞增殖的影响

一、实验目的

学习细胞消化、细胞计数及无菌操作方法；掌握细胞平板克隆检测药物对细胞增殖的影响。

二、实验原理

当单个细胞在体外增殖 6 代以上，其后代所组成的细胞群体，称为集落或克隆。每个克隆含有 50 个以上的细胞，大小在 0.3～1.0 mm。集落形成率表示细胞的独立生存能力。各种理化因素可能导致细胞的克隆形成能力发生改变。通过一定的实验方法可以对细胞的克隆形成能力进行检测，细胞平板克隆形成率即细胞接种存活率，表示接种细胞后贴壁的细胞成活并形成克隆的数量。贴壁后的细胞不一定每个都能增殖和形成克隆，而形成克隆的细胞必为贴壁和有增殖活力的细胞。克隆的形成率反映细胞群体依赖性和增殖能力两个重要性状。细胞平板克隆形成实验是用来检测细胞增殖能力、侵袭性、对杀伤因素敏感性等的重要技术方法。

三、仪器、试剂与材料

1. 仪器

倒置光学显微镜、细胞计数器、二氧化碳培养箱、超净工作台、细胞培养皿、6 孔细胞培养板、移液器、加样槽等。

2. 试剂

75%乙醇、PBS 缓冲液、0.25%胰蛋白酶（含 EDTA）、MEM 培养基、胎牛血清、青霉素/链霉素、多聚甲醛（paraformaldehyde，PFA）、草酸铵结晶紫染色液等。

3. 材料

茯苓乙醇提取物、Neuro-2a 细胞（用 MEM 培养基，加 10%胎牛血清，100 U/mL 青霉素和 100 mg/mL 链霉素，置于 5% CO_2，37℃细胞培养箱中培养）。

四、实验内容及步骤

1）将 Neuro-2a 细胞按 3000 个细胞/孔加入 6 孔板中，于 5% CO_2，37℃培养箱培养 24 h。

2）分别加入不同浓度茯苓乙醇提取物以及溶剂对照（DMSO），继续培养。

3）细胞培养 5～7 d 后，弃去培养基并用 PBS 漂洗两次，再加入 4% PFA 固定液固定 30 min。

4）弃去固定液并用 PBS 漂洗两次；加入草酸铵结晶紫染色液染色 30 min，用纯水脱色至背景干净。

5）将培养皿扫描成像。

五、实验结果及分析

用 Image J 软件统计细胞克隆数，实验重复三次；所得数据用 GraphPad Prism 5 统计分析。计算克隆形成率，克隆形成率 =（克隆数/接种细胞数）×100%。

六、注意事项

1）细胞悬液中的细胞尽量为单细胞，细胞分散度＞95%。

2）草酸铵结晶紫染色后脱色时动作需要轻柔，避免克隆脱落。

七、思考题

为什么平板克隆实验铺的细胞密度不能太高或者太低？

实验 18-3　划痕实验检测药物对细胞迁移的影响

一、实验目的

熟悉细胞消化、细胞计数及无菌操作方法；掌握划痕实验检测药物对细胞迁移的影响。

二、实验原理

划痕法（wound healing）是简便地测定细胞迁移运动与修复能力的方法，类似于体外伤口愈合模型，在体外培养皿或平板培养的单层贴壁细胞上，用微量枪头或其他硬物在细胞生长的中央区域划线，去除中央部分的细胞，然后继续培养细胞至实验设定的时间，再取出细胞培养板，观察周边细胞是否生长（修复）至中央划痕区，以此判断细胞的生长迁移能力，实验通常需设定正常对照组和实验组，实验组是加了某种处理因素或药物、外源性基因等的组别，通过比较不同分组之间的细胞对于划痕区的修复能力，可以判断各组细胞的迁移与修复能力。

三、仪器、试剂与材料

1. 仪器

倒置光学显微镜、细胞计数器、二氧化碳培养箱、超净工作台、6 孔细胞培养板、移液器、加样槽等。

2. 试剂

75%乙醇、PBS 缓冲液、0.25%胰蛋白酶（含 EDTA）、MEM 培养基、胎牛血清、青霉素、链霉素等。

3. 材料

茯苓乙醇提取物、Neuro-2a 细胞（用 MEM 培养基，加 10%胎牛血清，100 U/mL 青霉素和 100 mg/mL 链霉素，置于 5% CO_2，37℃细胞培养箱中培养）。

四、实验内容及步骤

1）将 Neuro-2a 细胞按 5×10^5 个细胞/孔加到 6 孔板中（具体数量还需根据细胞状态决定，要求为过夜能长满平皿），于 5% CO_2，37℃培养箱培养。

2）第二天当培养皿中 Neuro-2a 细胞覆盖满培养皿时，用 1000 μL 移液器枪头在孔的底部直线划线（注意枪头要垂直于平皿），用 PBS 洗去划落的细胞（动作应轻柔）。

3）将含有不同浓度茯苓乙醇提取物的无血清培养基加入 6 孔板，再培养 48 h。

4）48 h 后，置于倒置光学显微镜下观察细胞迁移情况并拍照。

五、实验结果及分析

使用倒置光学显微镜自带拍照软件或者 Image J 生物软件对不同处理分组的划痕间距进行分析。

六、注意事项

1）在用 PBS 缓冲液冲洗时，注意贴壁慢慢加入，以免冲散单层贴壁细胞，影响拍照结果。

2）一般做划痕实验，都是无血清或者低血清（<2%），否则细胞增殖就不能被忽略。

七、思考题

1）为什么划痕实验需保证细胞长满培养皿？

2）如何避免因药物浓度过高造成细胞毒性对细胞迁移的影响？

实验十九　淀粉质原料乙醇发酵

　　乙醇，有机化合物，分子式 C_2H_6O，结构简式 CH_3CH_2OH 或 C_2H_5OH，俗称酒精，是最常见的一元醇。乙醇在常温常压下是一种易燃、易挥发的无色透明液体，低毒性，纯液体不可直接饮用；具有特殊香味，并略带刺激；微甘，并伴有刺激的辛辣滋味。易燃，其蒸气能与空气形成爆炸性混合物，能与水以任意比互溶，能与氯仿、乙醚、甲醇、丙酮和其他多数有机溶剂混溶，相对密度为 0.816。乙醇在国防化工、医疗卫生及食品工业等工农业生产中都有广泛用途，如用乙醇制造乙酸、饮料、香精、染料、燃料及消毒剂等。2017 年 10 月 27 日，世界卫生组织国际癌症研究机构公布的致癌物清单中，含酒精饮料中的乙醇在一类致癌物清单中。

　　目前，生物发酵制备燃料乙醇分为生化法和合成气发酵法两种。生化法是目前制备燃料乙醇的最主要方法，近十年来以粮食和甘蔗为原料的第 1 代燃料乙醇产业快速发展，其生产过程包括预处理、脱胚制浆、液化、糖化、发酵和乙醇蒸馏步骤。早期粮食乙醇生产工艺存在能耗高、反应速度慢和原料利用率低的缺点，经过多年的技术改进，粮食乙醇的效率已经得到很大提高。目前美国大部分乙醇企业的淀粉转化率已经达到 90%～95%，生产 1 亿 gal［1 gal（US）= 3.785 43 L］燃料乙醇，需要 90 万 t 玉米，可同时副产 30 万 t 动物饲料和 8500 t 玉米油。粮食乙醇的酶制剂的成本也经历了下降的过程，酶制剂在成本中所占比例从 30%～40% 下降到了 5%～10%。诺维信公司（Novozymes）在 2012 年推出了 Avantec 液化酶，在相同的工艺条件下，可使乙醇产率提高 2.5%，每生产 1 亿 gal 燃料乙醇可减少粮食消耗 2.25 万 t。以甜高粱茎秆和木薯等非粮作物为原料的第 1.5 代燃料乙醇，主要是利用作物中的糖类物质，采用生化工艺，通过糖发酵生产燃料乙醇。

　　目前，以纤维素和其他废弃物为原料的第 2 代燃料乙醇生产技术主要有生化法和热化学法。纤维素生物发酵制燃料乙醇的技术路线包括预处理、纤维素水解和单糖发酵 3 个关键步骤。预处理方法分为物理法、化学法、物理化学法和生物法，目的是分离纤维素、半纤维素和木质素，增加纤维素与酶的接触面积，提高酶解效率。

实验 19-1　淀粉质原料乙醇摇瓶发酵

一、实验目的

　　掌握淀粉质原料预处理的方法和原理；掌握乙醇发酵的原理及淀粉质原料发

酵生产乙醇工艺过程；掌握乙醇发酵过程中参数测定原理与方法。

二、实验原理

玉米粉中可供发酵的物质主要是淀粉，而酿酒酵母由于缺乏相应的酶，不能直接利用淀粉进行乙醇发酵。因此，必须对原料进行预处理，通常包括蒸煮（液化）、糖化等处理。蒸煮可使淀粉糊化，并破坏细胞，形成均一的醪液，目前多数厂家开始利用 α-淀粉酶的液化作用来替代蒸煮过程，这样可大大减少能源消耗。α-淀粉酶又称为 α-1,4-D-葡萄糖-葡萄糖苷水解酶，广泛存在于动植物和微生物体中，如麦芽及动物的唾液、脾脏中均含有较多的 α-淀粉酶，其易溶解于水和较稀的缓冲液中，能够切断淀粉分子中的 α-1,4-糖苷键，生成糊精及少量麦芽糖或葡萄糖，从而使淀粉遇碘变蓝的特异性颜色反应逐渐消失。液化后的醪液能更好地接受糖化酶（α-1,4-葡萄糖水解酶）的作用，水解糊精为单糖，以便酵母在无氧条件下，分解葡萄糖等有机物，产生乙醇、二氧化碳等不彻底氧化产物，同时释放出少量能量。乙醇发酵过程如下：

$$C_6H_{12}O_6+2ADP+2Pi+2NAD^+ \longrightarrow 2CH_3COCOOH+2ATP+2NADH+2H^++2H_2O$$

$$2CH_3COCOOH+2NADH+2H^+ \longrightarrow 2CH_3CH_2OH + 2CO_2 + 2NAD^+$$

三、仪器、试剂与材料

1. 仪器

恒温培养箱、吸管、1000 mL 烧杯、250 mL 三角瓶、100 mL 量筒、10 mL 比色管、摇床、玻璃漏斗、天平、100℃温度计、玻璃棒、电磁炉、离心机、水浴锅、比色板、糖度计、酒精灯、移液管架、高压蒸汽灭菌锅、光学显微镜、血细胞计数板、盖玻片、比色皿、毛细吸管、分光光度计、pH 计、试管架、剪刀、托盘等。

2. 试剂

α-淀粉酶、淀粉、75%乙醇、糖化酶、碘、碘化钾、原碘液、标准稀碘液、比色稀碘液、$CaCl_2$、2 mol/L NaOH、2 mol/L HCl、4% $K_2Cr_2O_7$ 溶液、10% H_2SO_4、饱和 K_2CO_3 溶液等。

YPD 培养基。葡萄糖 20 g、酵母膏 5 g、蛋白胨 10 g、水 1000 mL，121℃灭菌 20 min。

3. 材料

菌种：酿酒酵母。

其他材料：酒精棉球、纱布、报纸、称量纸、棉绳、擦镜纸、药勺、一次性手套、离心管、pH4.5～6 试纸、甘油封料、酚酞试剂。

四、实验内容及步骤

1. 液化

将 75 g 淀粉置于 1000 mL 烧杯中，先加入 9000 U α-淀粉酶（即 120 U/g 干淀粉），接着加 75 mL 蒸馏水调浆，然后边搅拌边加 150 mL 80℃以上的热水，并加入 1.5 g $CaCl_2$，用 2 mol/L NaOH 或 HCl 调 pH 为 5.7～6.0，然后继续升温至 70℃并保温 30 min。将酶解液滴加至装有比色稀碘液的比色板中进行比色，根据颜色判断反应进行的程度。

2. 糖化

煮沸 5～10 min 使酶灭活，降温至 60℃，用 2 mol/L HCl 调 pH 为 4.0～4.5 后，按 130 U/g 淀粉的酶量，将糖化酶加入到处理液中，60℃搅拌保温 30 min。将酶解液滴加至装有比色稀碘液的比色板中进行比色，根据颜色判断反应进行的程度。

3. 分装

定容至 270 mL，分装至 250 mL 无菌三角瓶中，其中 1 瓶留作对照，其余 2 瓶进行乙醇发酵。

4. 接种

用无菌吸管向发酵瓶内接种 5%～10% 的酵母种子液。

5. 乙醇发酵

分别置于 30℃恒温箱中进行静置发酵和置于 30℃、180 r/min 摇床中进行摇瓶发酵。

6. 发酵过程参数的测定

在整个培养过程中，每天取 5 mL 发酵液分别检测生物量、残糖含量、乙醇含量及 pH 四个发酵参数。培养 3 d 后，取 5 mL 10% H_2SO_4 与 4.2 mL 4% K_2CrO_7 混合液 10～20 滴，检测产乙醇情况及其浓度，并进行乙醇蒸馏。

五、实验结果及分析

1）记录 0 h、12 h、24 h、36 h、48 h、60 h、72 h 各时间段，对照、静置和摇瓶三种不同状态下的 pH、菌浓度值，葡萄糖含量及乙醇含量的结果以表格和图片方式表示。

2）记录对照、静置与摇瓶三种状态下，发酵 3 d 后的各处理的酒精度，并对结果进行分析。

3）进行乙醇蒸馏，比较静置发酵和摇瓶发酵的乙醇含量。

六、注意事项

1）注意安全使用乙醇等易燃试剂。

2）在种子制备过程中，注意防止种子污染。

3）接种过程中要严格进行无菌操作。

4）发酵液样品取样时要注意无菌操作及取样瓶的干净无菌。

5）利用 DNS（3,5-二硝基水杨酸）法测定还原糖时，注意反应温度，应该置于沸水中，否则反应不完全。

七、思考题

1）为什么利用淀粉质原料进行乙醇发酵过程中需要预处理？

2）在乙醇发酵过程中，为什么摇动培养中发酵液的乙醇含量高？

3）乙醇发酵的原理是什么？

4）淀粉质原料乙醇发酵过程中，淀粉质原料预处理的方法有哪些？

实验 19-2　乙醇的蒸馏

一、实验目的

掌握常压蒸馏的原理、仪器装置及操作技术；了解蒸馏提纯液体有机物的原理、用途，并掌握其操作步骤。

二、实验原理

蒸馏是提纯和分离液态有机化合物的一种常用方法，同时也可以测定物质的沸点，定性检验物质的纯度。通过蒸馏还可以回收溶剂，或蒸出部分溶剂以浓缩溶液。

　　蒸馏的基本原理是利用溶液中不同组分的挥发性不同，溶液经加热后有一部分气化时，由于各个组分具有不同的挥发性，液相和气相的组成不一样。挥发性高的组分，即沸点较低的组分（或称"轻组分"）在气相中的浓度比在液相中的浓度要大；挥发性较低的组分，即沸点较高的组分（又称"重组分"）在液相中的浓度比在气相中的浓度要大。同理，物料蒸汽被冷却后，在此部分冷凝液中重组分的浓度要比它在气相中的浓度高。

　　在通常情况下，纯的液态物质在一定压力下具有一定的沸点。如果在蒸馏过程中沸点有变动，说明物质不纯，因此可借蒸馏的方法来测定物质的沸点和定性检验物质的纯度。通常纯物质的沸程（沸点范围）较小（0.5～1℃），而混合物的沸程较大。注意某些有机化合物常能和其他组分形成二元或三元共沸混合物，它们也有一定的沸点（称为共沸点），因此不能认为蒸馏温度恒定的物质都是纯物质。

　　将液体加热至沸，使液体变为气体，然后再将蒸汽冷凝为液体，这两个过程的联合操作称为蒸馏。蒸馏是分离和纯化液体有机混合物的重要方法之一。当液体混合物受热时，低沸点物质由于易挥发，首先被蒸出，而高沸点物质因不易挥发或挥发的少量气体易被冷凝而滞留在蒸馏瓶中，从而使混合物得以分离。

三、仪器、试剂与材料

1. 仪器

　　100 mL 量筒、100 mL 圆底烧瓶、冷凝管、温度计（150℃）、100 mL 锥形瓶、250 mL 平底烧杯、温度计、加热装置、橡皮管、接引管、电热套、温度计套管、铁架台、酒精计、玻璃漏斗、玻璃棒、托盘。

2. 试剂

　　工业乙醇、无水乙醇。

3. 材料

　　乙醇发酵液、沸石、酒精棉。

四、实验内容及步骤

1. 蒸馏装置的安装

　　蒸馏装置的安装先下后上，先左后右（卸仪器与其顺序相反）。先将螺口接头与温度计连接好，插入蒸馏头，调节温度计位置，使温度计的水银球能完全为蒸汽所包围，即水银球的上端应恰好位于蒸馏支管的底边所在的水平线上。在铁架台上，首先根据热源，固定好蒸馏烧瓶的位置，在装配其他仪器时，不宜再调整蒸馏烧瓶的位置。选一适宜的冷凝管，在另一铁架台上，用铁夹夹住冷凝管的中上部分，调整铁架台和铁夹的位置，使冷凝管的中心线和蒸馏烧瓶支管的中心线成一直线。蒸馏烧瓶的支管须伸入冷凝管扩大部分的 1/2 左右，铁夹应调节到正好夹在冷凝管的中央部分，顺次连接其他仪器。

2. 加料

蒸馏装置安装好后，取下温度计，在烧瓶中加入 20 mL 工业乙醇发酵液（注意不能使液体从蒸馏头支管流出）。加入 2～3 粒沸石，装上温度计，检查仪器各部分是否连接紧密。

3. 加热

通入冷凝水，用水浴加热，观察蒸馏瓶中现象和温度计读数变化。当瓶内液体沸腾时，蒸汽上升，待到达温度计水银球时，温度计读数急剧上升。此时应控制电炉功率，使蒸汽不要立即冲出蒸馏头支管，而是冷凝回流。待温度稳定后，调节加热速度，控制馏出液以每秒 1～2 滴为宜。

4. 收集馏分

待温度计读数稳定后，更换另一洁净干燥的接收瓶，收集 77～79℃馏分，并测量馏分的体积。

5. 仪器拆除

蒸馏完毕，先停止加热，稍冷后停止冷凝水，自上而下、自后向前拆卸装置。

6. 记录

量取并记录收集的乙醇的体积 V。

7. 测定乙醇含量

用酒精计测定蒸馏酒液中乙醇含量。

五、实验结果及分析

1）记录第一滴馏出液滴下时的温度 T。
2）计算乙醇实际产量。
3）计算蒸馏过程中乙醇的回收率。

六、注意事项

1）使用过程中要检查气密性。

2）蒸馏瓶中加入沸石，防止爆沸，且普通蒸馏要求待蒸馏物的体积不超过烧瓶容量的 2/3，但也不能少于 1/3，最后不要蒸馏干，留下 2～5 mL 液体。

3）在使用酒精计测定乙醇含量时，注意用酒精棉将温度计和酒精计擦拭干净。

4）使用酒精计时要注意轻拿轻放，防止将酒精计打破。

5）首先根据热源（加热夹套），选定蒸馏烧瓶的高低位置，然后以它为基准，顺次连接其他仪器。

6）绝对不许铁器和玻璃仪器接触，以防夹破仪器，所用铁夹必须用石棉布、橡胶等作它的衬垫。铁夹应该装在仪器的背面，夹在蒸馏烧瓶支管以上的位置和冷凝管的中央部分。常压下的蒸馏装置必须与大气相通。

7）蒸馏装置安装好后应检查一次。从正面观察，蒸馏烧瓶支管应与冷凝管同轴，从侧面观察，整套装置应处于同一平面上。

8）在同一实验桌上装配几套蒸馏装置且相互之间较近时，每两套装置的相对位置必须或是蒸馏烧瓶对蒸馏烧瓶，或是接收器对接收器；避免使一套装置的蒸馏烧瓶与另一套装置的接收器紧密相连，因为这样有着火的危险。

七、思考题

1）是否所有具有固定沸点的物质都是纯物质？为什么？

2）什么是沸点？液体的沸点和大气压有什么关系？

3）蒸馏时加入沸石的作用是什么？如果蒸馏前忘记加沸石，能否立即将沸石加至将近沸腾的液体中？当重新蒸馏时，用过的沸石能否继续使用？

4）温度计水银球的上部为什么要与蒸馏支管的下限在同一水平上？过高或过低会造成什么结果？

5）在蒸馏过程中，为什么要控制蒸馏速度为每秒 1～2 滴？蒸馏速度过快时对实验结果有何影响？

实验 19-3　发酵液中乙醇含量的检测

一、实验目的

掌握重铬酸钾氧化分光光度法测定酒中乙醇含量的原理；掌握重铬酸钾氧化分光光度法测定酒中乙醇含量的方法。

二、实验原理

在硫酸介质中，乙醇可以定量被重铬酸钾氧化，生成绿色的三价铬。最大吸收波长（λ_{max}）为 600 nm，其吸光度与乙醇浓度成正比。

$$2K_2Cr_2O_7 + 3C_2H_5OH + 8H_2SO_4 \longrightarrow 3CH_3COOH + 2K_2SO_4 + 2Cr_2(SO_4)_3 + 11H_2O$$

三、仪器、试剂与材料

1. 仪器

吸量管、比色管、量筒、烧杯、容量瓶、玻璃棒、滴管、分光光度计、漏斗、比色皿、托盘。

2. 试剂

浓硫酸、重铬酸钾、无水乙醇、75%乙醇。

乙醇标准溶液。取 0.25 mL 优级无水乙醇于 100 mL 容量瓶中，加水至刻度。此溶液每毫升相当于 2.0 mg 乙醇。

5%重铬酸钾。称取 5 g 的重铬酸钾（AR）溶于 50 mL 水中，加 10 mL 浓硫酸，放冷，加水至 100 mL。

3. 材料

乙醇发酵液、称量纸、擦镜纸、药勺、脱脂棉、一次性手套、乳胶手套。

四、实验内容及步骤

1. 绘制标准曲线

取 6 支刻度一致的 10 mL 比色管，按表 19-3-1 数据配制一系列不同浓度的乙醇溶液，每支比色管中加入 5%重铬酸钾溶液 2.0 mL，加水至刻度。在 100℃水浴中加热 10 min，取出用流水冷却 5 min，以 1 号管作参比，用 1 cm 比色皿，于波长 600 nm 处测定吸光度，以乙醇浓度与对应的吸光度 A 作标准曲线。

表 19-3-1　乙醇标准曲线的制作

管号	1	2	3	4	5	6
乙醇标准溶液/mL	0	1.0	2.0	4.0	6.0	8.0
乙醇浓度/（mg/mL）	0	0.2	0.4	0.8	1.2	1.6

2. 样品分析

　　取乙醇发酵液 0.25 mL 于 10 mL 比色管中，加入 2.0 mL 5%重铬酸钾溶液，加水至刻度，空白管还是 1 号管。以 1 号管作参比，用 1 cm 比色皿，于波长 600 nm 处测定吸光度，平行三份。根据 $\lambda=600$ nm 时的 A 的平均值在标准曲线上查出乙醇的含量（mg）。

五、实验结果及分析

　　1）根据标准乙醇含量结果建立相关标准曲线。
　　2）根据标准曲线测定每天发酵过程中发酵液里的乙醇含量。

六、注意事项

　　1）使用硫酸和重铬酸钾时须注意安全，做好安全防护。
　　2）样品进行水浴加热时，要注意反应温度是否到达 100℃。

七、思考题

　　1）重铬酸钾氧化分光光度法测定酒中乙醇含量的原理是什么？
　　2）直接加入发酵液进行乙醇含量检测会对乙醇含量产生什么影响？

实验二十　柠檬酸发酵

柠檬酸（$C_6H_8O_7$）又称枸橼酸，化学名称为 2-羟基丙烷-1,2,3-三羧酸。根据其含水量的不同，将其分为一水柠檬酸和无水柠檬酸。在室温下，柠檬酸为无色半透明晶体或白色颗粒或白色结晶性粉末，无臭、味极酸，在潮湿的空气中微有潮解性。柠檬酸在食品、医药、化工、电子、纺织及建筑等工业领域中应用广阔，如用于食品工业，占生产量的 75%以上，作为清凉饮料、果酱、水果和糕点等食品的酸味剂、抗氧化剂和 pH 调节剂等；用于医药工业，占 10%左右，主要用作抗凝血剂、解酸药、调味剂等；用于化学工业等，占 15%左右，用作缓冲剂、络合剂及金属清洗剂、媒染剂、胶凝剂和调色剂等。

柠檬酸的来源主要有天然和人工合成两类，天然柠檬酸存在于柠檬、柑橘、菠萝等果实和动物的骨骼、肌肉及血液中。另外，也可用砂糖、糖蜜、淀粉和葡萄糖等含糖物质发酵而制得。

1784 年，C.W.舍勒首先从柑橘中提取柠檬酸，通过在水果榨汁中加入石灰乳以形成柠檬酸钙沉淀的方法制取柠檬酸。到 1922 年，世界柠檬酸的总销售额的90%由美国、英国、法国等垄断。发酵法制取柠檬酸始于 19 世纪末。1893 年韦默尔发现青霉（属）菌能积累柠檬酸。1913 年 B.扎霍斯基报道黑曲霉能生成柠檬酸。1916 年汤姆和柯里以曲霉属菌进行试验，证实大多数曲霉菌，如泡盛曲霉、米曲霉、温氏曲霉、绿色木霉和黑曲霉都具有产柠檬酸的能力，其中黑曲霉的产酸能力较强，如柯里以黑曲霉为供试菌株，在 15%蔗糖培养液中发酵，对糖的吸收率达 55%。1923 年美国菲泽公司建造了世界上第一家以黑曲霉浅盘发酵法生产柠檬酸的工厂。随后，比利时、英国、德国和苏联等利用发酵法生产柠檬酸相继研究成功。1950 年前，柠檬酸采用浅盘发酵法生产。1952 年美国迈尔斯实验室采用深层发酵法大规模生产柠檬酸。此后，深层发酵法逐渐建立起来，其发酵周期短，产率高，节省劳动力，占地面积小，便于实现仪表控制和连续化，现已成为柠檬酸生产的主要方法。中国用发酵法制取柠檬酸以 1942 年汤腾汉等的报道为最早。1952 年陈声等开始用黑曲霉浅盘发酵制取柠檬酸。轻工业部发酵工业科学研究所于 1959 年完成了 200 L 规模深层发酵制柠檬酸试验，1965 年进行了甜菜糖蜜原料浅盘发酵制取柠檬酸的中间试验，并于 1968 年投入生产。1966 年后，天津市工业微生物研究所、上海市工业微生物研究所相继开展用黑曲霉进行薯干粉原料深层发酵制取柠檬酸获得成功，确定了中国柠檬酸生产的主要工艺路线，该研究采用中国独特的先进工艺，原料丰富，工艺简单，不需添加营养盐，产率高。

随着生物技术的进步，柠檬酸工业有了突飞猛进的发展，全世界柠檬酸产量已达 160 万 t。在柠檬酸发酵技术领域，由于高产菌株的应用和新技术的不断开拓，柠檬酸发酵和提取收率都有明显提高，每生产 1 t 柠檬酸分别消耗 2.5～2.8 t 糖蜜、2.2～2.3 t 薯干粉或 1.2～1.3 t 蔗糖。人们正在大力开发固定化细胞循环生物反应器发酵技术。

实验 20-1　柠檬酸摇瓶发酵

一、实验目的

掌握柠檬酸发酵的原理；掌握柠檬酸发酵工艺过程及相关参数检测原理和方法。

二、实验原理

1940 年 H.A.克雷伯斯提出三羧酸循环学说以来，柠檬酸的发酵机制逐渐被人们所认识。已经证明，糖质原料生成柠檬酸的生化过程中，由糖变成丙酮酸的过程与乙醇发酵相同，即通过糖酵解途径（己糖二磷酸途径）进行酵解。然后丙酮酸进一步氧化脱羧生成乙酰辅酶 A，乙酰辅酶 A 和丙酮酸羧化所生成的草酰乙酸缩合成为柠檬酸并进入三羧酸循环途径。柠檬酸是代谢过程中的中间产物。在发酵过程中，当微生物体内的乌头酸水合酶和异柠檬酸脱氢酶活性很低，而柠檬酸合成酶活性很高时，才有利于柠檬酸的大量积累。采用黑曲霉发酵产柠檬酸多，耐酸力强，pH1.6～1.7 时尚能生长，且酸度大时产生葡萄糖酸、草酸等副产物较少，故进行柠檬酸发酵时，培养液以 pH2～3 为宜。

三、仪器、试剂与材料

1. 仪器

高压蒸汽灭菌锅、分析天平、恒温摇床、剪刀、刀、酒精灯、漏斗、烧杯、18×180 mm 试管、吸管、250 mL 三角瓶、200 mL 量筒、玻璃棒、布氏漏斗、胶头滴管、天平、pH 计、托盘等。

2. 试剂

葡萄糖、3,5-二硝基水杨酸、苯酚、酒石酸钾钠、NaOH、HgO、硫酸铵、KH_2PO_4、$MgSO_4 \cdot 7H_2O$、蔗糖、蒸馏水、0.1 mol/L 标准 NaOH、0.1 mol/L H_2SO_4、75%乙醇、

酚酞指示剂、20 g/L KMnO₄溶液、Deniges 试剂（HgO 1.0 g 溶于 20 mL 0.1 moL/L H₂SO₄中，该试剂有毒）等。

3. 材料

PDA 固体培养基：20.0 g 马铃薯（去皮），1.0～2.0 g 葡萄糖，1.7～2.0 g 琼脂，pH 自然，121℃灭菌 20 min。

发酵培养基：2.0 g $(NH_4)_2SO_4$、1.0 g KH_2PO_4、0.25 g $MgSO_4·7H_2O$、150 g 蔗糖、1000 mL 水，pH 控制在 5.5～6.5，加 1 mol/L NaOH 约 2 滴。取 50 mL 上述培养液，加入 250 mL 三角瓶中，包扎，121℃灭菌 20 min，待用。

其他材料：称量纸、滤纸、报纸、纱布、棉绳、脱脂棉、广泛 pH 试纸、药勺。

四、实验内容及步骤

1. 菌种活化

菌种活化：对于已长久保存的菌种，需经斜面培养基活化培养一次，即取保存的斜面菌种黑曲霉，移至斜面培养基，经 25～28℃斜面培养至孢子长好，作为活化后的种子。

2. 种子液的制备

取活化好的斜面菌种，无菌操作（不要在无菌室），取 5 mL 无菌水至黑曲霉斜面，用接种环轻轻刮下孢子，轻轻振荡制成孢子悬浮液。

3. 发酵

无菌操作，取柠檬酸发酵培养基（液）3 瓶，其中 2 瓶吸取 3 mL 孢子悬浮液接种于柠檬酸发酵培养液中。摇床转速 250 r/min，26～28℃摇床培养 5～7 d，另 1 瓶不接种留作对照。观察发酵过程中 pH 的变化并记录。

（注意：pH3 左右时是积累柠檬酸的最佳时期。）

4. 发酵液预处理

取发酵液经过滤将 3 瓶培养液过滤，菌丝用蒸馏水略加洗涤后弃去。

5. 发酵参数的检验与分析

在整个培养过程中，每天取 5 mL 发酵液分别检测生物量、残糖含量、柠檬酸含量及 pH 四个发酵参数。

取过滤液和对照液各约 5 mL，放入试管内，加 Deniges 试剂 1 mL，在酒精灯上缓缓加热至沸。逐滴加入 20 g/L KMnO₄ 溶液，若有柠檬酸存在，则出现白色沉淀。

五、实验结果及分析

记录 0 h、12 h、24 h、36 h、48 h、60 h、72 h 各时间段，柠檬酸发酵过程中的 pH、菌丝体干重、葡萄糖含量及柠檬酸含量，结果以表格和图片表示。

六、注意事项

1）使用 Deniges 试剂过程中，做好防护工作，戴好口罩和手套，防止中毒。

2）在种子制备过程中，注意防止种子污染。

3）接种过程中要严格进行无菌操作。

4）发酵液样品取样时要注意无菌操作及取样瓶的干净无菌。

5）菌丝过滤后应用蒸馏水反复冲洗 3 次以上。

6）测菌丝干重过程中，需要干燥至恒重再测定。

7）利用 DNS 法测定还原糖时，注意反应温度，应该置于沸水中，否则反应不完全。

七、思考题

1）影响黑曲霉发酵生产柠檬酸的因素有哪些？

2）记录发酵过程产酸变化情况，并进行结果分析（pH 变化曲线）。

3）柠檬酸发酵的原理是什么？

实验 20-2　柠檬酸的提取——柠檬酸钙的制备

一、实验目的

掌握柠檬酸提取的原理及方法。

二、实验原理

在成熟的柠檬发酵液中大部分是柠檬酸，但还含有部分培养基残渣、菌丝体以及其他的代谢产物的杂质。柠檬酸的提取是柠檬酸生产中极为重要的工序，柠檬酸的提取方法有钙盐沉淀法、离子交换法、电渗析法及萃取法等，目前广泛用于国内生产的是钙盐沉淀法，其原理是利用柠檬酸与碳酸钙反应形成不溶性的柠檬酸钙而将柠檬酸从发酵液中分离出来，并利用硫酸酸解从而获得柠檬酸粗液，经活性炭、离子交换树脂的脱色及脱盐，再经浓缩、结晶干燥等精制后获得柠檬酸成品，其中和及酸解反应式如下。

中和：$2C_6H_8O_7 \cdot H_2O + 3CaCO_3 \longrightarrow Ca_3(C_6H_5O_7)_2 \cdot 4H_2O \downarrow + 3CO_2 \uparrow + H_2O$

酸解：$Ca_3(C_6H_5O_7)_2 \cdot 4H_2O + 3H_2SO_4 + 4H_2O \longrightarrow 2C_6H_8O_7 \cdot H_2O + 3CaSO_4 \cdot 2H_2O$

本实验以提取柠檬酸钙盐为主。

三、仪器、试剂与材料

1. 仪器

离心机、滴定管、烘箱、天平、玻璃漏斗、玻璃棒、三角瓶、铁架台、蝴蝶夹、烧杯、量筒、容量瓶、托盘等。

2. 试剂

轻质碳酸钙（200 目），0.1429 mol/L NaOH 溶液，1%酚酞指示剂。

3. 材料

柠檬酸发酵液、离心管、胶头滴管、称量纸、药勺。

四、实验内容及步骤

1. 发酵液预处理

将成熟的柠檬酸发酵液加热至80℃，保温 10～20 min，趁热进行离心分离，取滤液备用并记录滤液总体积。

2. 发酵液总酸的测定

取滤液 1 mL，加 5 mL 蒸馏水于洁净三角瓶中，加入 1 滴酚酞指示剂，用0.1429 mol/L NaOH 滴定至初显红色为止，记下 NaOH 的消耗量。

3. 中和

将发酵滤液加热至70℃，同时加入发酵液总酸质量72%的轻质碳酸钙进行中和至 pH5.8，残酸0.2%～0.3%，并于 85℃条件下搅拌并保温 30 min。

4. 离心及洗糖

将中和液趁热离心，倾去上清液后加入约为滤液总体积 1/2 的 80℃热水洗糖，再次离心所得固体即为柠檬酸钙盐。

5. 干燥及称重

将所得柠檬酸钙置于干燥洁净的表面皿中，于 105℃烘干称重。

五、实验结果及分析

1）计算发酵液中总酸浓度及发酵所得的总酸量。
2）根据所得的钙盐质量计算钙盐提取的收率。

六、注意事项

1）在种子制备过程中，注意防止种子污染。
2）接种过程中要严格进行无菌操作。
3）发酵液样品取样时要注意无菌操作及取样瓶的干净无菌。
4）菌丝过滤后应用蒸馏水反复冲洗 3 次以上。
5）测菌丝干重过程中，需要干燥至恒重再测定。

七、思考题

1）简述发酵液预处理的意义及洗糖的目的。
2）柠檬酸提取的原理是什么？

实验 20-3　柠檬酸的检测

一、实验目的

掌握配制和标定 NaOH 标准溶液的方法；进一步熟练滴定管的操作方法；掌握柠檬酸含量测定的原理和方法。

二、实验原理

大多数有机酸是固体弱酸，如果有机酸能溶于水，且解离常数 $K_a \geqslant 10^{-7}$，可称取一定量的试样，溶于水后用 NaOH 标准溶液滴定，滴定突跃在弱碱性范围内，常选用酚酞为指示剂，滴定至溶液由无色变为微红色即为终点。根据 NaOH 标准溶液的浓度 c 和滴定时所消耗的体积 V 及称取有机酸的质量，计算有机酸的含量：

$$\omega_{H_nA} = \frac{\dfrac{1}{n} c \times V \times M_{H_nA}}{m_{样} \times 1000} \times 100\%$$

式中，H_nA 为有机酸；M_{H_nA} 为有机酸的摩尔质量，g/mol；$m_{样}$ 为称取的有机酸质量，g。

有机酸试样通常有柠檬酸、草酸、酒石酸、乙酰水杨酸、苯甲酸等。滴定产物是强碱弱酸盐，滴定突跃在碱性范围内，可选用酚酞为指示剂。用 NaOH 标准溶液滴定至溶液呈微红色（30 s 不褪色）为终点。

三、仪器、试剂与材料

1. 仪器

4F 滴定管、锥形瓶、容量瓶、移液管（25 mL）、烧杯、洗瓶、玻璃棒、分析天平、试管架、移液管架、托盘。

2. 试剂

邻苯二甲酸氢钾（基准物质，100～125℃干燥 1 h，然后放入干燥器内冷却后备用）、NaOH、柠檬酸、0.2%酚酞指示剂。

3. 材料

柠檬酸发酵液、称量纸、药勺。

四、实验内容及步骤

1. 0.10 mol/L NaOH 溶液的配制及标定

准确称取 0.4～0.6 g 邻苯二甲酸氢钾，置于 250 mL 锥形瓶中，加入 20～30 mL 水，微热使其完全溶解。待溶液冷却后，加入 2～3 滴 0.2%酚酞指示剂，用待标定的 NaOH 溶液滴定至溶液呈微红色，半分钟内不褪色即为终点（如果较长时间微红色慢慢褪去，是由溶液吸收了空气中的二氧化碳所致），记录所消耗 NaOH 溶液的体积。平行测定 3 次。

2. 柠檬酸试样含量的测定

用分析天平采用差减法准确称取柠檬酸试样约 1.5 g，置于小烧杯中，加入适量水溶解，定量转入 250 mL 容量瓶中，用水稀至刻度，摇匀。

用 25 mL 移液管移取上述试液于 250 mL 锥形瓶中，加入酚酞指示剂 1～2 滴，用 NaOH 标准溶液滴至溶液呈微红色，保持 30 s 不褪色即为终点。记下所消耗 NaOH 溶液体积，计算柠檬酸质量分数。如此平行测定 3 次，相关数据填入表中。

3. 发酵液柠檬酸含量的测定

用 25 mL 移液管移取发酵液于 250 mL 锥形瓶中，加入酚酞指示剂 1～2 滴，用 NaOH 标准溶液滴至溶液呈微红色，保持 30 s 不褪色即为终点。记下所消耗 NaOH 溶液体积，计算柠檬酸质量分数。如此平行测定 3 次，相关数据填入表中。

五、实验结果及分析

写出有关公式，将实验数据和计算结果填入表 20-3-1 及表 20-3-2。根据记录的实验数据分别计算出 NaOH 溶液的准确浓度和柠檬酸的质量分数，并计算三次测定结果的相对标准偏差。对标定结果要求相对标准偏差小于 0.2%，对测定结果要求相对标准偏差小于 0.3%。

表 20-3-1　邻苯二甲酸氢钾标定氢氧化钠

试剂	滴定编号		
	1	2	3
V_{NaOH}/mL			
$m_{邻苯二甲酸氢钾}$/g			
C_{NaOH}/（mol/L）			
C_{NaOH}平均值/（mol/L）			
相对平均偏差			
相对标准偏差			

表 20-3-2　柠檬酸质量分数

试剂	滴定编号		
	1	2	3
m_{H_3A}/g			
V_{H_3A}/mL			
V_{NaOH}/mL			
ω_{H_3A}			
$\bar{\omega}_{H_3A}$			
相对平均偏差			
相对标准偏差			

计算公式:

$$\omega_{\mathrm{H}_n\mathrm{A}} = \frac{\dfrac{1}{n}c_{\mathrm{NaOH}} \cdot V_{\mathrm{NaOH}} \cdot M_{\mathrm{H}_n\mathrm{A}}}{m_s \times \dfrac{25.00}{250.00} \times 1000}$$

式中,$n=3$ 为柠檬酸羧基的个数;$M_{\mathrm{H}_n\mathrm{A}} = 210.14$ g/mol,为有机酸的摩尔质量;m_s 为有机酸试样(柠檬酸)的称样量(g)。

六、注意事项

1)在 NaOH 溶液的标定和柠檬酸的滴定过程中,注意观察显色剂颜色的变化。

2)滴定过程中,应保持显色微红色并维持 30 s。

七、思考题

1)为什么试样要先称取 1.5 g,稀释定容后又移取 25 mL(十分之一)滴定,能否直接称取 0.15 g 于锥形瓶中,直接用 NaOH 标准溶液滴定?

2)本次实验中所用的试样是一水合柠檬酸,如果部分失水,测定结果偏高还是偏低?

实验二十一　α-淀粉酶发酵

　　α-淀粉酶，系统名称为 α-1,4-D-葡萄糖-葡萄糖苷水解酶，别名为液化型淀粉酶、液化酶、α-1,4-糊精酶，其国际酶学分类编号为 EC3.2.1.1。黄褐色固体粉末或黄褐色至深褐色液体，含水量 5%～8%。溶于水，不溶于乙醇或乙醚。

　　α-淀粉酶主要用于水解淀粉制造饴糖、葡萄糖和糖浆等，以及生产糊精、啤酒、黄酒、乙醇、酱油、醋、果汁和味精等。还用于面包的生产，以改良面团，如降低面团黏度、加速发酵进程，增加含糖量和缓和面包老化等。在婴幼儿食品中用于谷类原料预处理。此外，还用于蔬菜加工中。α-淀粉酶是目前国内外应用最广、产量最大的酶种之一。它占了整个酶制剂市场份额的 25%左右。

　　α-淀粉酶依来源不同，其最适 pH 在 4.5～7.0，从人类唾液和猪胰得到的 α-淀粉酶的最适 pH 范围较窄，在 6.0～7.0；枯草芽孢杆菌 α-淀粉酶的最适 pH 范围较宽，在 5.0～7.0；嗜热脂肪芽孢杆菌 α-淀粉酶的最适 pH 则在 3.0 左右；高粱芽 α-淀粉酶的最适 pH 范围为 4.8～5.4；小麦 α-淀粉酶的最适 pH 在 4.5 左右，当 pH 低于 4 时，活性显著下降，而超过 5 时，活性缓慢下降。根据 α-淀粉酶的热稳定性可将其分为耐高温 α-淀粉酶和中温 α-淀粉酶。在耐高温 α-淀粉酶中，由淀粉液化芽孢杆菌和地衣芽孢杆菌产生的酶制剂已被广泛地应用于食品加工中。温度对这两种酶的酶活力影响不同，地衣芽孢杆菌 α-淀粉酶最适温度为 92℃，而淀粉液化芽孢杆菌 α-淀粉酶的最适温度仅为 65℃，除热稳定性存在差别外，这两种酶作用于淀粉的终产物也不相同。

　　α-淀粉酶一般可由微生物发酵生产，也可由动物和植物提取。目前，工厂都以微生物发酵法为主大规模生产 α-淀粉酶。我国从 1965 年开始应用枯草芽孢杆菌 BF-7658 生产 α-淀粉酶，当时仅无锡酶制剂厂独家生产。现在国内生产酶制剂的厂家已发展到上千家，其中有 40%～50%的工厂生产 α-淀粉酶，总产量上万吨。

　　近年来，国外生产耐热 α-淀粉酶发展较快，已从嗜热真菌、高温放线菌，特别是嗜热细菌中分离得到了耐高温的 α-淀粉酶菌种。但就国内而言，虽已开展了耐高温 α-淀粉酶的研究工作，但目前仍以枯草芽孢杆菌菌种生产 α-淀粉酶。

实验 21-1　α-淀粉酶摇瓶发酵

一、实验目的

　　掌握 α-淀粉酶发酵的基本流程；通过淀粉的发酵过程掌握菌种制备、发酵过程控制、中间参数测定等基本生物工程技术。

二、实验原理

枯草芽孢杆菌（*Bacillus subtilis*）是一种重要的 α-淀粉酶生产菌。同时枯草芽孢杆菌作为一种安全、高效、多功能和极具开发潜力的微生物菌种已广泛应用于工业、农业、医药、卫生、食品、畜牧业、水产诸领域。随着经济的发展、科研水平的提高，枯草芽孢杆菌与人们日常生活的关系将更为密切，它也必将作为一种十分重要的工业微生物菌种，越来越引起人们的普遍关注和青睐。

三、仪器、试剂与材料

1. 仪器

天平、不锈钢烧杯、250 mL 三角瓶、电炉、漏斗、移液管、洗瓶、废液瓶、比色皿、取液器、酒精灯、打火机、振荡培养箱、高压蒸汽灭菌锅、剪刀、分光光度计、水浴锅、pH 计、试管架、移液管架、托盘等。

2. 试剂

蛋白胨、酵母浸出物、氯化钠、葡萄糖、玉米淀粉、氯化铵、硫酸镁、磷酸二氢钠、磷酸氢二钠、蒸馏水、75%乙醇、1 mol/L NaOH、1 mol/L HCl、pH6.0 的磷酸缓冲液、葡萄糖标准液（1 mg/mL）、3,5-二硝基水杨酸（DNS 溶液，棕色瓶储藏）、稀碘液等。

3. 材料

菌种：枯草芽孢杆菌。

种子培养基：蛋白胨 10 g，酵母浸出物 5 g，氯化钠 10 g，pH 自然，121℃灭菌 20 min。

发酵培养基：葡萄糖 15 g，玉米淀粉 2 g，酵母膏 0.2 g，蛋白胨 30 g，氯化铵 0.1 g，硫酸镁 0.5 g，磷酸二氢钠 1.5 g，磷酸氢二钠 3 g，pH 自然，121℃灭菌 20 min。

其他材料：称量纸、滤纸、药匙、广泛 pH 试纸、玻璃棒、纱布、报纸、棉线、枪头、脱脂棉。

四、实验内容及步骤

1. 菌种活化

将保藏的菌种转接到斜面培养基上，37℃培养 24 h。

2. 种子液制备

取一环活化的菌种接入装量为 50 mL 的种子培养基,37℃,180 r/min 培养 18 h。

3. 接种培养

分别取 2 mL 种子液,接入装有培养基的摇瓶中,并将其置于摇床中,32℃,160 r/min 培养 48 h。

4. 发酵过程参数的检测

在整个培养过程中,每天取 5 mL 发酵液分别检测生物量、残糖含量、pH 及酶活四个发酵参数。

五、实验结果及分析

1)记录 0 h、12 h、24 h、36 h、48 h 各时间段,生物量(OD_{600})、pH、残糖含量,分别以表格记录实验数据。

2)绘制生长曲线(OD_{600})、pH、残糖含量变化曲线。

六、注意事项

1)在种子制备过程中,注意防止种子污染。

2)接种过程中要严格进行无菌操作。

3)发酵液样品取样时要注意无菌操作及取样瓶的干净无菌。

七、思考题

1)工业发酵生产 α-淀粉酶的常用菌种是什么?

2)在测定生物量的时候,用什么作对照?

3)为什么种子培养条件和发酵产酶培养条件不相同?

实验 21-2　α-淀粉酶活力测定

一、实验目的

了解 α-淀粉酶性质及淀粉酶活力测定的意义;学会比色法测定淀粉酶活力的原理及操作要点。

二、实验原理

淀粉酶是能够分解淀粉糖苷键的一类酶的总称，包括 α-淀粉酶、β-淀粉酶、糖化酶和异淀粉酶。芽孢杆菌主要用来产生 α-淀粉酶和异淀粉酶，其中 α-淀粉酶能够切开淀粉链内部的 α-1,4-糖苷键，将淀粉水解为麦芽糖、含有 6 个葡萄糖单位的寡糖和带有支链的寡糖，与 DNS 试剂共热呈阳性反应，产生红棕色；而异淀粉酶又称淀粉 α-1,6-葡萄糖苷酶、分枝酶，此酶作用于支链淀粉分子分枝点处的 α-1,6-糖苷键，将支链淀粉的整个侧链切下，使其变成直链淀粉。通过发酵实验，我们可以以酶活力为依据，初步估计发酵的最佳时期和发酵终点。

酶活力也称酶活性，是以酶在最适温度、最适 pH 等条件下，催化一定的化学反应的初速度来表示。本实验是以一定量的淀粉酶液，于 37℃、pH6.8 的条件下，在一定的初始作用时间里将淀粉转化为还原糖，然后通过与 DNS 试剂作用，比色测定，求得还原糖的生成量，从而计算出酶反应的初速度，即酶活力。这里规定，一个淀粉酶活力单位定义为在 37℃、pH6.8 的条件下，每分钟水解淀粉生成 1 mg 还原糖所需的酶量。

蛋白质或多肽分子中含有酪氨酸或色氨酸，在碱性条件下，可使酚试剂中的磷钼酸化合物还原成蓝色（生成钼蓝和钨蓝化合物）。蓝色的深浅与蛋白质的含量成正比，可用比色法测定。

三、仪器、试剂与材料

1. 仪器

控温摇床、高压蒸汽灭菌锅、分析天平、制冰机、分光光度计、水浴锅、烧杯、玻璃棒、锥形瓶、离心机、25 mL 刻度试管、100 mL 容量瓶、250 mL 烧杯、滴管、洗耳球、洗瓶、试管架、移液管架、移液管、玻璃漏斗、托盘等。

2. 试剂

NaOH、葡萄糖、3,5-二硝基水杨酸、苯酚、酒石酸钾钠、NaCl、0.5 g/L 牛血清白蛋白、Na_2CO_3、$CuSO_4 \cdot 5H_2O$、酒石酸钾、钨酸钠、钼酸钠、磷酸、浓盐酸、硫酸锂、液溴、酚酞、蒸馏水等。

淀粉溶液（0.5%）。称取 5 g 可溶性淀粉，溶于 1000 mL 热水中（临用前配制）。

DNS 试剂。将 5.0 g 3,5-二硝基水杨酸溶于 200 mL 2 mol/L NaOH 溶液中（不适宜用高温促溶），接着加入 500 mL 含 130 g 酒石酸钾钠的溶液，混匀。再加入 5 g 结晶酚和 5 g 亚硫酸钠，搅拌溶解后，定容至 1000 mL，暗处保存备用。

其他试剂：磷酸缓冲液（0.2 mol/L，pH6.8）、NaOH 溶液（6 mol/L）、NaCl 溶液（0.3%）、福林-酚试剂（甲试剂、乙试剂配制见附录5）、1 g/L 葡萄糖标准溶液（葡萄糖分子量为 198.17）。

3. 材料

芽孢杆菌发酵液、称量纸、离心管、药勺、擦镜纸。

四、实验内容及步骤

1. 酶液的制备

称取 5 mL 发酵液，于 4℃下 4000 r/min 离心 10 min，取上清液备用。

2. α-淀粉酶活性的测定

1）取 4 支 25 mL 刻度试管，注明 2 支为对照管，另 2 支为测定管。

2）于每管中各加酶提取液 1 mL，在 70℃恒温水浴中（水浴温度的变化不应超过±0.5℃）准确加热 15 min，在此期间 β-淀粉酶钝化，取出后迅速在冰浴中彻底冷却。

3）在试管中各加入 1 mL 磷酸缓冲液。

4）向两支对照管中各加入 4 mL 0.4 mol/L NaOH，以钝化酶的活性。

5）将测定管和对照管置于 40℃（±0.5℃）恒温水浴中准确保温 15 min，再向各管分别加入 40℃下预热的淀粉溶液 2 mL，摇匀，立即放入 40℃水浴中准确保温 5 min 后取出，向两支测定管迅速加入 4 mL 0.4 mol/L NaOH，以终止酶的活性，然后准备下一步糖的测定。

取试管 4 支，按表 21-2-1 编号并操作，记录实验结果。

表 21-2-1　α-淀粉酶活性的测定反应体系

试剂/mL	管号			
	1	2	3	4
pH6.8 磷酸缓冲液	1	2	1	2
葡萄糖溶液	1	1	—	—
淀粉溶液	—	—	1	1
发酵液	1	—	1	
酶促反应	摇匀，37℃水浴 5 min			
DNS 试剂	2	2	2	2
显色反应	沸水浴 5 min			
A_{540}				

3. 比酶活的测定

绘制福林-酚法蛋白质标准曲线，反应体系如表 21-2-2 所示。

表 21-2-2　蛋白质标准曲线制作

试剂	试管号					
	1	2	3	4	5	6
标准蛋白质含量/mg	0	0.1	0.2	0.3	0.4	0.5
0.5 g/L 标准蛋白质溶液/mL	0	0.2	0.4	0.6	0.8	1
蒸馏水/mL	1	0.8	0.6	0.4	0.2	0
福林-酚试剂甲/mL	5	5	5	5	5	5
	混匀，在室温（25℃）下静置 10 min					
福林-酚试剂乙/mL	1	1	1	1	1	1
	混匀（加一管混一管），在室温（25℃）静置 15 min					
A_{500}						

以吸光度（A_{500}）为纵坐标，标准蛋白质含量（mg）为横坐标，绘制蛋白质标准曲线。按以上方法，将适量发酵液样品加入试管中，未加样品的试管作为对照，测出对应的吸光度。然后根据标准曲线计算出发酵液中蛋白质含量。

五、实验结果及分析

1）根据表 21-2-1 的实验结果，以葡萄糖浓度为横坐标，吸光度为纵坐标绘制出标准曲线。将样品所测的糖吸光度代入标准曲线方程中，可求得发酵液中 α-淀粉酶活性。

2）根据上表 21-2-2 的实验结果，以标准蛋白质浓度为横坐标，吸光度为纵坐标绘制出标准曲线。将样品所测的蛋白质吸光度代入标准曲线方程中，可求得发酵液中蛋白质含量。

3）根据上述 1）和 2）的结果算出 α-淀粉酶的比酶活。

六、注意事项

1）酶促反应要保持温和条件，反应液要避免剧烈搅拌或振荡。

2）加样顺序要正确，加样量要准确，反应时间要精确，试管内的试剂要混匀。

3）加入福林-酚试剂后，要迅速混匀（加一管混匀一管），使还原反应发生在磷钼酸-磷钨酸被破坏之前。

4）在使用分光光度计的时候，要等热平衡后再进行吸光度的测定，而且作为空白对照的比色皿要始终插在分光光度计内，每次换不同待测液后都要调零。比色皿使用时要注意其方向性，需配套使用，拿的时候不能触及光面，而且要保证在比色皿架上不倾斜，防止影响测定结果的准确性。

5）利用标准曲线测定未知样品的蛋白浓度时要考虑其适用范围，超出其范围的就不能根据标准曲线来求蛋白浓度。

七、思考题

1）淀粉酶活测定的原理是什么？

2）添加氯化钙的作用是什么？

3）加入福林-酚试剂后，为什么要迅速混匀？

实验二十二　青霉素发酵

青霉素（penicillin，或音译盘尼西林）又被称为青霉素 G、盘尼西林、配尼西林、青霉素钠、苄青霉素钠、青霉素钾、苄青霉素钾。青霉素是抗生素的一种，是指分子中含有青霉烷、能破坏细菌的细胞壁并在细菌细胞的繁殖期起杀菌作用的一类抗生素，是由青霉菌中提炼出的抗生素。青霉素属于 β-内酰胺类抗生素（β-lactams），β-内酰胺类抗生素包括青霉素、头孢菌素、碳青霉烯类、单环类、头霉素类等。青霉素是很常用的抗菌药品。但每次使用前必须做皮试，以防过敏。青霉素的来源主要是天然青霉素与半合成青霉素生产。青霉素用于临床是在 20世纪 40 年代初，人们对青霉素进行大量研究后又发现一些其他的青霉素，当人们对青霉素进行化学改造时，得到了一些有效的半合成青霉素，70 年代又从微生物代谢物中发现了一些母核与青霉素相似也含有 β-内酰胺环，而不具有四氢噻唑环结构的青霉素类，可分为三代：第一代青霉素指天然青霉素，如青霉素 G（苄青霉素）；第二代青霉素是指由青霉素母核-6-氨基青霉烷酸（6-APA）改变侧链而得到的半合成青霉素，如甲氧苯青霉素、羧苄青霉素、氨苄青霉素；第三代青霉素母核结构带有与青霉素相同的 β-内酰胺环，但不具有四氢噻唑环，如硫霉素、奴卡霉素。

实验 22-1　青霉素摇瓶发酵

一、实验目的

掌握青霉素发酵生产工艺流程，发酵原理，种子制备、发酵过程控制；掌握与发酵相关参数的检测原理与方法。

二、实验原理

青霉素生产菌株一般为产黄青霉，根据深层培养中菌丝体的形态，分为球状菌和丝状菌。在发酵过程中，产黄青霉的生长发育可分为 6 个阶段。①分生孢子的Ⅰ期；②菌丝繁殖，原生质嗜碱性很强，有类脂肪小颗粒产生，为Ⅱ期；③原生质嗜碱性仍很强，形成脂肪粒，积累贮藏物，为Ⅲ期；④原生质嗜碱性很弱，脂肪粒减少，形成中、小空泡，为Ⅳ期；⑤脂肪粒消失，形成大空泡，为Ⅴ期；⑥细胞内看不到颗粒，并有个别自溶细胞出现，为Ⅵ期。

三、仪器、试剂与材料

1. 仪器

高压蒸汽灭菌锅、培养箱、超净工作台、摇床、电子天平、分析天平、玻璃漏斗、玻璃棒、镊子、剪刀、大三角瓶、烘箱、水浴锅、接种环、酒精灯、洗瓶、试管架、吸管架、托盘等。

2. 试剂

乳糖、葡萄糖、乙酸铵、Na_2SO_4、$MgSO_4 \cdot 7H_2O$、$FeSO_4 \cdot 7H_2O$、$CuSO_4 \cdot 5H_2O$、$MnSO_4 \cdot 7H_2O$、$CaCl_2 \cdot 2H_2O$、$ZnSO_4 \cdot 7H_2O$、苯乙酸、工业乙醇、75%乙醇、琼脂、蒸馏水等。

3. 材料

菌种：产黄青霉。

PDA 培养基：200 g 马铃薯、20 g 葡萄糖、15～20 g 琼脂、1000 mL 蒸馏水，自然 pH，121℃灭菌 20 min。

发酵培养基：22.5 g 乳糖、7.5 g 葡萄糖、8.0 g 乙酸铵、0.5 g Na_2SO_4、0.25 g $MgSO_4 \cdot 7H_2O$、0.1 g $FeSO_4 \cdot 7H_2O$、0.005 g $CuSO_4 \cdot 5H_2O$、0.02 g $MnSO_4 \cdot 7H_2O$、0.05 g $CaCl_2 \cdot 2H_2O$、0.02 g $ZnSO_4 \cdot 7H_2O$、1.0 g 苯乙酸、1000 mL 蒸馏水，pH6.5，121℃灭菌 20 min。

其他材料：脱脂棉花、纱布、棉线、报纸、药勺、称量纸。

四、实验内容及步骤

1. 发酵过程控制

（1）培养基配制

按照发酵培养基的配方将 300 mL 培养基配制好。

（2）培养基的分装及其灭菌

将配好的培养基分装到 250 mL 摇瓶中，每瓶 100 mL，最后将培养基置于 121℃灭菌 20 min。

（3）接种

将已经活化的斜面种子（产黄青霉）接种到摇瓶中 30℃摇床中培养。

（4）观察和取样

观察发酵过程中是否存在异常情况，如发酵液颜色、气味等是否异常。每 12 h 取样一次，每次 10 mL 左右。

（5）培养时间及镜检

一般培养需要 3～4 d，然后利用镜检来检测发酵过程是否染菌。

2. 发酵过程中生理生化指标的检测

（1）利用称重法测定生长曲线

将每批次的样品（5～10 mL）离心后称重，测得不同时间菌体的质量，以时间为横坐标，质量为纵坐标，绘制曲线。

（2）测糖

利用 DNS 法，测定每批次的样品（5～10 mL）离心后发酵液的还原糖含量，以时间为横坐标，含量为纵坐标，绘制曲线。

五、实验结果及分析

1）对实验数据进行统计分析。
2）绘制生长曲线（即干重-时间曲线）、残糖及 pH 变化曲线。

六、注意事项

1）在种子制备过程中，注意防止种子污染。
2）接种过程中要严格进行无菌操作。
3）发酵液样品取样时要注意无菌操作及取样瓶的干净无菌。
4）菌丝过滤后应用蒸馏水反复冲洗 3 次以上。
5）测菌丝干重过程，需要干燥至恒重再测定。
6）利用 DNS 法测定还原糖时，注意反应温度，应该置于沸水中，否则反应不完全。

七、思考题

1）青霉素的抗菌原理是什么？
2）产黄青霉产生青霉素的原理是什么？

3）发酵培养基中添加苯乙酸的作用是什么？

实验 22-2 抗生素效价评定

一、实验目的

熟悉体外抗菌实验操作技术；掌握药物抗菌能力体外测定的常用方法及其用途。

二、实验原理

常用的体外测定药物抑菌能力的方法有两大类：琼脂渗透法与浓度系列稀释法。琼脂渗透法是利用药物能够渗透至琼脂培养基的性能，将实验菌混入琼脂培养基后倾注成平板；或将实验菌均匀涂于琼脂平板的表面，然后用不同的方法将药物置于已含实验菌的琼脂平板上。根据加药的操作方法不同而有滤纸片法、打洞法、管碟法及挖沟法等。经适宜温度培养后观察药物的抑菌能力。浓度系列稀释法则是把药物稀释成不同的系列浓度，混入培养基内，加入一定量的实验菌，经适宜温度培养后观察结果，求得药物的最低抑菌浓度（MIC）。

三、仪器、试剂与材料

1. 仪器

高压蒸汽灭菌锅、电子天平、分析天平、玻璃漏斗、玻璃棒、剪刀、酒精灯、无菌平皿、1 mL 无菌吸管、三角瓶、试管、镊子、洗瓶、试管架、托盘等。

2. 试剂

胰蛋白胨、酵母膏、NaCl、琼脂粉、工业乙醇、75%乙醇、待检药（1 个平板可做 1 种或多种药物实验）等。

3. 材料

菌种：指示菌金黄色葡萄球菌接种到灭过菌的液体培养基中，在 30℃左右培养 24～36 h。

LB 固体培养基：10 g 胰蛋白胨、5 g 酵母膏、10 g NaCl、15 g 琼脂粉，121℃，20 min 高压灭菌，待冷却至 50～60℃时，倒置平板。

其他材料：无菌小滤纸片、称量纸、药勺、脱脂棉、纱布、棉线、报纸。

四、实验内容及步骤

1. 培养基的配制及分装

将琼脂培养基分别装入三角瓶或大试管中，灭菌，备用。然后，将琼脂培养基置于水浴中加热熔化，冷却至 50℃左右，用无菌操作法吸取菌液（制备每个平板需 0.1～0.2 mL）加入琼脂培养基中，迅速混匀，倾注于无菌平皿内，并转动平皿，使细菌均匀分布其中，水平放置待凝（也可预先在平皿中铺一层琼脂培养基作底层，冷却后再加一薄层含菌琼脂培养基，如此，可使抑菌圈更加清晰）。

2. 制作药敏纸片

镊子蘸 75%乙醇后通过火焰，烧灼灭菌，反复 3 次，镊取无菌滤纸片，浸沾药液，贴于平板表面，各纸片间的距离要大致相等。

3. 培养及抑菌效果检测

37℃培养一昼夜后，观察此滤纸片周围有无抑菌圈，并量取其直径。抑菌圈即无菌生长区，药液在一定浓度范围内，抑菌圈的大小表示抑菌作用的强弱。

五、实验结果及分析

1）测量各时间段抑菌圈直径的大小并记录下来。
2）根据所得的抑菌圈直径大小作变化曲线。

六、注意事项

1）固体培养基熔化后，注意控制温度为 50℃，防止温度过高将指示菌烫死，或温度过低培养基凝固，影响平板制作。
2）要严格无菌操作，在整个操作过程中防止污染杂菌。
3）在贴滤纸片的过程中，注意滤纸片上的水分不要太多，否则抑菌圈不规则；另外，必须均匀放置，保证各纸片之间的距离大致相等，否则易出现交叉，影响测量结果。

七、思考题

1）琼脂培养基为什么要冷却至 50℃左右倒平板？
2）常用的抗生素效价评定方法有哪些？

实验二十三　茯苓多糖发酵及检测

　　茯苓（*Poria cocos*）属于多孔菌科卧孔菌属，生长在松科植物赤松或者马尾松的根茎部位。茯苓作为一种常见的中药材，最早是被《神农本草经》记载，称其味甘、性平、能归人心肺脾。茯苓具有健脾胃、祛湿、安神和利水作用，可用于治疗小便不利、水肿尿少、惊悸、健忘和遗精等问题。我国食用茯苓历史悠久，早在 2000 年前就有古人开始食用。茯苓的药用部位是茯苓菌核，茯苓多糖是茯苓的主要有效成分，占茯苓菌核干重 93%的 β-茯苓聚糖（β-pachymose）不溶于水且生理活性较弱，不利于临床应用。β-茯苓聚糖在碱性条件下与氯乙酸反应生成一种水溶性多糖，即羧甲基茯苓多糖（carboxymethyl-pachymaran，CMP），具有抗肿瘤、增强免疫力、抗衰老、预防结石等作用，可广泛应用于医疗保健领域。近代临床及药理研究表明茯苓多糖具有很好的抗肿瘤作用，该糖可增强巨噬细胞和 T 淋巴细胞的细胞毒作用，还能增强细胞的免疫反应并激活机体对肿瘤的免疫监视系统，其机制与激活补体有关。茯苓作为我国著名的传统中药材，具有药食两用的特点，所以我国对于茯苓的需求量日益增加，虽然我国茯苓分布地较广，但是由于茯苓生长周期长以及产量较少，因此需要找寻新的方法来培养生产茯苓，提高茯苓多糖的生产效率。而利用液体发酵培养以及新的分离提取技术，可以较好地解决传统茯苓培植出现的一些问题，例如，相对于传统培植，液体发酵培养可以解决生长周期短以及产量少的问题，增加茯苓多糖的产量，而新的分离提取技术可以实现充分利用茯苓的有效成分。现代发酵技术已经广泛应用于药用真菌的培养，对于推动药用真菌资源的进一步开发和利用有着重大的意义。

实验 23-1　茯苓多糖摇瓶发酵

一、实验目的

　　掌握茯苓发酵的原理及操作过程；掌握茯苓发酵过程中主要发酵参数的检测原理及方法。

二、实验原理

　　茯苓多糖中 β-茯苓聚糖含量在 80%～94%，因产地不同而有所差异，是茯苓中重要的药效组分。茯苓多糖的单糖组分是 D-葡萄糖,甲基化后水解得到 2,3,6-三-O-甲基-D-葡萄糖。研究表明,其结构是 50 个 β(1-3)结合的葡萄糖单位中有一个 β(1-6)结合的葡萄糖基支链和 1~2 个 β(1-6)结合的葡萄糖基间隔。

三、仪器、试剂与材料

1. 仪器

恒温培养箱、pH 计、超净工作台、高压蒸汽灭菌锅、打孔器、分析天平、电磁炉、电热鼓风干燥箱、恒温摇床、电子天平、玻璃漏斗、玻璃棒、无菌平皿、刀、剪刀、镊子、酒精灯、托盘等。

2. 试剂

红糖、琼脂、葡萄糖、玉米浆粉、无水乙醇、浓硫酸、苯酚、无水亚硫酸钠、酒石酸钾钠、NaOH、HCl、NaH_2PO_4、$MgSO_4$、3,5-二硝基水杨酸、75%乙醇等。

3. 材料

菌种:茯苓菌种。

PDA 固体培养基:20.0 g 马铃薯(去皮),加入适量蒸馏水用电磁炉煮沸 30 min,然后用 4 层纱布过滤得到马铃薯滤液,另外用手抓一把松木屑,加入适量的蒸馏水,将其煮沸 5 min,过滤得木屑滤液,将马铃薯滤液和木屑滤液混合,然后再加蒸馏水定容到 100 mL,趁热加入 1.0~2.0 g 葡萄糖,1.7~2.0 g 琼脂,继续用电磁炉加热处理,直到琼脂完全溶化混匀,装入 250 mL 的锥形瓶中,121℃灭菌 20 min。

液体发酵培养基:称取 2.0 g 红糖、1.0 g 玉米浆粉、0.3 g NaH_2PO_4、0.15 g $MgSO_4$,加入蒸馏水溶解加热后定容至 100 mL,然后用 1 mol/L NaOH 溶液和 1 mol/L HCl 溶液将 pH 调至 5.2~5.4 范围内,121℃灭菌 20 min。

其他材料:马铃薯、滤纸、纱布、棉线、报纸、镊子、药勺、称量纸。

四、实验内容及步骤

1. 茯苓多糖发酵菌种制备

将配制好的固体培养基和用报纸包好的平板利用高压蒸汽灭菌锅灭菌,将条件设置为 121℃,20 min。灭菌后在超净工作台上进行倒平板的操作,将斜面试管里的菌种用接种铲铲一小块(0.5 cm² 左右大小)带菌丝的琼脂,接种到凝固好的固体培养基平板表面的中间处，然后置于恒温培养箱中，恒温 28℃培养 7 d。

2. 茯苓多糖发酵过程控制

（1）发酵培养基的配制及分装

配制液体发酵培养基后，将培养基 pH 调到 5.2～5.4，然后将其分装到 250 mL 的锥形瓶中，每瓶分装 100 mL，然后用 8 层纱布折好塞住锥形瓶口，再用两层的报纸包住瓶口，并用棉线扎紧。

（2）发酵培养基的灭菌

利用高压蒸汽灭菌锅在 121℃条件下灭菌 20 min。

（3）茯苓菌种接种

利用平板中培养 7 d 的菌种，然后在超净工作台上用高温灭菌后的打孔器进行打孔接种的操作，将打孔器（直径为 8 mm）打取的一定数量的琼脂块加入到装有液体培养基的锥形瓶中，用 8 层灭过菌的纱布封口。

（4）发酵过程控制

放置在复式恒温调速摇瓶柜中培养，在 28℃、转速为 140 r/min 条件下培养 7 d。

（5）发酵样品预处理与保存

每天取 5～10 mL 发酵液样品进行抽滤，滤液用大号试管盛装待测（如果放置时间过长，可以将其放置于冰箱中进行冷藏待测），将菌丝与滤纸一起放在 80℃干燥箱中干燥。

3. 茯苓多糖发酵过程中生理生化指标的检测

（1）利用称重法测定生长曲线

将每批次的样品（5～10 mL）过滤后，用蒸馏水冲洗 3 次，置于 80℃恒温干燥至恒重，称重测得不同时间菌体的质量，以时间为横坐标，质量为纵坐标，绘制曲线。

（2）发酵液中残糖含量检测

利用 DNS 法，将每批次的样品（5～10 mL）过滤后，测定每批次的样品滤液中的糖含量，取适量发酵液，测定还原糖含量，以时间为横坐标，含量为纵坐标，绘制曲线。

（3）发酵液 pH 的测定

将每批次的样品（5~10 mL）过滤后，利用 pH 计测定每批次的样品滤液 pH，以时间为横坐标，pH 为纵坐标，绘制曲线。

五、实验结果及分析

1）绘制生长曲线（即干重-时间曲线）。

2）绘制残糖变化曲线。

3）绘制 pH 变化曲线。

六、注意事项

1）在种子制备过程中，注意防止种子污染。

2）接种过程中要严格进行无菌操作。

3）发酵液样品取样时要注意无菌操作及取样瓶的干净无菌。

4）测菌丝干重过程，需要干燥至恒重再测定。

5）利用 DNS 法测定还原糖时，注意反应温度，应该置于沸水中，否则反应不完全。

6）采用打孔接种时，打孔器要灭菌彻底。

七、思考题

1）什么样的茯苓多糖具有较好的临床使用效果？

2）茯苓发酵过程中接种方法是什么？

3）检测发酵液中残糖含量的意义是什么？

实验 23-2　茯苓多糖的提取

一、实验目的

掌握茯苓发酵的原理及操作过程；掌握茯苓发酵过程中主要发酵参数的检测原理及方法。

二、实验原理

茯苓的主要有效成分为茯苓多糖（pachymaran），占茯苓菌核干重的 70%~90%。茯苓多糖的单糖组分是 D-葡萄糖，甲基化后水解得到 2,3,6-三-O-甲基-D-

葡萄糖。研究表明,其结构是 50 个 β(1-3)结合的葡萄糖单位中有一个 β(1-6)结合的葡萄糖基支链和 1~2 个 β(1-6)结合的葡萄糖基间隔,大多难溶于水。

三、仪器、试剂与材料

1. 仪器

分析天平、干燥箱、水浴锅、真空泵、抽滤瓶、布氏漏斗、烧杯、量筒、容量瓶、玻璃漏斗、玻璃棒、托盘等。

2. 试剂

无水乙醇、蒸馏水、NaOH 等。

3. 材料

茯苓菌丝发酵液、滤纸、称量纸、药勺。

四、实验内容及步骤

1. 茯苓菌丝的过滤

将得到的发酵液进行真空抽滤,并用蒸馏水反复冲洗 3 次。

2. 茯苓菌丝的干燥

用蒸馏水冲洗过滤后收集的菌丝体,将冲洗好的菌丝与滤纸一起放在 80℃干燥箱中干燥处理 2 h。

3. 称重

取出烘干后冷却至恒温的菌丝体并进行称重。

4. 茯苓菌丝多糖含量的提取

将称重后茯苓菌丝样品用研钵进行研磨,研碎后转移至试管,按 30:1 的料水比,用 20 mL 稀碱液浸提过夜。次日将浸提的菌丝体进行沸水浴,加热浸提 2 h,冷却后过滤,得原始样液备用。

五、实验结果及分析

1)测定茯苓菌丝多糖含量。

2）计算多糖提取的得率。

六、注意事项

1）要注意控制合理的料水比。
2）菌丝过滤后应用蒸馏水反复冲洗 3 次以上。
3）茯苓菌丝样品用研钵进行研磨过程中，必须充分研磨。

七、思考题

1）茯苓菌核和菌丝中主要成分是什么？
2）茯苓多糖具有哪些功能？
3）茯苓多糖的组成成分有哪些？

实验 23-3　硫酸-苯酚法测定茯苓多糖

一、实验目的

掌握硫酸-苯酚法测茯苓多糖的原理；掌握硫酸-苯酚法测茯苓多糖方法及步骤。

二、实验原理

硫酸-苯酚法测定多糖含量是由 Dubois 等提出的。其原理是：多糖或寡糖被浓硫酸在适当高温下水解，产生单糖，并迅速脱水成糠醛衍生物，该衍生物在强酸条件下与苯酚发生显色反应，生成橙黄色物质，在波长 490 nm 处和一定浓度范围内，其吸光度 A 与糖浓度 C 呈线性关系，从而可用比色法测定其含量。

三、仪器、试剂与材料

1. 仪器

蒸馏装置、铁架台、夹子、分光光度计、分析天平、试管、试管架、洗瓶、吸管架、废液瓶、容量瓶、玻璃棒、托盘等。

2. 试剂

浓硫酸、苯酚（重蒸酚）、葡萄糖（分析纯）等。

5%苯酚。取 5 g 苯酚，置 100 mL 容量瓶中，加蒸馏水至刻度，摇匀后，置棕色试剂瓶中，冰箱中冷藏储存备用。

葡萄糖标准品。准确称取 20 mg 经 105℃干燥至恒重的葡萄糖标准品于 500 mL 容量瓶中，蒸馏水溶解定容。

3. 材料

茯苓多糖样品、称量纸、擦镜纸、药勺。

四、实验内容及步骤

1. 葡萄糖标准曲线

准确称取标准葡萄糖 10 mg 于 250 mL 容量瓶中，加水至刻度，分别吸取 0.2 mL、0.3 mL、0.4 mL、0.5 mL、0.6 mL、0.7 mL、0.8 mL 及 0.9 mL，各以蒸馏水补至 1.0 mL，然后加入 5%苯酚 0.5 mL 及浓硫酸 2.5 mL（表 23-3-1），摇匀冷却，室温放置 20 min 后，于 490 nm 测吸光度，以 1.0 mL 水按同样显色操作作为空白对照，横坐标为多糖质量（μg），纵坐标为吸光度，得标准曲线。

表 23-3-1 葡萄糖标准曲线制作

项目	1	2	3	4	5	6	7	8	0
标准葡萄糖/mL	0.2	0.3	0.4	0.5	0.6	0.7	0.8	0.9	0
蒸馏水/mL	0.8	0.7	0.6	0.5	0.4	0.3	0.2	0.1	1.0
5%苯酚/mL	0.5	0.5	0.5	0.5	0.5	0.5	0.5	0.5	0.5
浓硫酸/mL	2.5	2.5	2.5	2.5	2.5	2.5	2.5	2.5	2.5

2. 茯苓多糖样品的检测

移取 1.0 mL 待测茯苓多糖样品于试管中，加入 5.0 mL 显色液，振荡混匀。置于沸水浴中保温 30 min，立即置于冷水浴中，冷却至室温。以未加葡萄糖溶液作为空白对照。于 490 nm 处测定系列葡萄糖溶液的吸光度。以葡萄糖浓度为横坐标、吸光度为纵坐标，绘制标准曲线。测定样品溶液 490 nm 处吸光度，根据标准曲线计算多糖含量。

五、实验结果及分析

1）建立茯苓多糖含量检测的标准曲线。

2）根据标准曲线计算出茯苓多糖的含量，记录 0 h、24 h、48 h、72 h、96 h、

120 h、144 h 各时间段发酵液多糖含量，同时绘制茯苓多糖发酵的变化曲线。

六、注意事项

1）苯酚需要重蒸，配制的苯酚溶液需要妥善保存。

2）样品检测的时候，向样品中加入苯酚溶液后需要迅速摇匀。

3）加入硫酸基本操作：硫酸沿壁加，最好能旋转比色管，让硫酸能均匀地沿壁流下。加完硫酸需要立即摇匀，前提是塞子要配套。

4）此法简单、快速、灵敏、重复性好，对每种糖仅制作一条标准曲线，颜色持久。

5）制作标准曲线宜用相应的标准多糖，如用葡萄糖，应以校正系数 0.9 校正微克数。

6）对杂多糖，分析结果可根据各单糖的组成比及主要组分单糖的标准曲线的校正系数加以校正计算。

7）测定时根据吸光度确定取样的量。吸光度最好在 0.1～0.3。例如，小于 0.1 时可以考虑取样品时取 2 g，仍取 0.2 mL 样品液；如大于 0.3 可以减半取 0.1 mL 的样品液测定。

8）正常的反应溶液是深棕色。糖越多颜色越深。注意硫酸的纯度。空白对照的颜色很深，说明空白对照中的苯酚被氧化了，深红是醌（苯酚氧化生成）的颜色。颜色过深说明酚的浓度过大，一般是 5%较适宜。

七、思考题

1）苯酚-硫酸比色法测定多糖含量的原理是什么？

2）测定过程中，空白对照颜色很深说明出现了什么问题？

3）配制苯酚溶液过程中，为什么需要用重蒸酚？

实验二十四　植物组织培养

广义的植物组织培养是指在无菌条件下，将离体的植物器官、组织或者细胞等培养在人工配制的培养基上，给予适当的培养条件，诱导形成愈伤组织、芽或者新的完整植株的一种实验技术。1902 年，德国植物生理学家 Haberlandt 率先开展植物组织培养研究；1958 年 Steward 以胡萝卜根的薄壁组织为外植体成功培养出胡萝卜试管苗。

经过数十年的发展，植物组织培养技术已经成为一项成熟的技术，在经济植物快速繁殖、脱毒苗培育、作物育种、遗传转化、种质资源保存和药用成分生产等领域有着广泛的应用，产生了较大的经济价值，此外，对于植物的遗传、生理生化和病理等理论研究也有着重要的意义。

通过开展本系列实验，有助于熟悉植物组织培养技术操作流程和掌握相关实验技术。

实验 24-1　MS 培养基母液和培养基的配制

一、实验目的

掌握培养基母液和培养基配制的基本技能；掌握培养基各种母液的保存方法；掌握培养基高压蒸汽灭菌操作方法；了解培养基中各种营养成分的作用。

二、实验原理

为了准确称取培养基中用量极少的成分以及方便今后配制培养基，往往先把各组分按其用量配成扩大一定倍数的浓缩液，即母液，贮存备用，用时稀释。配制母液时，培养基配方中用量大的成分扩大的倍数宜低，反之则高。为了避免发生沉淀反应和长出微生物菌落，应分别配制大量元素、微量元素、铁盐、钙盐和有机物质的母液，各自单独保存。

三、仪器、试剂与材料

1. 仪器

电子分析天平（精确度 0.1 mg）、磁力搅拌器（或者玻璃棒）、冰箱、电磁炉

（或者电炉）、pH 计（或者广泛 pH 试纸和 pH5.5～7.0 的精密 pH 试纸）、全自动高压蒸汽灭菌锅、恒温培养箱、三角烧瓶（50 mL）、烧杯、容量瓶、量筒、试剂瓶、移液管、药匙、培养皿等。

2. 试剂

MS 培养基配方表中的各种成分、95% 乙醇、0.5 mol/L NaOH 溶液、0.5 mol/L HCl 溶液、蒸馏水、琼脂、蔗糖、生长素类、细胞分裂素类、赤霉素类，均为分析纯试剂。

3. 材料

标签纸、记号笔、封口塑料膜、粗棉线、称量纸、滤纸。

四、实验内容及步骤

1. MS 培养基母液的配制

MS 培养基母液分为大量元素母液、微量元素母液、铁盐母液、钙盐母液和有机物质母液（表 24-1-1），激素按照实际需要配制有关母液。

表 24-1-1　MS 培养基母液配制表

母液类别	成分	规定量/（mg/L）	扩大倍数	称取量/mg	母液体积/mL	配制 1 L 培养基的吸取量/mL
大量元素	KNO_3	1 900	10	19 000	1 000	100
	NH_4NO_3	1 650		16 500		
	$MgSO_4 \cdot 7H_2O$	370		3 700		
	KH_2PO_4	170		1 700		
微量元素	$MnSO_4 \cdot 4H_2O$	22.30	100	2 230	1 000	10
	$ZnSO_4 \cdot 7H_2O$	8.6		860		
	H_3BO_3	6.2		620		
	KI	0.83		83		
	$NaMoO_4 \cdot 2H_2O$	0.25		25		
	$CuSO_4 \cdot 5H_2O$	0.025		2.5		
	$CoCl_2 \cdot 6H_2O$	0.025		2.5		
铁盐	$Na_2\text{-}EDTA \cdot 2H_2O$	37.25	10	372.5	100	10
	$FeSO_4 \cdot 7H_2O$	27.85		278.5		
钙盐	$CaCl_2 \cdot 2H_2O$	440	10	4 400	100	10
有机物质	甘氨酸	2.0	10	20	100	10
	盐酸硫胺素	0.4		4		
	盐酸吡哆醇	0.5		5		
	烟酸	0.5		5		
	肌醇	100		1 000		

1）大量元素母液（10 倍液）：分别称取 10 倍用量的各种大量无机盐，依次溶解于大约 800 mL 热的（60～80℃）蒸馏水中。一种成分完全溶解后再加入下一种，最后加蒸馏水定容至 1000 mL 后装入试剂瓶中。

2）微量元素母液（100 倍液）：分别称取 100 倍用量的各种微量无机盐，依次溶解于 800 mL 蒸馏水中，加水定容到 1000 mL。

3）铁盐母液（10 倍液）：称取 10 倍用量的 Na_2-EDTA·$2H_2O$（乙二胺四乙酸二钠）和 $FeSO_4$·$7H_2O$，溶于 80 mL 蒸馏水中，最后定容到 100 mL。

4）钙盐母液（10 倍液）：称取 10 倍用量的 $CaCl_2$·$2H_2O$ 溶于 80 mL 蒸馏水中，最后定容到 100 mL。

5）有机物质母液（10 倍液）：分别称取 10 倍用量的各种有机物质，依次溶解于 80 mL 蒸馏水中，定容至 100 mL，装入棕色试剂瓶中。

6）激素母液：每种激素必须单独配成母液，浓度为 0.1 mg/mL。由于激素用量较少，一次可只配 100 mL。另外，多数激素难溶于水，因此，要先溶于助溶剂，然后再加蒸馏水定容。

激素的配法如下：分别称取吲哚乙酸（IAA）、吲哚丁酸（IBA）、α-萘乙酸（NAA）和赤霉酸（GA_3）各 10 mg，先溶于少量的 95%乙醇中，再加蒸馏水定容至 100 mL，配成浓度为 0.1 mg/mL 的母液。2,4-二氯苯氧乙酸（2,4-D）要先用少量 1 mol/L 的 NaOH 溶解，再加蒸馏水定容。激动素（KT）、6-苄基腺嘌呤（6-BA）、苯基噻二唑基脲（TDZ，又名"脱叶灵"）要先溶于少量的 1 mol/L HCl 中，再加蒸馏水定容。

以上各种培养基母液配制好后，贴好标签，注明母液的名称、配制日期和浓缩倍数，于 4℃冰箱贮藏。

2. 培养基的配制与分装（以配制 1 L 培养基为例）

1）取 1000 mL 不锈钢杯一个，先加入 600 mL 左右的蒸馏水，再依次加入大量元素母液 100 mL、微量元素母液 10 mL、铁盐母液 10 mL、钙盐母液 10 mL、有机物质母液 10 mL，充分搅匀；再加入蔗糖（常用量为 30 g），待蔗糖充分溶解后，加入琼脂粉 7.0～7.5 g，如用琼脂条，则要加 8～10 g。

2）把盛有培养基的不锈钢杯放在电磁炉上加热，先用旺火烧开，再用文火煮溶，注意经常搅拌，防止糊底。待琼脂完全溶化后，根据培养材料和实验目的再加入一定量的生长素和细胞分裂素（注意：不耐高温的植物生长调节剂不能直接加入，要采用过滤除菌法，具体操作方法见附录 4），然后用 0.5 mol/L 的 NaOH 或 HCl 溶液调整酸碱度至 pH5.8～6.2，最后加蒸馏水定容到 1000 mL。定容后，用玻璃棒引流，把培养基分装到三角烧瓶中，每个三角烧瓶装 30 mL 左右的培养基。分装时注意不要把培养基倒在瓶口上，以免造成污染。

本次实验配制的培养基为诱导黄花蒿嫩枝产生愈伤组织和丛生芽的培养基，配方如下。①诱导愈伤组织：MS + 6-BA 0.5 mg/L + IBA 0.5 mg/L；②诱导丛生芽：MS + 6-BA 2 mg/L + IBA 0.5 mg/L 或者 MS + 6-BA 2 mg/L + NAA 1.5 mg/L。

3）封口：培养基分装后要立即封口，以免水分蒸发和污染。把耐高温塑料薄膜（或者牛皮纸）裁剪成适当大小的长方形，折成正方形，紧密裹在瓶口上，用粗线捆扎好（也有裁剪好的封口膜出售）。然后贴上标签，注明培养基种类、配制日期和配制人。

3. 无菌水和无菌滤纸的制备

1）无菌水的制备：无菌水用于外植体灭菌后的漂洗。在每个三角烧瓶中装入 30 mL 左右的蒸馏水，然后用封口膜紧密裹在瓶口上，用粗线捆扎好（根据外植体灭菌后漂洗的总次数确定装水瓶数），然后与培养基一起灭菌，即得无菌水。

2）无菌滤纸的制备：将滤纸剪成小片，每个培养皿中放 6~8 小片，然后将培养皿叠整齐，用报纸或者牛皮纸包裹好，与培养基一起灭菌，即得无菌滤纸。

4. 培养基灭菌

培养基灭菌通常采用高压蒸汽灭菌法。全自动高压蒸汽灭菌锅操作规范如下。

（1）准备工作

1）检查灭菌锅内的水位，应当浸没加热圈且不高于套桶底部，若水量不足，加入蒸馏水或者去离子水，使得加热圈被浸没；若不慎加入过量的水，则使用底下带有扳手的排液阀排出多余的水，使水位合适。灭菌锅在使用前排液阀必须关闭。

2）检查左侧下方排气管，使其浸在水盆里，并确保管口一定浸在水面以下。

（2）灭菌操作

1）把要进行高压灭菌的物品放入金属筐内，再放入灭菌锅内进行灭菌。将顶盖转到灭菌锅正上方并旋紧。

2）关上安全阀。

3）打开电源，设定温度、时间后按 SET 键确认（如本实验中每瓶只装培养基 30 mL 左右，则采用 0.11 MPa，121℃，15 min 灭菌。灭菌时间的长短与培养瓶中的培养基体积有关）。

4）按 START 键开始高压灭菌。

5）灭菌结束，待自然冷却后开启顶盖，取出物品。如果急用，也必须待温度降低到 80℃以下、压力表读数为零时才能开启顶盖，开启时操作者应头部略微后仰。开盖后应先让锅内物品稍微冷却后再取出。

6）无菌检查：将已灭菌的培养基放入 37℃恒温培养箱培养 24 h，检查无菌生长后，即可使用。

五、实验结果及分析

1）配制的固体培养基在灭菌冷却后如果变为液体培养基，请分析其原因，并重新制作培养基。

2）已灭菌的培养基放入 37℃恒温培养箱培养 24 h，观察是否有菌落出现。如果有菌落出现，请分析其原因。

六、注意事项

1）培养基配制的每一个环节都必须认真细致，严格按照上述实验步骤进行操作，不能出差错。

2）任何时候当压力表显示压力不为零，绝对不能打开灭菌锅顶盖。

3）任何时候灭菌前请注意：灭菌锅内的水位是否合适，是否浸没加热圈；顶盖是否已经盖紧；安全阀是否已关闭；左侧下方排气管是否浸在水面以下。

4）长期使用或者受到污染的灭菌锅应当用蒸馏水或去离子水进行清洗，使用底下的排液阀将清洗液排出，再加入蒸馏水或去离子水到适当的位置备用。

5）灭菌时至少要留出约占容器 1/4 体积的空间，这样沸腾的液体就不会溢出。

6）灭菌时要把容器的盖子松开，防止容器内压力过大，致使容器破裂。

7）取出灭好菌的容器前要拧紧容器的盖子，否则与空气接触可导致容器内染菌。

8）取灭菌物品时，应戴上耐热手套，手套应该大且质地厚重。

9）灭菌后的物品应放在室温下缓慢冷却，如立即放入冷库，玻璃容易破碎。

七、思考题

1）为什么配制培养基前要先配制母液？为什么要分别配制大量元素、微量元素、铁盐、钙盐和有机物质的母液？能否将各种成分扩大 20 倍后配成母液保存在同一个容量瓶中？

2）为什么要在培养基中加入各种营养物质？

3）为什么外植体的培养要采用固体培养基？

4）为什么有的同学在制作固体培养基时，配制的培养基却变成了液体培养基？例如，某小组同学在配制固体培养基的实验中，分装好的培养基在灭菌前自然冷却后凝固情况良好，硬度适中，但经过高压灭菌冷却后却变成了液体培养基，试分析可能的原因。

5）简述培养基灭菌的主要环节。

6）用实验流程图表示培养基的制作过程。

7）草莓茎段初代培养基 MS + IAA 0.2 mg/L + 6-BA 2 mg/L 的含义是什么？

8）本次配制的培养基是培养什么外植体用的？配方如何？

9）培养基灭菌后放置 6 d，是否有污染情况？

10）在使用高压蒸汽灭菌锅灭菌时，怎样杜绝一切不安全的因素？

实验 24-2　外植体灭菌、接种与培养

一、实验目的

通过在超净工作台进行无菌操作训练，掌握外植体灭菌和接种的无菌操作技术。

二、实验原理

初次接种的材料表面都带有微生物，必须在接种前对其进行灭菌。灭菌是组织培养中重要的环节之一，是指采用理化手段杀死材料表面及其孔隙内的一切微生物，包括细菌的芽孢和真菌的孢子。灭菌的基本原则是既要把材料表面附着的微生物杀死，又不伤害材料内部的组织细胞。因此，灭菌时所采用的灭菌剂的种类、浓度、灭菌时间的长短，均应根据材料的种类、组织的老嫩、保护结构的有无及材料对灭菌剂的敏感性来确定。如果接种后培养材料大部分发生污染，说明灭菌剂浸泡的时间过短；如果接种后材料虽然没有污染，但材料已发黄，组织变软，表明灭菌时间过长，组织细胞被破坏而死亡；如果接种后材料没有出现污染且生长正常，即可以认为灭菌时间适宜。因此，我们通过对照实验就能够弄清最佳灭菌方案。

接种操作中，要求接种室、超净工作台达到无菌状态，接种人员的双手同样如此。接种室和超净工作台的空气可采用甲醛和高锰酸钾混合熏蒸，结合紫外灯照射 20～30 min；接种室地面可采用 84 消毒液进行灭菌；外植体可采用灭菌剂灭菌；双手和超净工作台内表面可用 75%的酒精棉球擦拭；接种工具可采用 75%的酒精棉球擦拭，再经火焰灼烧灭菌；实验服采用高压蒸汽灭菌。

三、仪器、试剂与材料

1. 仪器

超净工作台、广口瓶、酒精灯、打火机、废液缸、接种器械（解剖刀、解剖剪、镊子等）等。

2. 试剂

75%乙醇、无水乙醇、0.1%升汞（$HgCl_2$）、无菌水等。

3. 材料

上次实验制作好的用于培养黄花蒿嫩枝的培养基、黄花蒿嫩枝（也可接种黄精嫩芽、金线莲茎段、菊花嫩枝、胡萝卜根、枸杞嫩叶、芦荟茎尖、康乃馨茎段、月季茎段、草莓茎段或者马铃薯芽尖，但要接种什么材料，就要提前配制相应的培养基）、无菌滤纸、脱脂棉。

四、实验内容及步骤

1）用肥皂水洗净双手，穿上灭菌的专用实验服、帽子与鞋子（或者套上鞋套），进入接种室。

2）打开超净工作台和接种室的紫外灯，照射 20～30 min 后，关闭紫外灯。开启超净工作台的鼓风机。

3）用蘸有 75%乙醇的棉球擦拭超净工作台、双手和培养瓶，把擦拭过的培养瓶放进超净工作台。

4）把解剖刀、解剖剪和镊子浸泡在 75%乙醇瓶中，在火焰上灼烧灭菌后放在器械架上。

5）材料预处理：剪取黄花蒿植株的幼嫩茎段 2～4 cm，用洗衣粉水浸泡 10 min，再用清水冲洗。

6）在超净工作台上将材料用 70%乙醇浸泡 10～20 s，再用 0.1%升汞浸泡 5 min 左右（灭菌时间的长短与外植体的大小、老嫩和保护结构的情况，以及所采用的灭菌剂种类和浓度有关，常用灭菌剂及其灭菌时间参考值见表 24-2-1），最后用无菌水清洗 4～5 次，置于无菌培养皿内，用无菌滤纸吸干表面水分后，切取 1 cm 左右带有一个腋芽的茎段备用。

7）用火焰烧瓶口，转动瓶口使瓶口各部分都烧到，打开瓶口，然后将准备好的外植体接种到培养基上，再灼烧瓶口，待瓶口冷却至 80℃以下时盖好封口膜。

接种时动作尽量要快，应使形态学上端向上，防止倒置。

8）接种结束后，清理和关闭超净工作台。把培养材料放入培养室内进行培养。

表 24-2-1　常用灭菌剂及其灭菌时间

灭菌剂名称	使用浓度/%	灭菌时间/min	灭菌效果	漂洗难易
乙醇	70～75	0.1～1	好	易
升汞	0.1～0.2	2～15	最好	较难
漂白粉	饱和溶液	5～30	很好	易
次氯酸钙	9～10	5～30	很好	易
次氯酸钠	2	5～30	很好	易
过氧化氢	10～12	5～15	好	最易

五、实验结果及分析

1）接种培养 2 d 和 7 d 后，分别观察是否有菌落出现。如果污染，要求能够区分细菌污染与真菌污染，并分析导致污染的原因。

2）外植体培养 1 周后，是否仍为活的？如果仍为活的且未长菌，说明了什么？

3）接种培养 6～8 周后，观察并记录愈伤组织或者丛生芽的诱导率。

六、注意事项

1）升汞为剧毒物质，使用时注意别溅到皮肤上，使用后要倒入回收缸内进行集中处理。

2）在接种操作期间，应经常用 75%酒精棉球擦拭工作台和双手；接种器械应反复在 75%的乙醇中浸泡和在火焰上灭菌。

七、思考题

1）在接种过程中，通过哪些措施来防止细菌和霉菌对接种工具与接种材料的污染？

2）在外植体灭菌中，如何确定最佳灭菌方案？

3）常用的灭菌剂有哪些？它们各有什么特点？

4）某小组 5 人共用一台超净工作台接种黄花蒿，所用的外植体有嫩芽、叶片和茎段，由第一位同学对本小组的 5 个外植体进行灭菌和漂洗处理，然后将漂洗好的外植体保存在无菌水中，随后每人依次从中取出 1 个外植体进行接种。培养

2 周后结果如下：第一位同学的培养材料污染，第二和第三位同学的培养材料未染菌并且是活的，第四位同学的培养材料未染菌但已经枯黄，第五位同学的培养瓶中长满霉菌。请分析产生这些结果的可能原因。

实验 24-3　继 代 培 养

一、实验目的

掌握继代培养的基本操作步骤；了解继代培养的意义。

二、实验原理

初代培养获得的愈伤组织、胚状体或者无根的芽苗等培养物，数量有限，不能满足生根及实际生产上的需求。为了解决上述问题，可把初代培养得到的培养物进行合适的分割后，转接到继代培养基上，使其继续增殖，如此重复，以进行扩大培养。

三、仪器、试剂与材料

1. 仪器

电子分析天平、电磁炉、pH 计、全自动高压蒸汽灭菌锅、恒温培养箱、三角烧瓶（50 mL）、烧杯、容量瓶、量筒、试剂瓶、移液管、药匙、培养皿、酒精灯、打火机、接种工具等。

2. 试剂

75%乙醇、无水乙醇、琼脂、蔗糖、各种培养基母液等。

3. 材料

初代培养物、标签纸、封口塑料膜、粗棉线、称量纸、滤纸、脱脂棉、记号笔。

四、实验内容及步骤

1. 培养基的制作

提前 1 周配制好并灭菌，备用。黄花蒿的愈伤组织继代培养基为：MS + 6-BA

0.5 mg/L + IBA 0.5 mg/L ，黄花蒿丛生芽的继代培养基为：MS + 6-BA 2 mg/L + NAA 1.5 mg/L。

2. 超净工作台灭菌

接通电源，打开紫外灯照射 20～30 min，然后打开鼓风机 20 min。

3. 人员及接种准备

洗净双手，穿上灭菌的实验服进入接种室。在超净工作台旁用 75%酒精棉球先擦拭双手，再擦拭超净工作台的内表面和接种工具，然后擦拭种苗瓶和空白培养瓶表面，放入超净工作台内。

4. 转接

将酒精灯放在距超净台边缘 30 cm、正对身体正前方处。将装有初代培养物愈伤组织和丛生芽的培养瓶放在灯前偏左处，空白瓶放在灯前偏右处，以便操作；打开培养瓶，将瓶口过火一次后，放置于一定位置。剪刀和镊子灼烧灭菌后，用镊子将丛生芽取出，放在无菌培养皿内，用镊子进行分割。打开空白培养瓶，瓶口过火一次，用过火、冷却的镊子夹住分割好的芽迅速转接到空白培养瓶中，每瓶接种 1～2 个，接完后瓶口过火封口。以后重复上述动作。

如果是愈伤组织，则将其放在无菌培养皿中切成小块后再转接，方法同上。

注意：①每接种 5 瓶后，再用酒精棉球擦拭双手一次，以防交叉感染。②每接完 10 瓶后，移出超净工作台，写明标号，再接种下一批。

5. 培养

转接结束后，将材料放在培养室内培养。3 d 后检查污染情况。如有污染，要及时清除。

五、实验结果及分析

继代培养 20 d 后，观察培养结果，并对结果进行分析。

六、注意事项

继代培养是以初代培养获得的愈伤组织、胚状体或者丛生芽等无菌材料进行扩大繁殖，因此，不需要进行材料灭菌处理，但仍然要严格执行无菌接种操作规范。

七、思考题

1）继代培养的目的是什么？
2）继代时，如何减少污染？

实验 24-4　愈伤组织再分化芽的培养

一、实验目的

掌握愈伤组织再分化芽培养的基本操作步骤；了解愈伤组织再分化的原理。

二、实验原理

外植体通过脱分化，形成了愈伤组织，愈伤组织通过继代培养获得了大量的愈伤组织。为了使愈伤组织发育成试管苗，必须进行再分化培养。根据激素调控理论，在植物组织培养中决定愈伤组织再分化方向的是生长素与细胞分裂素的比值，当比值高时分化出根，当比值低时分化出芽，当比值适中时则一直处于愈伤组织状态。因此，保持生长素的浓度不变，通过适当提高细胞分裂素的浓度，就可诱导愈伤组织再分化形成芽。

三、仪器、试剂与材料

1. 仪器

电子分析天平、电磁炉、pH 计、全自动高压蒸汽灭菌锅、恒温培养箱、三角烧瓶（50 mL）、烧杯、容量瓶、量筒、试剂瓶、移液管、药匙、培养皿、酒精灯、打火机、接种工具等。

2. 试剂

75%乙醇、无水乙醇、琼脂、蔗糖、各种培养基母液等。

3. 材料

继代培养 2 周的愈伤组织、标签纸、封口塑料膜、粗棉线、称量纸、滤纸、脱脂棉、记号笔。

四、实验内容及步骤

1. 培养基的制作

提前 1 周配制好培养基并灭菌，备用。黄花蒿愈伤组织分化芽的培养基配方为：MS+6-BA 2 mg/L+IBA 0.5 mg/L。

2. 超净工作台灭菌

接通电源，打开紫外灯照射 20～30 min。

3. 人员及接种准备

洗净双手，穿上灭菌的实验服进入接种室。在超净工作台旁用 75%酒精棉球先擦拭双手，再擦拭超净工作台的内表面和接种工具，然后擦拭种苗瓶和空白培养瓶表面，放入超净工作台内。

4. 转接

将酒精灯放在距超净台边缘 30 cm、正对身体正前方处。将愈伤组织培养瓶放在灯前偏左处，空白培养基瓶放在灯前偏右处，以便操作；打开愈伤组织培养瓶，将瓶口过火一次，置于一定位置。剪刀和镊子灼烧灭菌后，用镊子将愈伤组织取出，放在无菌培养皿内，去掉残余的培养基。打开空白培养瓶，瓶口过火一次，用过火、冷却的镊子夹住愈伤组织迅速转接在空白瓶中，每瓶接种 1 个，接完后瓶口过火封口。以后重复上述动作。

注意：①每接种 5 瓶后，再用酒精棉球擦拭双手一次，以防交叉感染。②每接完 10 瓶后，移出超净工作台，写明标号，再接种下一批。

5. 培养

转接结束后，将材料放在培养室内培养。3 d 后检查污染情况。如有污染，要及时清除。

五、实验结果及分析

培养 20 d 后，观察培养结果，并对结果进行分析。

六、注意事项

本实验是以愈伤组织为材料进行的再分化培养，因此，不需要进行材料灭菌处理，但仍然要严格执行无菌接种操作规范。

七、思考题

1）愈伤组织再分化芽培养的目的是什么？

2）愈伤组织再分化芽的培养基中，生长素与细胞分裂素的比值有什么特点？

实验 24-5　生 根 培 养

一、实验目的

掌握试管苗生根的基本知识和技能；了解影响试管苗生根的因素；熟悉试管苗生根的常用方法。

二、实验原理

生根培养就是使无根苗生出浓密而粗壮的不定根的过程，以提高试管苗对外界环境的适应力及驯化移栽的成活率，获得商品苗。无根苗的生根一般需转入生根培养基中或直接栽入基质中促进其生根，并进一步长大成苗，可分为瓶内生根和瓶外生根两种方式。

1. 瓶内生根

（1）影响生根的因素

影响试管苗生根的因素很多，有植物材料自身的生理生化状态，也有外部的培养条件，如基本培养基、生长调节物质以及外部的环境因素，要提高试管苗的生根率，就必须全面考虑这些影响因素。

1）植物材料：不同植物、同一植株不同部位和不同年龄对根的分化都有重要影响，一般来说，自然界中营养繁殖容易生根的植物材料在离体繁殖中也较容易生根。

2）培养基：一般需要降低无机盐浓度以利于根的分化，常使用 1/2 MS 或 1/4 MS 的基本培养基。对大多数植物而言，大量元素中 NH_4^+ 含量高不利于发根；磷、钾、钙、硼和铁等元素对生根有利。一般低浓度的蔗糖对试管苗的生根有利，且有利于试管苗由异养到自养转变，提高生根苗的移栽成活率，其使用浓度一般在 0.5%～3%。

3）植物生长调节剂：在试管苗不定根的形成中，植物生长调节剂起着决定性的作用。常用的生长调节剂有 IBA、NAA、IAA 和 2,4-D 等，其中 IBA、NAA 使用最多，IBA 作用强烈，作用时间长，诱导根多而长；NAA 诱导根少而粗，一般使用浓度为 0.1~1.0 mg/L。此外，生根粉（ABT）也可促进不定根的形成。脱落酸（ABA）有助于部分植物试管苗的生根，植物生长延缓剂如多效唑（PP$_{333}$）、矮壮素（CCC）、比久（B$_9$）对不定根的形成具有良好的作用，在诱导生根中所使用的浓度一般为 0.5~4.0 mg/L。或与低浓度细胞分裂素配合使用，NAA 与细胞分裂素配合时一般物质的量比在（20~30）：1 为好。对于已经分化根原基的试管苗，则可在没有外源生长素的条件下实现根的伸长和生长。

外植体的类型不同，试管苗不定根的形成所需的植物生长调节剂也不一样。一般愈伤组织分化根时，使用 NAA 最多，浓度在 0.02~6.0 mg/L，以 1.0~2.0 mg/L 为多；使用 IAA+KT 的浓度范围分别为 0.1~4.0 mg/L 和 0.01~1.0 mg/L，以 1.0~4.0 mg/L 和 0.01~0.02 mg/L 居多。而以胚轴、茎段、插枝、花梗等材料分化根时，使用 IBA 最多，浓度为 0.2~10 mg/L，以 1.0 mg/L 为多。

不同植物试管嫩茎诱导生根的合适生长调节剂需进一步通过试验来确定。若使用浓度过高，容易使茎部形成一块愈伤组织，而后再从愈伤组织上分化出根来，这样，因为茎与根之间的维管束连接不好，既影响养分和水分的输导，移栽时，根又易脱落，且易污染，成活率不高。增殖阶段细胞分裂素用量过高时，易引起生根困难。

植物生长调节剂的使用方法是将其预先加入到固体培养基中，然后再接种材料诱导其生根，即"一步生根法"。对于在固体培养基中较难生根的植物种类，则可采用液体培养基，并在液体培养基上加一滤纸桥进行生根培养，以解决试管苗固定和缺氧的问题。

近年来，人们为了促进试管苗的生根，对植物生长调节剂的使用方法进行了创新，将需生根的植物材料先在一定浓度的植物生长调节剂（无菌）中浸泡或培养一定时间，然后转入无植物生长调节剂的培养基中进行培养，即"两步生根法"，可显著提高生根率。

4）其他物质：一般认为黑暗条件对根的生长有利，因此在生根培养基中加入适量的活性炭对许多植物的生根有利，如草莓、非洲菊、水稻等的生根培养中加入活性炭可使根系生长粗壮、白嫩，且生根数量多。另外，在一些难生根的植物生根培养基中加入间苯三酚、脯氨酸（100 mg/L）和核黄素（1 mg/L）等也有利于试管苗的生根，如苹果新梢的生根。

5）继代培养次数：试管嫩茎（芽苗）继代培养的代数也影响其生根能力，一般随着继代代数的增加，生根能力有所提高。

6）光照：光照强度和光照时数对发根的影响十分复杂，结果不一。一般认为发根不需要光。在减少培养基中蔗糖浓度的同时，需要增加光照强度（如增至 3000~5000 lx），以刺激小植株使之产生通过光合作用制造养分的能力，便于由异养型过渡到自养型。虽然在高光强下植株生长迟缓并轻微褪绿，但在移栽时这样的植株比在低光强下形成的又高又绿的植株容易成活。

7）pH：一般为 5.0～6.0。

8）温度：一般为 16～25℃，过高过低均不利于生根。植物生根培养的温度一般要比增殖芽的温度略低一些，但不同植物生根所需的最适温度不同，如草莓芽继代培养的适宜温度为 32℃，生根温度则以 28℃最好；河北杨试管苗白天温度为 22～25℃、夜间温度为 17℃时生根速度最快，且生根率高，可达到 100%。

（2）瓶内生根技术

试管苗的瓶内生根中，一般需把大约 1 cm 长的小枝条逐个剪下，然后进行生根诱导。诱导试管苗瓶内生根的主要方法如下。

1）将新梢基部浸入 50 mg/L 或 100 mg/L IBA 溶液中处理 4～8 h，诱导根原基的形成，再转移至无植物生长调节剂的培养基上促进幼根的生长。

2）在含有生长素的培养基中培养 4～6 d，待根原基或幼根形成后，再转移至无植物生长调节剂的培养基上进行生根培养。

3）直接移入含有生长素的生根培养基中进行生根培养。

上述三种方法均能诱导新梢生根，但前两种方法对新生根的生长发育更为有利；而第三种对幼根的生长有抑制作用，其原因是当根原基形成后，较高浓度生长素的继续存在不利于幼根的生长发育，但这种方法比较简单可行，在生产中最常用。

对于容易生根的植物，还可采用下列方法促进试管苗生根：①延长在增殖培养基中的培养时间，试管苗即可生根；②有意在一定程度上降低增殖率，减少细胞分裂素的用量，而增加生长素的用量，将增殖与生根合并为一步，如吊兰、花叶芋的生根培养；③切割粗壮的嫩枝，在适宜的介质中生根（即瓶外生根），如栒木、某些杜鹃、菊花、香石竹等。切割下的插穗也可用生长素溶液浸蘸处理，以促使其生根。

对于少数生根比较困难的植物，则可采用下列方法促进试管苗生根：①滤纸桥培养。采用粗试管加液体培养基，并在试管中放置滤纸做的筒状杯（滤纸桥），托住切成单条的嫩枝，滤纸桥略高于液面，靠滤纸的吸水性供应嫩枝水、营养成分和生长素等。②分次培养。先在无植物生长调节剂的 MS 培养基中过渡培养一次，再转接到生根培养基中进行生根培养。

2. 瓶外生根

（1）影响生根的因素

所谓瓶外生根，就是直接将组织培养中得到的茎芽扦插到试管外的有菌基质中，边诱导生根边驯化培养。该技术简化了组培程序，可降低生产成本，提高繁殖系数。基质要求既透气又保湿，如苔藓、蛭石、珍珠岩、泥炭。

瓶外生根过程中的湿度、温度和光照条件是影响成功的关键因素。试管苗一般在高湿、弱光、恒温的条件下进行异养生活，出瓶后若不保湿，极易失水萎蔫死亡。因此，试管苗在进行瓶外生根时，必须经由高湿到低湿、由恒温到自然变温、由弱光到强光的分步炼苗过程。在瓶外生根前期需采取覆膜或喷雾等方法，保证空气相对湿度达到85%以上，温度起始阶段则控制在20℃左右较为适宜，并及时增加光照，以保证幼苗基部的正常呼吸，并防止叶片失水萎蔫，增强其光合作用的能力。在瓶外生根后期则需加强通风，以逐渐降低湿度和温度，增强幼苗的自养能力，促进叶片保护功能快速完善，气孔变小，增强抗性以及适应外界环境条件的能力，提高生根成活率。

试管苗瓶外生根的成活率与瓶内生根后移栽的成活率相比可显著提高，主要原因是：在培养基上诱导形成的根与茎的维管束不相通，或者根细小、无根毛，发育不良，且生根试管苗的根系一般无吸收功能或吸收功能极低，气孔不能关闭，开口过大，叶片光合能力低等，各综合原因造成试管苗容易死亡；瓶外生根苗避免了根系附着的琼脂造成的污染腐烂，且根系发育正常、健壮，根与芽茎的输导系统相通，吸收功能较强，并且试管苗瓶外生根在生根过程中即已逐步适应了环境，经受了自然环境的锻炼，不适应环境的弱苗在生根过程中已经被淘汰，移栽苗都是抗逆性强的壮苗，容易成活。

（2）瓶外生根技术

1）在瓶内诱导根原基后再移栽：首先从继代培养获得的丛生芽中剪取 1～3 cm 长且生长健壮的小芽，转入生根培养基中培养一段时间（2～10 d），待嫩茎基部长出根原基后再取出栽入营养钵中，一般 5～6 d 后即可自行生根，此根系一般具有根毛，且吸收功能好。该方法不仅移栽简便、易行且不伤根、成活率高，而且可缩短生产周期，又便于贮运，一般一个广口保温瓶可装 1000 株带有根原基的小苗，可转运千里之外进行移栽，实现苗木运输和移栽的微型化。

2）在生根小室进行生根和炼苗：首先做一个生根小室，采用透气又保湿的基质，如泥炭、蛭石、珍珠岩、苔藓等代替琼脂培养基，采用生根营养液代替蔗糖等营养成分，并人工控制温度、光照和湿度，一般采用人工喷雾，雾滴要求细，以提高空气湿度，又不致使叶面有水滴流出。然后剪下长 1～3 cm 且生长健壮的嫩茎转入生根小室，一般经 3～4 周的培养，即可产生发育良好、具吸收功能的根。此后再栽入温室，可提高成活率，如杜鹃花的嫩枝在瓶内外都能很好地生根，而部分品种采用此法切下嫩枝栽入瓶外基质，比瓶内生根更好。

3）盆插或瓶插生根法：采用罐头瓶或盆为容器，内装泥炭或腐殖土与细沙，每瓶插入 10～30 株无根壮苗，插入深度为 0.3～1.2 cm，加入生根营养液，在一定的温度、湿度及光照条件下进行培养，约 20 d 即可长出新根，约 30 d 后待二级根长至 8～12 cm 时即进行移栽，可提高成活率。

4）在智能化苗床进行生根和炼苗。

三、仪器、试剂与材料

1. 仪器

电子分析天平、电磁炉、pH 计、全自动高压蒸汽灭菌锅、恒温培养箱、三角烧瓶（50 mL）、烧杯、容量瓶、量筒、试剂瓶、移液管、药匙、培养皿、酒精灯、打火机、接种工具。

2. 试剂

75%乙醇、无水乙醇、琼脂、蔗糖、各种培养基母液。

3. 材料

营养土、标签纸、封口塑料膜、粗棉线、称量纸、滤纸、脱脂棉、记号笔。

四、实验内容及步骤

1. 瓶内生根

1）提前 1 周配制好黄花蒿生根培养基：MS+IBA 0.5 mg/L。
2）按照无菌操作，将黄花蒿丛生芽分离后，接种在生根培养基中。
3）放入植物组织培养室进行培养。

2. 瓶外生根

在玻璃瓶内装泥炭或腐殖土与细沙，每瓶种植 5 株黄花蒿无根壮苗，种植深度为 0.5～1 cm，再加入生根营养液，在人工气候箱内进行培养，培养温度 22℃、相对湿度 80%左右、光照强度 1000～1500 lx。

五、实验结果及分析

在瓶内生根和瓶外生根培养中，生根情况如何？请对生根结果进行分析。

六、注意事项

在瓶内生根培养中，培养物转接到生根培养基中需无菌操作。

七、思考题

1）简述影响试管苗生根的因素。
2）简述促进试管苗在瓶内生根的技术。
3）与瓶内生根相比，瓶外生根有何优点？
4）简述瓶外生根的技术。

实验 24-6　试管苗的驯化与移栽

一、实验目的

了解试管苗的生长环境和特性，掌握试管苗驯化炼苗和移栽的方法、炼苗基质的配备和炼苗期间的管理技术。

二、实验原理

试管苗驯化移栽是组织培养过程中的重要环节，这个环节没做好，就会导致前功尽弃。试管苗是在无菌、高湿、适宜的光照和温度的生境中培养出来的，因此，其在形态、结构和生理等方面与自然生长的幼苗不同：从叶片来看，试管苗的角质层不发达，叶片通常没有表皮毛，或仅有较少表皮毛，甚至叶片上出现了大量的水孔；而且，气孔的数量、大小也往往超过普通苗，如果直接把它们移栽到大田里，非常容易死亡。因此，在试管苗移栽到大田前先要驯化炼苗。另外，对驯化栽培基质要进行灭菌，这是因为试管苗在无菌的环境中生长，对外界细菌、真菌的抵御能力极差。

三、仪器、试剂与材料

1. 仪器

空调、温度计、湿度计等。

2. 试剂

营养液、多菌灵等。

3. 材料

试管苗、草炭土、珍珠岩、蛭石、细沙、腐殖土、营养钵、炼苗盆、塑料膜等。

四、实验内容及步骤

1. 炼苗基质的配备

适合于栽种试管苗的基质要具备良好的透气性、保湿性和一定的肥力，以及容易灭菌处理，并且不利于杂菌滋生的特点，一般可选用珍珠岩、蛭石、细沙等。为了增加黏着力和一定的肥力可配合草炭土或腐殖土。配时需按比例搭配，一般用珍珠岩、蛭石、草炭土或腐殖土比例为 1∶1∶2。也可用细沙∶草炭土或腐殖土（1∶1）。这些介质在使用前应高温灭菌。栽培容器可用 6 cm × 6 cm 至 10 cm × 10 cm 的软塑料钵，也可用育苗盘。前者占地大，耗用大量基质，但幼苗不用移栽；后者需要二次移苗，但省空间，省基质。

2. 试管苗的驯化

当试管苗长至 4～5 cm，根长 3～4 cm，便可进行驯化。首先可将培养物不开口移到自然光照下炼苗 2 d，让试管苗接受强光的照射，使其长得壮实起来，然后再开口 1/3 炼苗 1 d，再开口 1/2 炼苗 1 d，最后全部打开，逐渐驯化。一般驯化 4～5 d 后进行过渡移栽。

3. 过渡移栽和幼苗的管理

从试管中取出发根的小苗，用自来水洗掉根部黏着的培养基，要全部除去，以防残留培养基滋生杂菌。但要轻轻除去，避免伤根。移栽前要把营养钵内的基质浇透水，再用竹签在基质中插一小孔，然后将小苗插入。注意幼苗较嫩，防止弄伤。栽后把苗周围基质压实，轻浇薄水，再将苗移入温室或者大棚炼苗。

1）保持小苗的水分供需平衡。在移栽后 5～7 d 内，应给予较高的空气湿度条件，使叶面的水分蒸发减少，尽量接近培养瓶的条件，让小苗始终保持挺拔的状态。营养钵的培养基质要浇透水，所放置的床面也要浇湿，然后搭设小拱棚，以减少水分的蒸发，并且初期要常喷雾，保持拱棚薄膜上有水珠出现。5～7 d 后，发现小苗有生长趋势，可逐渐降低湿度，减少喷水次数，将拱棚两端打开通风，使小苗适应湿度较小的条件。约 15 d 后揭去拱棚的薄膜，并逐渐减少浇水，促进小苗长得粗壮。

2）防止菌类滋生。由于试管苗原来的环境是无菌的，移出来以后难以保持无菌，因此，应尽量避免菌类大量滋生，以利成活，所以应对基质进行灭菌。同时，可以使用一定浓度的杀菌剂以便有效地保护幼苗，如多菌灵、托布津，稀释800～1000倍，喷药宜7～10 d一次。在移苗时尽量少伤苗，伤口过多、根损伤过多都是造成死苗的原因。喷水时可加入0.1%的尿素，或用1/2 MS大量元素的水溶液作追肥，可加快苗的生长与成活。

3）一定的温度和光照条件。试管苗移栽以后要保持一定的温度和光照条件，适宜的生根温度是18～20℃，冬春季地温较低时，可用电热来加温。温度过低会使幼苗生长迟缓，或不易成活。温度过高会使水分蒸发过快，从而使水分平衡受到破坏，并会促使菌类滋生。

另外，在光照管理的初期可用较弱的光照，如在小拱棚上加盖遮阳网，以防阳光灼伤小苗和增加水分的蒸发。当小植株有了新的生长时，逐渐加强光照，后期可直接利用自然光照，促进光合产物的积累，增强抗性，促其成活。

4）保持基质适当的通气性。要选择适当的颗粒状基质，保证良好的通气作用。在管理过程中不要浇水过多，过多的水应迅速沥除，以利根系呼吸。

4. 定植

在大棚中炼苗20 d左右后，植株长势良好，即可定植。

五、实验结果及分析

对试管苗炼苗后和移栽后的成活率分别进行统计，并对有关结果进行分析。

六、注意事项

1）珍珠岩使用前要在袋内用水淋洗，以降低pH。

2）清洗试管苗根部培养基时，要顺着根生长的方向清洗，不能揉搓。清洗要彻底。

3）为保证炼苗成活率，首先要培育出健壮的生根苗；其次要具备能控光、控温和控湿等的完善炼苗设施；最后要注重炼苗期间的管理技术。

4）试管苗根系大小应适度，根太老不利于成活。

5）试管苗如果叶片较多的话，去掉几片叶再移栽。

6）要洗净试管苗根部黏着的培养基，否则，移入基质后易生霉菌。

七、思考题

　　1）试管苗为什么不能直接移栽到大田中？

　　2）如何提高移栽成活率？

实验 24-7　植物细胞悬浮培养

一、实验目的

学习和掌握植物细胞悬浮培养的方法和技术。

二、实验原理

利用固体培养基对植物离体组织或器官进行培养还存在一些缺点。例如，在培养过程中，培养基中的营养成分和植物组织产生的代谢物质呈现梯度分布，而且琼脂本身也有一些不明的成分，可能对培养物产生影响。植物细胞悬浮培养则可以克服这些缺点。

植物细胞悬浮培养是指将植物细胞或较小的细胞团悬浮在液体培养基中进行培养，具有生产周期短、易规模化、不受外界环境干扰、提取植物细胞次生代谢物简单、产量高等特点。目前这项技术已经广泛应用于细胞的形态、生理、遗传、凋亡等研究工作以及有用次生代谢物质的生产，并且可为基因工程在植物细胞水平上的操作提供理想的材料和途径，经过转化的植物细胞再经过诱导分化形成植株，即可获得携带目的基因的个体。

制备植物单细胞有三种基本方法：一是机械法；二是愈伤组织振荡培养法；三是酶解法。一般的操作过程是把愈伤组织转移到液体培养基中进行振荡培养，多采用 100~120 r/min 的转速。由于液体培养基的旋转和振荡，愈伤组织上分裂的细胞不断游离下来。振荡培养 3 周后，通过两次过滤，就可获得单细胞和小细胞团，对这些单细胞和小细胞团培养 3 周后通过几次继代，就能建立细胞悬浮培养体系。

三、仪器、试剂与材料

1. 仪器

超净工作台、高压蒸汽灭菌锅、恒温培养箱、离心机、摇床、三角烧瓶（50 mL）、烧杯、容量瓶、量筒、试剂瓶、移液管、药匙、酒精灯、打火机、接种工具、吸管、离心管、洗耳球、漏斗等。

2. 试剂

各种培养基母液、蔗糖、75%乙醇、果胶酶等。

3. 材料

愈伤组织、标签纸、封口塑料膜、粗棉线、称量纸、滤纸、脱脂棉、微孔滤膜过滤器、记号笔、3 种不同孔径的尼龙网。

四、实验内容及步骤

1）制备液体培养基并灭菌。配方为：MS+2,4-D 1 mg/L+3%蔗糖。

2）在液体培养基中添加果胶酶：先配制浓度为 2%～5%的果胶酶解液，然后采用微孔滤膜过滤器进行除菌，得到无菌果胶酶解液，再在超净工作台内用无菌的滴管将酶解液添加到每瓶液体培养基中，摇匀备用。

3）接种：在超净工作台内，从培养瓶中挑取质地松弛、生长旺盛的愈伤组织，放入盛有 30 mL 液体培养基的三角烧瓶中，用镊子轻轻捏碎愈伤组织。每瓶接入约 2 g 愈伤组织。

4）培养：将接种好的培养瓶置于摇床固定，在黑暗条件下或弱散射光下振荡培养 10 d，摇床转速为 100 r/min，培养温度为 25℃。

5）在超净工作台内，将悬浮细胞培养物摇匀后倒在灭菌处理过的孔径较大的尼龙网漏斗中（孔径 47 μm、81 μm 或更大）。

6）如果网眼被细胞团堵塞，可用无菌吸管反复吹吸。

7）再用无菌培养基冲洗残留在网上的细胞团。

8）重复步骤 5）～7）。

9）将通过较大孔径的细胞悬浮液再通过灭菌处理过的较细孔径的尼龙网过滤（如 26 μm、31 μm），用吸管反复吸、吹。

10）把经过两次过滤的细胞和细胞团培养液离心 5 min，收集后加入空白的液体培养基中继续培养。

五、实验结果及分析

对细胞悬浮培养结果进行显微观察、拍照和细胞计数，并对结果进行分析。

六、注意事项

除悬浮细胞的观察、拍照和计数外，其他均为无菌操作。

七、思考题

1）研究细胞悬浮培养有何意义？挑选愈伤组织进行悬浮培养时需注意哪些问题？

2）建立细胞悬浮培养体系的步骤包括哪些？一个良好的悬浮细胞培养体系应该具有哪些特征？

第二篇　实　训　部　分

实训一 机械搅拌式发酵罐

机械搅拌式发酵罐是工业常用发酵设备类型之一，在氨基酸、有机酸、维生素、酶制剂、抗生素等生物制品的生产与开发过程中起着特别重要的作用。在众多类型的发酵设备中，是应用最多、最广泛的液体深层好氧发酵设备，占各类发酵罐总数的 70%～80%，在发酵过程中占据中心地位，是现代生物技术产业化的关键设备。

实训 1-1 发酵罐结构的认知

一、实训目的

通过实地观察与操作，了解机械搅拌式发酵罐的内部结构组成、各装置的配备安装，熟悉其各自的功能与作用。

二、实训原理

机械搅拌式发酵罐主体包括：罐身、搅拌器、轴封、消泡器、中间轴承，空气分布器、挡板、冷却装置、人孔等配套装置，以及各工艺参数监测系统、空气除菌系统、蒸汽热力系统等。它利用机械搅拌器的作用，使空气和发酵液充分混合，促进氧的溶解，以保证供给微生物生长繁殖和代谢所需的溶解氧。

三、主要设备

30 L 机械搅拌式发酵罐、电蒸汽发生器、无油空气压缩机。

四、实训内容及步骤

1. 整体观察

常见的发酵罐系统是由发酵罐主体、蒸汽发生器、空气压缩机、管路系统等构成的，针对实训的系统观测设备材质、封头的形式，测量高径比。

2. 内部结构的观察

打开进料口及内视灯，观察以下各装置。

1）搅拌器组数、叶轮类型。
2）挡板的组数及安装。
3）空气分布装置的形式。
4）轴封的类型和结构。
5）消泡装置的类型和安装。
6）进料、进气、排料、出料、取样装置。
7）压力、温度、pH、溶氧控制接口。
8）熟悉本设备的结构特点，绘制设备结构简图。

3. 发酵罐的操作系统

1）工艺参数的设定。
2）pH 电极、溶氧电极的标定。
3）对流加系统的熟悉。

五、实训结果及分析

绘制出 30 L 机械搅拌式发酵罐的结构示意图，标注以上各装置名称。

六、注意事项

观察、拆卸及安装各装置时，不要启动搅拌器，注意安全。

七、思考题

1）小型和大型生物反应器设计上有什么不同点？
2）本设备所选用的搅拌叶轮、机械消泡装置、冷却装置分别为何种类型？除此之外分别还有哪些类型？

实训 1-2　发酵罐的灭菌

一、实训目的

通过现场示范讲解使学生掌握发酵罐的空罐灭菌与实罐灭菌方法，并按照步骤完成灭菌操作。

二、实训原理

机械搅拌式发酵罐利用机械搅拌器的作用，使空气和发酵液充分混合，促进氧的溶解，以保证供给微生物生长繁殖和代谢所需的溶解氧，为微生物、细胞提供一个无菌的纯培养环境，因此发酵罐的灭菌至关重要。目前，发酵罐灭菌通常采用蒸汽灭菌法。

三、主要设备

30 L 机械搅拌式发酵罐、电蒸汽发生器、无油空气压缩机。

四、实训内容及步骤

1. 空罐灭菌

1）打开电蒸汽发生器电源，达到额定压力，一般为 0.4 MPa。

2）检查阀门开启情况，关闭手孔。

3）打开蒸汽进气阀，通入蒸汽，使罐压升到 0.1～0.15 MPa，保压 40 min。

4）关闭蒸汽阀门、打开排气阀，使发酵罐罐压降到 0。

5）排净罐内冷凝水。

2. 实罐灭菌

1）打开进料口、加入培养基。

2）打开排汽阀门，开启搅拌，将蒸汽引入夹套进行预热，使罐温升至 80～90℃。

3）将蒸汽从进气口、排料口直接通入罐中，使罐温上升到 121℃，保温 20 min。

4）关闭蒸汽阀门，打开空气阀门，保压降温至发酵温度。

5）接种发酵。

五、实训结果及分析

1）记录灭菌操作各步骤的时间，评价灭菌辅助工作占发酵周期的比例，进一步理解工厂设计中发酵周期的确定。

2）分析影响灭菌能否成功的主要因素。

六、注意事项

1）灭菌过程中，罐体、管道处于高温状态，学生需穿实验服，皮肤尽量不要裸露，防止烫伤。

2）发酵罐为压力容器，灭菌中应时刻关注压力表数值，防止压力过高出现危险。

七、思考题

发酵罐的放大方法有哪些？国内常用的方法有哪些？

实训二　物料的粗粉碎与超微细粉碎

粉碎是化工生产中的一种纯机械过程的单元操作。对于体积过大不适宜使用的固体原料或不符合要求的半成品，要进行加工使其变小，这个过程就称为粉碎。生物制品生产的原料很多为粮食作物，需要通过粉碎操作，减小粒度，从而增大表面积，以便输送及提高原料的利用率。

实训 2-1　粗　粉　碎

一、实训目的

了解不同粉碎机的特点，熟悉粉碎单元操作，掌握不同粉碎机的应用范围。

二、实训原理

粉碎是指用机械力的方法克服固体物料内部凝聚力达到使之破碎的单元操作，固体物料的粉碎按其受力情况可分以下几种：挤压破碎、冲击破碎、研磨粉碎、剪切破碎、劈裂粉碎。固体物料经粉碎后，颗粒变小，原料的表面积显著增大，可加速其溶解过程，提高原料利用率，并能减少输送管道的阻塞现象，便于连续化生产。

三、主要设备与材料

1. 主要设备

锤式粉碎机、对辊式粉碎机。

2. 材料

麦芽、大米、葛根。

四、实训内容及步骤

1. 谷物的粉碎

1）分别清洗锤式粉碎机、对辊式粉碎机内部，除去杂质及灰尘。

2）观察粉碎机的结构，了解粉碎原理。

3）打开电源使粉碎机运行，从料斗分别加入待粉碎物料麦芽、大米，开始粉碎，对比两种粉碎机的粉碎效果。

2. 葛根的粉碎

1）清扫锤式粉碎机内部，除去残留的麦芽、大米。

2）更换为 100 目筛网，打开电源使粉碎机运行，从料斗加入葛根，开始粉碎，收集细粉备用。

五、实训结果及分析

1）分析锤式粉碎机与对辊式粉碎机工作原理的差别。

2）简述对辊式粉碎机的适用范围。

六、注意事项

1）粉碎机要先启动电源，再投入物料，防止物料堵塞进料口或者卡死电机。

2）对辊式粉碎机可以正反转，运行时要注意。

七、思考题

1）啤酒生产中，为什么不能采用锤式粉碎机粉碎麦芽？

2）对于一些韧性较强的物料，对辊式粉碎机能够将其粉碎吗？

实训 2-2　超微细粉碎

一、实训目的

掌握气流式超微细粉碎的原理及注意事项，了解超微细粉的特点及应用。

二、实训原理

超微细粉碎技术是一种将各种固体物质粉碎成直径小于 10 μm 粉体的粉碎技术，是近 20 年来迅速发展形成的一种新技术。由于经过超微细粉碎后的原料具有极大的比表面积，在生物、化学等反应过程中，增加了反应接触面积，从而提高了反应速度，在生产中不仅节约了时间，而且提高了效率。原料经过超微细粉碎后，细胞破壁，大量的有效物质不必经过较长的路径就能释放出来，并且微粉体由于粒径小而更容易吸附在小肠内壁上，这样也加速了有效物质的释放速率，使物料在小肠内有足够的时间被吸收，因此，超微细粉碎技术在中药材、保健品的加工中被广泛应用。

三、主要设备与材料

1. 主要设备

气流式超微细粉碎机、空气压缩机。

2. 材料

粉碎至 100 目的葛根粉。

四、实训内容及步骤

1. 气流式超微细粉碎机的结构与原理

分解拆卸超微细粉碎机，了解设备的结构与原理，然后重新组装。

2. 葛根超微细粉的制备

1）开启空气压缩机。
2）将筛好的原料放入自动加料器。
3）调整粉碎压力、进料压力，开始粉碎。
4）收集、清理旋风分离器。
5）关闭电源，清洗设备。

五、实训结果及分析

简述粉碎压力对成品粉质量的影响。

六、注意事项

1）该粉碎机进料的要求是 100 目。
2）调整粉碎压力与进料压力时应缓慢、由低至高，时刻关注压力表的数值。

七、思考题

1）气流粉碎的优缺点有哪些？
2）超微细粉碎的应用领域是什么？

实训三　产物分离精制

生物分离具有成分复杂、悬液中的目标产物浓度低、产物稳定性差、生物产品要求高质量、分离过程的成本占产品总投资的大部分的特点。因此，产物分离精制是生物产业重要的单元操作。

实训 3-1　高速管式离心机

一、实训目的

了解工业离心的特点，熟悉高速管式离心机的操作，掌握其应用范围。

二、实训原理

离心沉降是利用液固间密度差异、在离心力场中的速度差，而实现液固分离的过程。密度差越大越有利于分离，离心力场越大越有利于分离。

三、主要设备与材料

1. 主要设备

高速管式离心机。

2. 材料

木姜叶柯提取液。

四、实训内容及步骤

1. 高速管式离心机的结构与原理

1）拆开高速管式离心机的离心管，了解其结构，并熟悉清洗的注意事项。
2）观察其动力部分结构，了解安装时的注意事项。

2. 原料的离心操作

1）按操作手册装配好离心机，检查轴键是否卡入键槽。

2）旋转加润滑油旋钮，加润滑油；打开电源使离心机运行并达到最高转速。

3）开启蠕动泵进料，开始离心操作，观察分离液的澄清度，适当调整进料速度。

4）收集料液。

5）离心结束后，关闭电源，设备完全停止后拆下离心管，按要求清洗，离心液备用。

五、实训结果及分析

分析工业离心与实验室离心的差别。

六、注意事项

1）启动离心机前必须检查轴键是否卡入键槽。

2）离心管为高度精密设备，应轻拿轻放，避免因磕碰影响其动平衡。

七、思考题

高速管式离心机的特点是什么？其应用范围是什么？

实训 3-2　降膜式蒸发器

一、实训目的

掌握降膜式蒸发器的原理及操作，了解单程蒸发器的特点及应用。

二、实训原理

蒸发是指用加热的方法使溶液中的部分水分或其他溶剂气化并被除去，用于挥发性溶剂与不挥发性溶质分离，其目的就是浓缩。常见的蒸发器分为循环式和单程式，一般由热交换器（蒸发器）、冷凝器、气液分离器和真空系统等组成。

三、主要设备与材料

1. 主要设备

降膜式蒸发器、电蒸汽发生器。

2. 材料

离心除杂后的木姜叶柯溶液。

四、实训内容及步骤

1. 降膜式蒸发器的结构与原理

分解拆卸降膜式蒸发器,了解设备的结构与原理(重点观察分配器的结构),然后重新组装。

2. 木姜叶柯溶液的浓缩

1)装好设备,开启真空泵,检查密封情况。
2)夹层通入蒸汽,开启进料阀,开始浓缩。
3)取样检测是否达到浓度要求,若未达要求,则循环继续浓缩。
4)操作完毕,关闭电源,清洗设备,浓缩液备用。

五、实训结果及分析

分析降膜式蒸发器的特点及优势。

六、注意事项

1)设备连接口要密封,不能漏气。
2)控制好进料速度,防止进料过快,浓缩效果差。

七、思考题

单程式蒸发器有哪些?其各自的特点及应用范围是什么?

实训 3-3　喷 雾 干 燥

一、实训目的

掌握喷雾干燥塔的原理及操作，了解喷雾干燥的特点及应用。

二、实训原理

喷雾干燥是利用不同的喷雾器，将悬浮液和黏滞的液体喷成雾状，形成具有较大表面积的分散微粒，同热空气发生强烈的热质交换，迅速排除本身的水分，在几秒至几十秒内获得干燥。其特点是干燥速率快、时间短；干燥温度低；制品具有良好的分散性和溶解性，成品纯度高。特别适用于不能借结晶方法得到固体产品的生物制品生产，如酵母、核苷酸和某些抗生素药物的干燥。

三、主要设备与材料

1. 主要设备

气流式喷雾干燥塔、空气压缩机。

2. 材料

浓缩后的木姜叶柯溶液。

四、实训内容及步骤

1. 气流式喷雾干燥塔的结构与原理

1）分解拆卸气流式喷雾干燥塔，了解设备的结构与原理（重点观察雾化器的结构），然后重新组装。

2）掌握工艺参数的设定方法。

2. 木姜叶柯溶液的喷雾干燥

1）组装好设备，设定进风温度、进料速度参数。

2）当进风温度达到设定值，开始进料，观察雾化及干燥情况，适当调整进料速度。

3）收集粉体。

4）关闭电源，清洗设备。

五、实训结果及分析

简述干燥温度对成品粉质量的影响。

六、注意事项

1）进料速度不宜过快，从小到大梯度调节。
2）设备使用后，必须严格清洗，尤其是雾化器，防止物料干结堵塞。

七、思考题

我国目前有哪几种喷雾干燥塔？其特点是什么？

主要参考文献

曹孜义, 刘国民. 1996. 实用植物组织培养技术教程[M]. 兰州: 甘肃科学技术出版社: 50-63.

常景玲. 2012. 生物工程实验技术[M]. 北京: 科学出版社: 187-202.

陈钧辉, 李俊. 2014. 生物化学实验[M]. 5 版. 北京: 科学出版社: 60-61, 63-64, 232-234.

陈毓荃. 2002. 生物化学实验方法和技术[M]. 北京: 科学出版社: 50-53, 95-96.

郭小华, 梁晓声, 汪文俊. 2016. 生物工程实验模块指导教程[M]. 武汉: 华中科技大学出版社: 61-65.

郭尧君. 1999. 蛋白质电泳实验技术[M]. 2 版. 北京: 科学出版社: 18-312.

韩榕. 2013. 细胞生物学实验教程[M]. 北京: 科学出版社: 121-123.

胡朝暾, 唐霞, 肖震, 等. 2016. 茯苓发酵液中蛋白质的电泳分离与质谱分析[J]. 中草药, 47(13): 2269-2276.

胡颂平, 刘选明. 2014. 植物细胞组织培养技术[M]. 北京: 中国农业大学出版社: 1-8, 50-52, 69-74.

李洪波, 胡兴, 伍贤进. 2013. 高度特异性人补体 C1q/TNF 相关蛋白-2 抗体的制备及验证[J]. 中国药理学通报, 29(10): 1477-1478.

李洪波, 向小亮, 罗海燕, 等. 2017. 茯苓菌丝蛋白双向电泳体系的建立及质谱鉴定[J]. 食品与生物技术学报, (12): 1311-1315.

李啸, 龚大春, 罗少华. 2009. 生物工程专业综合大实验指导[M]. 北京: 化学工业出版社: 112-168.

刘叶青. 2014. 生物分离工程实验[M]. 北京: 高等教育出版社: 120-127.

沈萍, 陈向东. 2013. 微生物学实验[M]. 4 版. 北京: 高等教育出版社: 28-33.

王崇英, 高清祥. 2011. 细胞生物学实验[M]. 3 版. 北京: 高等教育出版社: 7-18.

王君. 2018. 酶工程实验指导[M]. 北京: 化学工业出版社: 74-76.

王祎玲, 段江燕. 2017. 生物工程实验指导[M]. 北京: 科学出版社: 50-57.

肖雷. 2016. 生物工程综合实验[M]. 徐州: 中国矿业大学出版社: 25-26, 86-89.

徐晋麟, 陈淳, 徐沁. 2018. 基因工程原理[M]. 2 版. 北京: 科学出版社: 120-160.

张卓然. 2004. 培养细胞学与细胞培养技术[M]. 上海: 上海科学技术出版社: 282-310.

Berg JM, Tymoczko JL, Gatto GJ, et al. 2015. Biochemistry[M]. 8th ed. New York: W H Freeman & Co.

E. 哈洛, D. 莱恩. 2005. 抗体技术实验指南[M]. 沈关心, 龚非力, 丁洪波, 译. 北京: 科学出版社: 46-286.

Fu M, Hu X, Zou J, et al. 2018. Determination of the five main terpenoids in different tissues of *Wolfiporia cocos*[J]. Molecules, 7: 24.

He ZF, Hu X, Liu WJ, et al. 2017. P53 suppresses ribonucleotide reductase via inhibiting mTORC1[J]. Oncotarget, 8(25): 41422-41431.

J. 格林, M. R. 萨姆布鲁克. 2017. 分子克隆实验指南[M]. 4 版. 贺福初, 译. 北京: 科学出版社:

30-70.

Krebs JE, Goldstein ES, Kilpatrick ST. 2018. Lewin's Genes XII[M]. 12th ed. New York: Jones & Bartlett Publishers, Inc.

Li HB, Hui XY, Hu X, et al. 2013. High level expression, efficient purification and bioactivity assay of recombinant human platelet-derived growth factor AA dimmer (PDGF-AA) from methylotrophic yeast *Pichia pastoris*[J]. Protein Expression and Purification, 91: 221-227.

Li HB, Hui XY, Li P, et al. 2015. Expression and efficient purification of tag-cleaved active recombinant human insulin-like growth factor-II from *Escherichia coli*[J]. Biotechnology and Bioprocess Engineering, 20(2): 234-241.

Li HB, Xia YX. 2018a. High cell density fed-batch production of insecticidal recombinant ribotoxinhirsutellin A from *Pichia pastoris*[J]. Microbial Cell Factories, 17: 145.

Li HB, Xia YX. 2018b. High-level expression and purification of active scorpion long-chain neurotoxin BjαIT from *Pichia pastoris*[J]. Protein Expression and Purification, 152: 77-83.

Li HB, Xia YX. 2018c. Improving the secretory expression of active recombinant AaIT in *Pichia pastoris* by changing the expression strain and plasmid[J]. World Journal of Microbiology and Biotechnology, 34: 104.

Li HB, Xia YX. 2018d. Recombinant production of the insecticidal scorpion toxin BjαIT in *Escherichia coli*[J]. Protein Expression and Purification, 142: 62-67.

Xiang XL, Li SN, Zhuang XJ, et al. 2016. Arhgef1 negatively regulates neurite outgrowth through activation of RhoA signaling pathways[J]. FEBS Letters, 590(17): 2940-2955.

Xiang XL, Zhuang XJ, Li SN, et al. 2017. Arhgef1 is expressed in cortical neural progenitor cells and regulates neurite outgrowth of newly differentiated neurons[J]. Neuroscience Letters, 638: 27-34.

Zeng JY, Sharma S, Hu X, et al. 2014. Synergistic activities of MET/RON inhibitor BMS-777607 and mTOR inhibitor AZD8055 to polyploid cells derived from pancreatic cancer and cancer stem cells[J]. Molecular Cancer Therapeutics, 13: 37-48.

Zhou XH, Liu, WJ, Hu X, et al. 2017. Regulation of CHK1 by mTOR contributes to the evasion of DNA damage barrier of cancer cells[J]. Scientific Reports, 7: 1535-1547.

Zou J, Wu L, He ZM, et al. 2017. Determination of the main nucleosides and nucleobases in natural and cultured *Ophiocordyceps xuefengensis*[J]. Molecules, 22: 1530.

Zou J, Zeng TT, He ZM, et al. 2019. Cloning and analysis of *Ophiocordyceps xuefengensis* mating type(MAT)loci[J]. FEMS Microbiology Letters, 366(7): 70.

附录1 常用单位换算表

类别	通用单位	中文单位
质量单位	1 t=1000 kg	1 吨=1000 千克
	1 kg=1000 g	1 千克=1000 克
	1 g=1000 mg	1 克=1000 毫克
	1 mg=1000 μg	1 毫克=1000 微克
	1 μg=1000 ng	1 微克=1000 纳克
	1 ng=1000 pg	1 纳克=1000 皮克
长度单位	1 km=1000 m	1 千米=1000 米
	1 m=10 dm	1 米=10 分米
	1 dm=10 cm	1 分米=10 厘米
	1 cm=10 mm	1 厘米=10 毫米
	1 mm=1000 μm	1 毫米=1000 微米
	1 μm=1000 nm	1 微米=1000 纳米
	1 nm=10 Å	1 纳米=10 埃
	1 nm=1000 pm	1 纳米=1000 皮米
体积单位	1 m^3=1000 dm^3=1000 L	1 立方米=1000 立方分米=1000 升
	1 dm^3=1000 cm^3=1000 mL	1 立方分米=1000 立方厘米=1000 毫升
	1 L=1 dm^3=1000 mL	1 升=1 立方分米=1000 毫升
	1 mL= 1 cm^3	1 毫升=1 立方厘米
	1 cm^3=1000 mm^3	1 立方厘米=1000 立方毫米
浓度单位	1 mol/L=1 mmol/mL=1 μmol/μL	1 摩尔/升=1 毫摩尔/毫升=1 微摩尔/微升
	1 ppm=1 mg/kg	百万分比浓度=1 毫克/千克
	1 ppm=1000 ppb	
	1 ppb=1 μg/L	

附录 2　常用 AFLP 选择性扩增引物

名称	序列	名称	序列
E-AGG	5′-GACTGCGTACCAATTCAGG-3′	M-CAA	5′-GATGAGTCCTGAGTAACAA-3′
E-ACG	5′-GACTGCGTACCAATTCACG-3′	M-CAC	5′-GATGAGTCCTGAGTAACAC-3′
E-AAC	5′-GACTGCGTACCAATTCAAC-3′	M-CAG	5′-GATGAGTCCTGAGTAACAG-3′
E-ACA	5′-GACTGCGTACCAATTCACA-3′	M-CTA	5′-GATGAGTCCTGAGTAACTA-3′
E-AGC	5′-GACTGCGTACCAATTCAGC-3′	M-CAT	5′-GATGAGTCCTGAGTAACAT-3′
E-ACT	5′-GACTGCGTACCAATTCACT-3′	M-CTC	5′-GATGAGTCCTGAGTAACTC-3′
E-AAG	5′-GACTGCGTACCAATTCAAG-3′	M-CTG	5′-GATGAGTCCTGAGTAACTG-3′
E-ACC	5′-GACTGCGTACCAATTCACC-3′	M-CTT	5′-GATGAGTCCTGAGTAACTT-3′

附录 3　几种植物外植体培养的培养基配方

1. 黄花蒿嫩枝

诱导愈伤组织：MS + 6-BA 0.5 mg/L + IBA 0.5 mg/L

诱导丛生芽：MS + 6-BA 2 mg/L + NAA 1.5 mg/L

愈伤组织分化芽：MS + 6-BA 2 mg/L + IBA 0.5 mg/L

生根培养：MS + IBA 0.5 mg/L

2. 胡萝卜薄壁组织

诱导愈伤组织：MS + 2,4-D 1.5 mg/L + CH 500 mg/L

愈伤组织继代培养：MS + 2,4-D 0.5 mg/L + CH 500 mg/L

愈伤组织生芽培养：MS + 6-BA 1 mg/L + NAA 0.1 mg/L

生根培养：1/2 MS + IBA 1 mg/L

3. 月季萌生枝

诱导和继代培养：MS + 6-BA 0.5～1.0 mg/L + NAA 0.1 mg/L

生根培养：1/2 MS + IBA 0.5 mg/L 或 MS + 6-BA 0.5 mg/L + NAA 0.1 mg/L

4. 马铃薯

1）叶节段：接种在仅含大量元素、微量元素和铁盐的无激素 MS 固体培养基中，置培养室内培养。培养条件为：光照 1000～3000 lx，光照时间 13 h/d，培养温度（25±2）℃，空气相对湿度 50%～60%，自然通风。叶节段接种 30～50 d 后长成 3～5 片叶的幼苗。

2）芽尖：诱导培养：MS + 6-BA 5.0 mg/L + NAA 0.1 mg/L

继代培养：MS + 6-BA 1.0 mg/L + NAA 0.01 mg/L

生根培养：MS+6-BA 1.0 mg/L+NAA 0.01 mg/L

5. 草莓匍匐茎

诱导培养：MS + 6-BA 0.5～1.0 mg/L

继代培养：1/2 MS +6-BA 0.5 mg/L

生根培养：1/2 MS

6. 葡萄茎尖

MS + NAA 0.1 mg/L

7. 康乃馨茎尖和茎段

诱导培养：MS + KT 0.5 mg/L + NAA 0.1 mg/L 或 MS + NAA 0.2 mg/L + 6-BA 2 mg/L

继代培养：MS + KT 0.5 mg/L + NAA 0.1 mg/L 或 MS + NAA 0.2 mg/L + 6-BA 2 mg/L

生根培养：MS + KT 0.5 mg/L + NAA 0.02 mg/L 或 MS + KT 2 mg/L + NAA 0.02 mg/L

8. 菊花茎尖或者茎段

诱导丛生芽：MS + NAA 0.1 mg/L + 6-BA 2～5 mg/L

继代培养：MS + NAA 0.1 mg/L + 6-BA 3.0 mg/L

生根培养：1/2 MS + NAA 0.1 mg/L

9. 瓜叶菊的叶片诱导不定芽

MS + 6-BA 3.0 mg/L + NAA 1.0 mg/L

10. 芦荟茎尖（上端或吸芽）

诱导侧芽：MS + 6-BA 3.0 mg/L + NAA 0.2 mg/L

生根培养：MS + IBA 2.5 mg/L +活性炭 0.3%

11. 枸杞叶

诱导愈伤组织：MS + KT 2.0 mg/L + IAA 2.0 mg/L 或 MS + 6-BA 0.5 mg/L + 2,4-D 0.25 mg/L

愈伤组织诱导芽的分化：MS + 6-BA 0.5 mg/L

生根培养：1/2 MS + IAA 0.1 mg/L

12. 大丽菊侧芽

诱导培养：MS + 6-BA 1 mg/L + NAA 1 mg/L

继代培养：MS + 6-BA 1 mg/L + NAA 1 mg/L

生根培养：MS + NAA 0.5～1 mg/L

13. 虎杖

诱导愈伤组织：MS + 6-BA 1.0 mg/L + 2,4-D 0.2 mg/L

诱导丛生芽：MS + 6-BA 0.4 mg/L + NAA 1.2 mg/L

14. 金线莲茎段

诱导丛生芽：MS + 6-BA 0.3 mg/L + NAA 0.03 mg/L + ZT 0.01 mg/L 或 MS + 6-BA 2 mg/L + NAA 0.5 mg/L

【说明】MS—MS 培养基；1/2 MS—大量元素母液减半而其他母液不减的 MS 培养基；IAA—吲哚乙酸；IBA—吲哚丁酸；NAA—萘乙酸；2,4-D—2,4-二氯苯氧乙酸；KT—激动素；6-BA—6-苄基腺嘌呤；ZT—玉米素；CH—水解酪蛋白。浓度单位为 mg/L。

附录 4 过滤除菌法

有些物质如抗生素、吲哚乙酸、酶类、激动素等采用高温灭菌时，容易受热分解而被破坏，因此要采用过滤除菌法。过滤除菌法是通过机械作用滤去液体中细菌的方法，该方法最大的优点是不破坏溶液中各种物质的化学成分。应用广泛的过滤器种类如下。

1. 微孔滤膜过滤器

由上下两个具有出口和入口连接装置的塑料盒组成，中间装有微孔滤膜，出口处可连接针头，入口处可连接针筒。使用时，当溶液从针筒注入过滤器时，各种微生物被阻留在微孔滤膜上面，而液体和小分子物质通过滤膜，从而达到除菌的目的。滤膜是由硝酸纤维素、醋酸纤维素等制成的薄膜，孔径大小有多种规格（如 0.1 μm、0.22 μm、0.3 μm、0.45 μm 等），实验室中用于除菌的微孔滤膜孔径一般为 0.22 μm。本过滤器的优点是吸附性小（即溶液中的物质损耗少），过滤速度快。每个微孔滤膜过滤器只用一次。

2. 蔡氏过滤器

是一种金属制成的过滤漏斗，其过滤部分是一种用石棉纤维和其他填充物压制成的片状结构。溶液中的细菌通过石棉纤维的吸附和过滤而被去除，但对溶液中其他物质的吸附性也大。每张纤维板只使用 1 次。

3. 玻璃过滤器

是一种玻璃制成的过滤漏斗，其过滤部分是由细玻璃粉烧结成的板状构造。玻璃滤器的规格很多，6 号（孔径<2 μm）适用于过滤细菌，其优点是吸附量少，但每次使用后要洗净再用。

现以用微孔滤膜过滤器过滤除菌为例，具体操作步骤如下。

1）灭菌：用牛皮纸把多个微孔滤膜过滤器和注射器分别包装好进行高压蒸汽灭菌处理（0.11 MPa，121℃，20 min）。

2）连接：将灭菌滤器的入口在无菌条件下，以无菌操作方式连接于装有待滤溶液的注射器上。

3）压滤：将注射器中的待滤溶液加压缓缓挤入已经灭菌处理的三角烧瓶中，滤毕，将针头拔出。封口保存。压滤时用力要适当，不可太猛太快，以免细菌被挤压通过滤膜。

4）无菌检查：按无菌操作吸取除菌滤液 0.1 mL，在肉汤蛋白胨平板均匀涂布，置于 37℃恒温培养箱培养 24 h，检查是否有菌生长。

附录 5　生物工程常用试剂的配制

1. LB（Luria-Bertani）培养液

配制每升 LB 培养液，应在 950 mL 去离子水中加入酵母提取物（yeast extract）5 g，胰蛋白胨（tryptone）10 g，NaCl 10 g，摇动容器直至溶质完全溶解，用 5 mol/L NaOH（约 0.2 mL）调节 pH 至 7.0，加入去离子水至总体积为 1 L，在 1.034×10^5 Pa 高压下蒸汽灭菌 20 min。

2. LB 琼脂平板

先按上述配方配制液体培养基，临高压灭菌前加入琼脂糖 15 g/L，同法高压蒸汽灭菌 20 min。从高压灭菌器取出培养基时应轻轻旋动，以使溶解的琼脂糖能均匀分布于整个培养基溶液中；应在培养基降温至 50℃时，加入抗生素等不耐热的物质。为避免产生气泡，混匀培养基时应采取旋动的方式，然后可直接从烧瓶中倾出培养基铺制平板。90 mm 直径的培养皿需 25～30 mL 培养基，培养基完全凝结后，应倒置平皿并贮存于 4℃备用。

3. 琼脂糖凝胶

根据所需凝胶的浓度称取琼脂糖，加入相应电泳缓冲液中，用微波炉加热煮沸至琼脂糖完全溶解，加入适量 EB 混匀，适当冷却后倾入凝胶铸槽中，插入梳子，凝胶厚度不超过梳孔，如有气泡产生则用玻璃棒驱除，不能过早拔除梳子，应待凝胶完全凝结后才能拔除梳子。

4. 30%丙烯酰胺溶液

将 29 g 丙烯酰胺和 1 g 亚甲双丙烯酰胺溶于总体积为 60 mL 的水中。加热至 37℃将其溶解，补加水至终体积为 100 mL。用 Nalgene 滤器（0.45 μm 孔径）过滤除菌，该溶液的 pH 应不大于 7.0，置棕色瓶中保存于室温。

【注意】丙烯酰胺具有很强的神经毒性并可以通过皮肤吸收，其作用具累积性。称量丙烯酰胺和亚甲双丙烯酰胺时应戴手套和面具。可认为聚丙烯酰胺无毒，但也应谨慎操作，因为它还可能含有少量未聚合材料。一些价格较低的丙烯酰胺和亚甲双丙烯酰胺通常含有一些金属离子，在丙烯酰胺贮存液中加入大约 0.2 体积的单床混合树脂（MB-1 Mallinckrodt），搅拌过夜，然后用 Whatman 1 号滤纸过滤以将其纯化。在贮存期间，丙烯酰胺和亚甲双丙烯酰胺会缓慢转化成丙烯酸和亚甲双丙烯酸。

5. 40%丙烯酰胺

把380 g 丙烯酰胺（DNA 测序级）和20 g 亚甲双丙烯酰胺溶于总体积为600 mL的蒸馏水中。继续按上述配制 30%丙烯酰胺溶液的方法处理，但加热溶解后应以蒸馏水补足至终体积为 1 L。

【注意】见上述配制 30%丙烯酰胺溶液的注意事项，40%丙烯酰胺溶液用于DNA 序列测定。

6. 放线菌素 D 溶液

把 20 mg 放线菌素 D 溶解于 4 mL 100%乙醇中，1∶10 稀释贮存液，用 100%乙醇作空白对照读取 OD_{440} 值。放线菌素 D（分子量为 1255）纯品在水溶液中的摩尔吸光系数为 21 900，故而 1 mg/mL 的放线菌素 D 溶液在 440 nm 处的吸光度为 0.182，放线菌素 D 的贮存液应放在包有箔片的试管中，保存于−20℃。

【注意】放线菌素 D 是致畸剂和致癌剂，配制该溶液时必须戴手套并在通风橱内操作，而不能在开放的实验桌面上进行，谨防吸入药粉或让其接触到眼睛或皮肤。

7. 0.1 mol/L 腺苷三磷酸（ATP）溶液

在 0.8 mL 水中溶解 60 mg ATP，用 0.1 mol/L NaOH 调至 pH 为 7.0，用蒸馏水定容 1 mL，分装成小份保存于−70℃。

8. 10 mol/L 乙酸铵溶液

把 770 g 乙酸铵溶解于 800 mL 水中，加水定容至 1 L 后过滤除菌。

9. 10%过硫酸铵溶液

把 1 g 过硫酸铵溶解于终量为 10 mL 的水溶液中，该溶液可在 4℃保存数周。

10. BCIP 溶液

把 0.5 g 的 5-溴-4-氯-3-吲哚磷酸二钠盐（BCIP）溶解于 10 mL 100%的二甲基甲酰胺中，保存于 4℃。

11. 2×BES 缓冲盐溶液

用总体积 90 mL 的蒸馏水溶解 1.07 g 盐溶液 BES[N,N-双(2-羟乙基)-2-氨基乙磺酸]、1.6 g NaCl 和 0.027 g Na_2HPO_4，室温下用 HCl 调节该溶液的 pH 至 6.96，

然后加入蒸馏水定容至 100 mL，用 0.22 μm 滤器过滤除菌，分装成小份，保存于−20℃。

12. 1 mol/L CaCl₂ 溶液

在 200 mL 蒸馏水中溶解 54 g CaCl₂·6H₂O，用 0.22 μm 滤器过滤除菌，分装成 10 mL 小份贮存于−20℃。

【注意】制备感受态细胞时，取出一小份解冻并用蒸馏水稀释至 100 mL，用 Nalgene 滤器（0.45 μm 孔径）过滤除菌，然后骤冷至 0℃。

13. 2.5 mol/L CaCl₂ 溶液

在 20 mL 蒸馏水中溶解 13.5 g CaCl₂·6H₂O，用 0.22 μm 滤器过滤除菌，分装成 1 mL 小份贮存于−20℃。

14. 1 mol/L 二硫苏糖醇（DTT）溶液

用 20 mL 0.01 mol/L 乙酸钠溶液（pH5.2）溶解 3.09 g DTT，过滤除菌后分装成 1 mL 小份贮存于−20℃。

【注意】DTT 或含有 DTT 的溶液不能进行高压处理。

15. 脱氧核苷三磷酸（dNTP）溶液

把每一种 dNTP 溶解于水至浓度各为 100 mmol/L 左右，用微量移液器吸取 0.05 mol/L Tris 碱，分别调节每一 dNTP 溶液的 pH 至 7.0（用 pH 试纸检测），把中和后的每种 dNTP 溶液各取一份作适当稀释，在给出的波长下读取光密度值，计算出每种 dNTP 的实际浓度，然后用水稀释成终浓度为 50 mmol/L 的 dNTP，分装成小份贮存于−70℃。

16. 0.5 mol/L EDTA 溶液（pH8.0）

在 800 mL 水中加入 186.1 g 二水乙二胺四乙酸二钠（EDTA-Na₂·2H₂O），在磁力搅拌器上剧烈搅拌，用 NaOH 调节溶液的 pH 至 8.0（约需 20 g NaOH）然后定容至 1 L，分装后高压灭菌备用。

【注意】EDTA 二钠盐需加入 NaOH，将溶液的 pH 调至接近 8.0，才能完全溶解。

17. 10 mg/mL 溴化乙锭溶液

在 100 mL 水中加入 1 g 溴化乙锭，磁力搅拌数小时以确保其完全溶解，然后用铝箔包裹容器或转移至棕色瓶中，保存于室温。

【注意】溴化乙锭是强诱变剂并有中度毒性，使用含有这种染料的溶液时务必戴上手套，称量染料时要戴面罩。

18. 2×HEPES 缓冲盐溶液

用总量为 90 mL 的蒸馏水溶解 1.6 g NaCl、0.074 g KCl、0.027 g $Na_2PO_4 \cdot 2H_2O$、0.2 g 葡聚糖和 1 g HEPES，用 0.5 mol/L NaOH 调节 pH 至 7.05，再用蒸馏水定容至 100 mL。用 0.22 μm 滤器过滤除菌，分装成 5 mL 小份，贮存于−20℃。

19. IPTG 溶液

IPTG 为异丙基硫代-β-D-半乳糖苷（分子量为 238.3），在 8 mL 蒸馏水中溶解 2 g IPTG 后，用蒸馏水定容至 10 mL，用 0.22 μm 滤器过滤除菌，分装成 1 mL 小份贮存于−20℃。

20. 1 mol/L 乙酸镁溶液

在 800 mL 水中溶解 214.46 g 四水乙酸镁，用水定容至 1 L 过滤除菌。

21. 1 mol/L $MgCl_2$ 溶液

在 800 mL 水中溶解 203.4 g $MgCl_2 \cdot 6H_2O$，用水定容至 1 L，分装成小份并高压灭菌备用。

【注意】$MgCl_2$ 极易潮解，应选购小瓶（如 100 g）试剂，启用新瓶后勿长期存放。

22. β-巯基乙醇（β-ME）溶液

一般得到的是 14.4 mol/L 溶液，应装在棕色瓶中保存于 4℃。

【注意】β-ME 或含有 β-ME 的溶液不能高压处理。

23. NBT 溶液

把 0.5 g 氯化氮蓝四唑溶解于 10 mL 70%的二甲基甲酰胺中，保存于 4℃。

24. 酚/氯仿溶液

把酚和氯仿等体积混合后用 0.1 mol/L Tris-HCl（pH7.6）抽提几次以平衡这一混合物，置棕色玻璃瓶中，上面覆盖等体积的 0.01 mol/L Tris-HCl（pH7.6）液层，保存于 4℃。

【注意】酚腐蚀性很强，并可引起严重灼伤，操作时应戴手套及防护镜，穿防护服。所有操作均应在化学通风橱中进行。与酚接触过的部位皮肤应用大量的水清洗，并用肥皂和水洗涤，忌用乙醇。

25. 10 mmol/L 苯甲基磺酰氟（PMSF）溶液

用异丙醇将 PMSF 溶解成 1.74 mg/mL（10 mmol/L），分装成小份贮存于−20℃。如有必要可配成浓度高达 17.4 mg/mL 的贮存液（100 mmol/L）。

【注意】PMSF 严重损害呼吸道黏膜、眼睛及皮肤，吸入、吞进或通过皮肤吸收后有致命危险。一旦眼睛或皮肤接触了 PMSF，应立即用大量水冲洗掉。凡被 PMSF 污染的衣物应予丢弃。PMSF 在水溶液中不稳定。应在使用前从贮存液中现用现加于裂解缓冲液中。PMSF 在水溶液中的活性丧失速率随 pH 的升高而加快，且 25℃的失活速率高于 4℃。pH 为 8.0 时，20 μmol/L PMSF 水溶液的半衰期大约为 85 min，这表明将 PMSF 溶液调节为碱性（pH>8.6）并在室温放置数小时后，可安全地予以丢弃。

26. 磷酸盐缓冲溶液（PBS）

在 800 mL 蒸馏水中溶解 8 g NaCl、0.2 g KCl、1.44 g Na_2HPO_4 和 0.24 g KH_2PO_4，用 HCl 调节溶液的 pH 至 7.4 加水定容至 1 L，在 $1.034×10^5$ Pa 高压下蒸气灭菌 20 min。保存于室温。

27. 1 mol/L 乙酸钾溶液（pH7.5）

将 9.82 g 乙酸钾溶解于 90 mL 纯水中，用 2 mol/L 乙酸调节 pH 至 7.5 后加入纯水定容到 1 L，保存于−20℃。

28. 乙酸钾溶液（用于碱裂解）

在 60 mL 5 mol/L 乙酸钾溶液中加入 11.5 mL 冰醋酸和 28.5 mL 水，即成钾浓度为 3 mol/L 而乙酸根浓度为 5 mol/L 的溶液。

29. 3 mol/L 乙酸钠溶液（pH5.2 和 pH7.0）

在 80 mL 水中溶解 408.1 g 三水乙酸钠，用冰醋酸调节 pH 至 5.2，或用稀乙酸调节 pH 至 7.0，加水定容到 1 L，分装后高压灭菌。

30. 5 mol/L NaCl 溶液

在 800 mL 水中溶解 292.2 g NaCl，加水定容至 1 L，分装后高压灭菌。

31. 10%十二烷基硫酸钠（SDS）溶液

在 900 mL 水中溶解 100 g 电泳级 SDS，加热至 68℃助溶，加入几滴浓盐酸调节溶液的 pH 至 7.2，加水定容至 1 L，分装备用。

【注意】SDS 的微细晶粒易扩散，因此称量时要戴面罩，称量完毕后要清除残留在称量工作区和天平上的 SDS，10% SDS 溶液无须灭菌。

32. 20×SSC（柠檬酸钠）溶液

在 800 mL 水中溶解 175.3 g NaCl 和 88.2 g 柠檬酸钠，加入数滴 10 mol/L NaOH 溶液调节 pH 至 7.0，加水定容至 1 L，分装后高压灭菌。

33. 20×SSPE 溶液

在 800 mL 水中溶解 17.5 g NaCl、27.6 g $NaH_2PO_4·2H_2O$ 和 7.4 g EDTA，用 NaOH 溶液调节 pH 至 7.4（约需 6.5 mL 10 mol/L NaOH），加水定容至 1 L，分装后高压灭菌。

34. 100%三氯乙酸（TCA）溶液

在装有 500 g TCA 的瓶中加入 227 mL 水，形成的溶液含有 100%（m/V）TCA。

35. 1 mol/L Tris 溶液

在 800 mL 水中溶解 121.91 g Tris 碱，加入浓 HCl 调节 pH 至所需值。应使溶液冷至室温后方可最后调定 pH，加水定容至 1 L，分装后高压灭菌。

【注意】如 1 mol/L 溶液呈现黄色，应予丢弃并置备质量更好的 Tris。

尽管多种类型的电极均不能准确测量 Tris 溶液的 pH，但仍可由大多数厂商购得合适的电极。Tris 溶液的 pH 因温度而异，温度每升高 1℃，pH 大约降低 0.03 个单位。例如，0.05 mol/L 的溶液在 5℃、25℃和 37℃时的 pH 分别为 9.5、8.9 和 8.6。

36. Tris 缓冲盐溶液（TBS，25 mmol/L Tris）

在 800 mL 蒸馏水中溶解 8 g NaCl、0.2 g KCl 和 3 g Tris 碱，加入 0.015 g 酚并用 HCl 调至 pH 为 7.4，用蒸馏水定容至 1 L，分装后在 $1.034×10^5$ Pa 高压下蒸汽灭菌 20 min，于室温保存。

37. X-gal 溶液

X-gal 为 5-溴-4-氯-3-吲哚-β-D-半乳糖苷。用二基甲酰胺溶解 X-gal 配制成的 20 mg/mL 的贮存液。保存于一玻璃管或聚丙烯管中，装有 X-gal 溶液的试管须用铝箔封裹以防因受光照而被破坏，并应贮存于−20℃。X-gal 溶液无须过滤除菌。

38. DNS 试剂（1000 mL）

1）取 3,5-二硝基水杨酸（$C_7H_4N_2O_7$）7.5 g、NaOH 14.0 g，充分溶解于 1000 mL

水中（水预先煮沸 10 min）。

2）加入酒石酸钾钠（$C_4H_4O_6KNa·4H_2O$）216.0 g、苯酚（在 50℃ 水浴中熔化）5.5 mL、偏重亚硫酸钠（$Na_2S_2O_5$）6.0 g。

3）充分溶解后盛于棕色瓶中，放置 5 d 后便可使用，平时盛于一小瓶（250 mL）使用，要放在冰箱中冷藏。此溶液每月配制一次。

【注意】倒入瓶中时要尽量装满！

39. 考马斯亮蓝 G-250（1000 mL）

称考马斯亮蓝 G-250 100 mg（即 0.1 g）溶于 50 mL 95%乙醇中，加入 100 mL 85%磷酸，用蒸馏水稀释至 1000 mL，滤纸过滤。最终试剂中含 0.01%（m/V）考马斯亮蓝 G-250、4.7%（m/V）乙醇、8.5%（m/V）磷酸。

40. 1.0 mol/L 柠檬酸缓冲溶液（1000 mL）

准确称取柠檬酸 210 g，溶于约 750 mL 煮沸（10 min）蒸馏水中，待柠檬酸充分溶解后加入氢氧化钠 74.5 g，完全溶解后将上述溶液转移到 1000 mL 容量瓶中，冷却后将容量瓶定容到 1000 mL（原始 pH4.45）。（检验方法：取 1.0 mol/L 柠檬酸缓冲溶液稀释 20 倍，测定稀释液的 pH，pH 应为 4.8。）

41. 胰蛋白酶溶液

胰蛋白酶的作用是使细胞间的蛋白质水解，从而使细胞离散。不同的组织或者细胞对胰酶的作用反应不一样。胰酶分散细胞的活性还与其浓度、温度和作用时间有关，在 pH 为 8.0、温度为 37℃ 时，胰酶溶液的作用能力最强。使用胰酶时，应把握好浓度、温度和时间，以免消化过度造成细胞损伤。因 Ca^{2+}、Mg^{2+} 和血清、蛋白质可降低胰酶的活性，所以配制胰酶溶液时应选用不含 Ca^{2+}、Mg^{2+} 的 BSS，如 D-Hanks 液。终止消化时，可用含有血清的培养液或者胰酶抑制剂终止胰酶对细胞的作用。

称取胰蛋白酶：按胰蛋白酶液质量分数为 0.25%，用电子天平准确称取粉剂溶入小烧杯中的双蒸水（若用双蒸水需要调 pH 至 7.2 左右）或 PBS（D-Hanks）液中。搅拌混匀，置于 4℃ 过夜。

用注射滤器抽滤除菌：配好的胰酶溶液要在超净台内用注射滤器（0.22 μm 微孔滤膜）抽滤除菌。然后分装成小瓶于 −20℃ 保存以备使用。

42. 0.05%胰蛋白酶-0.02% EDTA 溶液

称取胰蛋白酶粉末（1∶250）0.05 g，EDTA 0.02 g，加入 PBSA 100 mL，0.22 μm 微孔滤膜过滤除菌，分装，于 −20℃ 保存。

43. 青霉素、链霉素溶液

所用纯净水（双蒸水）需要 121℃高压 20 min 灭菌。具体操作均在超净台内完成。青霉素是 80 万单位/瓶，用注射器加 4 mL 灭菌双蒸水。链霉素是 100 万单位/瓶，加 5 mL 灭菌双蒸水，即每毫升各为 20 万单位。分装于−20℃保存。使用时溶入培养液中，使青霉素、链霉素的浓度最终为 100 单位/mL。

44. RPMI1640

溶解、调 pH、定容。先将培养基粉剂加入培养液体积 2/3 的双蒸水中，并用双蒸水冲洗包装袋 2～3 次（冲洗液一并加入培养基中），充分搅拌至粉剂全部溶解，并按照包装说明添加一定的药品。然后用注射器向培养基中加入配制好的青霉素、链霉素液各 0.5 mL，使青霉素、链霉素的浓度最终各为 100 单位/mL。然后用二氧化碳或碳酸氢钠调 pH 到 7.2 左右。最后定容至 1000 mL，摇匀。安装蔡氏过滤器：安装时先装好支架，按规定放好滤膜，用螺丝将不锈钢滤器和支架连接好。然后卸下支架腿分别用布包好待消毒。

抽滤：配制好的培养液通常用滤器过滤除菌。通常用蔡氏过滤器在超净工作台内过滤。

分装：将过滤好的培养液分装入小瓶内置于 4℃冰箱内待用。

使用前要向 100 mL 培养液中加入 1 mL 谷氨酰胺溶液（4℃时两周有效）。

45. 血清的灭活

细胞培养常用的是小牛血清，新买来的血清要在 56℃水浴中灭活 30 min 后，再经过抽滤方可加入培养基中使用。

46. HEPES 溶液

HEPES 的化学名全称为 4-(2-羟乙基)-1-哌嗪乙磺酸（N-2-hydroxyethy-lpiperazine-N-2-ethanesulfonic acid）。对细胞无毒性作用。它是一种氢离子缓冲剂，能较长时间控制恒定的 pH 范围。使用终浓度为 10～50 mmol/L，一般培养液内含 20 mmol/L HEPES 即可达到缓冲能力。

1 mol/L HEPES 缓冲液配制方法如下：准确称取 HEPES 238.3 g，加入新鲜三蒸水定容至 1 L。0.22 μm 微孔滤膜过滤除菌，分装后 4℃保存。

【注意】因为现在市售 HEPES 为约 10 g 包装的小瓶，所以可根据实际情况灵活配制，但是要保证培养液内 HEPES 的终浓度仍然为 20 mmol/L。例如，称取 4.766 g HEPES 溶于 20 mL 三蒸水中，过滤除菌后可完全（20 mL）加入 1 L 培养液中，或者每 100 mL 培养液中加入 2 mL 即可。

47. 谷氨酰胺

合成培养基中都含有较大量的谷氨酰胺，其作用非常重要，细胞需要谷氨酰胺合成核酸和蛋白质，谷氨酰胺缺乏会导致细胞生长不良甚至死亡。在配制各种培养液时都应该补加一定量的谷氨酰胺。由于谷氨酰胺在溶液中很不稳定，4℃下放置 1 周可分解 50%，故应单独配制，置于−20℃冰箱中保存，用前加入培养液。加有谷氨酰胺的培养液在 4℃冰箱中储存 2 周以上时，应重新加入谷氨酰胺。

一般培养液中谷氨酰胺的含量为 1~4 mmol/L。可以配制 200 mmol/L 谷氨酰胺液贮存，用时加入培养液。配制方法为，谷氨酰胺 2.922 g 溶于三蒸水加至 100 mL 即配成 200 mmol/L 的溶液，充分搅拌溶解后，过滤除菌，分装小瓶，−20℃保存，使用时可向 100 mL 培养液中加入 1 mL 谷氨酰胺溶液。

48. 肝素溶液

含有肝素的培养液可以使内皮细胞纯度提高，肝素加入全培养液中最终浓度为 50 μg/mL。因为现在市售的多为肝素钠，包装为约 0.56 g/瓶，配制时，可将其溶于 100 mL 三蒸水中，定容，过夜，然后过滤除菌，分装小瓶，保存温度为−20℃。使用时，向 100 mL 培养液中加入 1 mL（精确可加入 0.9 mL）即可。

49. Ⅰ型胶原酶

0.1% Ⅰ型胶原酶溶液同胰蛋白酶一样配制和消毒灭菌。注意：由于Ⅰ型胶原酶分子颗粒比胰酶大，不容易过滤，因此可以用蔡氏过滤器过滤除菌。分装入 10 mL 小瓶−20℃保存。

50. 明胶溶液

因为明胶难于过滤，所以配制 0.1%明胶溶液必须采用无菌的 PBS，制备过程中也必须注意无菌操作。首要的问题是如何无菌准确称量 0.1 g（配成 100 mL 溶液）解决无菌分装药品的问题。其次要注意，即使是 0.1%的溶液，明胶也难溶，因此要充分摇匀，过夜放置，然后无菌操作分装入 50 mL 小瓶中，4℃保存。

51. Hanks 液

称取 KH_2PO_4 0.06 g，NaCl 8.0 g，$NaHCO_3$ 0.35 g，KCl 0.4 g，葡萄糖 1.0 g，$Na_2HPO_4·H_2O$ 0.06 g，加 H_2O 至 1000 mL。

Hanks 液可以高压灭菌。分装于 4℃下保存。

52. D-Hanks 液

1 液：NaCl 8.00 g/L，KCl 0.04 g/L，$Na_2HPO_4·H_2O$ 0.06 g/L，KH_2PO_4 0.06 g/L，

配 500 mL。

2 液：NaHCO$_3$ 0.35 g/L，配 100 mL。

3 液：酚红 0.02 g，用数滴 NaHCO$_3$ 溶解酚红。

将 2、3 液移入 1 液中。定容到 1000 mL，pH 是 7.4 左右。分装于 4℃下保存。

53. 吉姆萨（Giemsa）染液

称 Giemsa 粉末 0.5 g，加几滴甘油研磨，再加入甘油（使加入的甘油总量为 33 mL）。56℃中保温 90～120 min。加入 33 mL 甲醇，置棕色瓶中保存，此为 Giemsa 原液。使用时按要求用 PBS 稀释。一般稀释 10 倍。

54. 饱和硫酸铵溶液

将 76.7 g 硫酸铵边搅拌边慢慢加到 100 mL 蒸馏水中。用氨水或硫酸调到 pH7.0。此即饱和度为 100% 的硫酸铵溶液（4.1 mol/L，25℃）。

55. 考马斯亮蓝染色液（1000 mL）

取异丙醇 250 mL、乙酸 100 mL、考马斯亮蓝-R250 1 g、蒸馏水 650 mL，于磁力搅拌器搅拌至考马斯亮蓝-R250 充分溶解，滤纸过滤后备用。

56. 脱色液（1000 mL）

无水乙醇 100 mL、冰醋酸 100 mL、去离子水 800 mL。

57. 1×Tris-甘氨酸电泳缓冲液（1000 mL）

取甘氨酸 14.4 g、Tris 3 g、SDS 1 g、蒸馏水（1000 mL），充分溶解后备用。

58. 5×SDS-PAGE 上样缓冲液

取 0.6 mL 1 mol/L Tris-HCl（pH6.8）、5 mL 50%甘油、2 mL 10% SDS、0.5 mL 巯基乙醇、1 mL 1%的溴酚蓝和 0.9 mL 的蒸馏水于 15 mL 离心管中充分混匀，分装于−20℃冰箱中保存备用。

59. YPD 液体培养基（100 mL）

取 1 g 的酵母提取物、2 g 的胰蛋白胨，加水 80 mL，于 250 mL 三角瓶中，121℃湿热灭菌 15 min，待冷却至室温后，无菌条件下加入经湿热灭菌的 20%葡萄糖溶液 10 mL。

60. 福林-酚试剂甲：碱性铜溶液

甲液：取 Na$_2$CO$_3$ 2 g 溶于 100 mL 0.1 mol/L NaOH 溶液中。

乙液：取 $CuSO_4 \cdot 5H_2O$ 晶体 0.5 g，溶于 1%酒石酸钾 100 mL。

临用时按甲∶乙=50∶1 混合使用。

61. 福林-酚试剂乙

将 10 g 钨酸钠、2.5 g 钼酸钠、70 mL 蒸馏水、5 mL 85%磷酸、10 mL 浓盐酸置于 150 mL 的磨口圆底烧瓶中，充分混匀后，接上磨口冷凝管，回馏 1 h，再加入硫酸锂 15 g，蒸馏水 5 mL 及液溴数滴，开口煮沸 15 min，在通风橱内去除过量的溴。冷却，稀释至 100 mL，过滤，滤液成微绿色，贮于棕色瓶中。临用时，用 1 mol/L NaOH 溶液滴定，用酚酞作指示剂，根据滴定结果，将试剂稀释至相当于 1 mol/L 的酸。

【注意】生物工程实验用水必须非常纯净，不含有离子和其他的杂质。需要用新鲜的双蒸水、三蒸水或纯净水。

附录 6   常用培养基的配制

1. 淀粉培养基

10.0 g 蛋白胨, 5.0 g NaCl, 5.0 g 牛肉膏, 2.0 g 可溶性淀粉, 15.0～20.0 g 琼脂, 蒸馏水 1000 mL, 121℃灭菌 20 min。

2. 蛋白胨水培养基

10.0 g 蛋白胨, 5.0 g NaCl, 蒸馏水 1000 mL, pH 调节至 7.6, 121℃灭菌 20 min。

3. 糖发酵培养基

1000 mL 蛋白胨水培养基, 1.6%溴甲酚紫乙醇溶液 1～2 mL, 10 g 糖 (乳糖、蔗糖等), pH 调节至 7.6。

将上述溶液分装于直径为 15 mm 试管中 (装量为 6～8 mL), 在每一根试管内放一倒置且充满培养液的德汉氏小管, 并使德汉氏小管外部培养液液面要高于德汉氏小管, 试管口塞上棉塞, 112℃灭菌 30 min。

4. 葡萄糖蛋白胨水培养基

5.0 g 蛋白胨, 5.0 g 葡萄糖, 2.0 g KH_2PO_4, 蒸馏水 1000 mL, pH 调节至 7.0～7.2。分装于直径为 15 mm 试管中, 每管 8 mL, 试管口塞上棉塞, 112℃灭菌 30 min。

5. 伊红亚甲蓝培养基 (EMB 培养基)

100 mL 蛋白胨水培养基, 0.4 g 乳糖, 2%伊红水溶液 2 mL, 0.5%亚甲蓝水溶液 1 mL, 1.5～2.0 g 琼脂, 115℃灭菌 20 min (乳糖在高温下容易破坏, 需严格控制灭菌温度和时间)。